에너지관리기능장
실기

삼원북스

나만의 합격비법 나합격은 다르다!

나합격 독자만을 위한
무료 동영상 강의로
학습효과가 배가 됩니다.

나합격 수험생지원센터를 통해 시험에 대한 오리엔테이션 및 이론 강의와 기출문제 풀이까지 모든 동영상 강의를 무료로 시청할 수 있습니다.

- 오리엔테이션
- 전 과목 이론 강의
- 기출문제 특강

무료 동영상강의 수강방법

01 에듀강닷컴에 회원가입
02 교재 인증샷(닉네임 기재)과 함께 등업 신청
03 등업 이후 다양한 동영상 강의 수강

NAVER 카페 [에듀강닷컴 ▼] [검색]

모든 시험정보가 한곳에!
나합격 수험생지원센터에서 앞서가십시오.

지금 카페에 접속해 보세요. 시험정보 및 뉴스, 독자 Q&A, 각종 시험자료와 동영상 강의 등 시험에 필요한 모든 것을 나합격지원센터에서 지원받을 수 있습니다.

- 동영상 강의
- 시험정보
- 질의응답

나합격지원센터에서는 본 종목뿐만 아니라 관련분야 자격종목까지 지원을 확대하고 있습니다.

에듀강닷컴 네이버카페 바로가기
www.edukang.com

에듀강닷컴 유튜브 바로가기
www.youtube.com/win1008kr

* 필답이론 강의 - 무료특강
  필답문제풀이강의 - 멤버십 강의
  작업형 강의 - 멤버십 강의

유튜브 멤버십 강의 활용방법
https://youtu.be/4a4aL_6cYYY

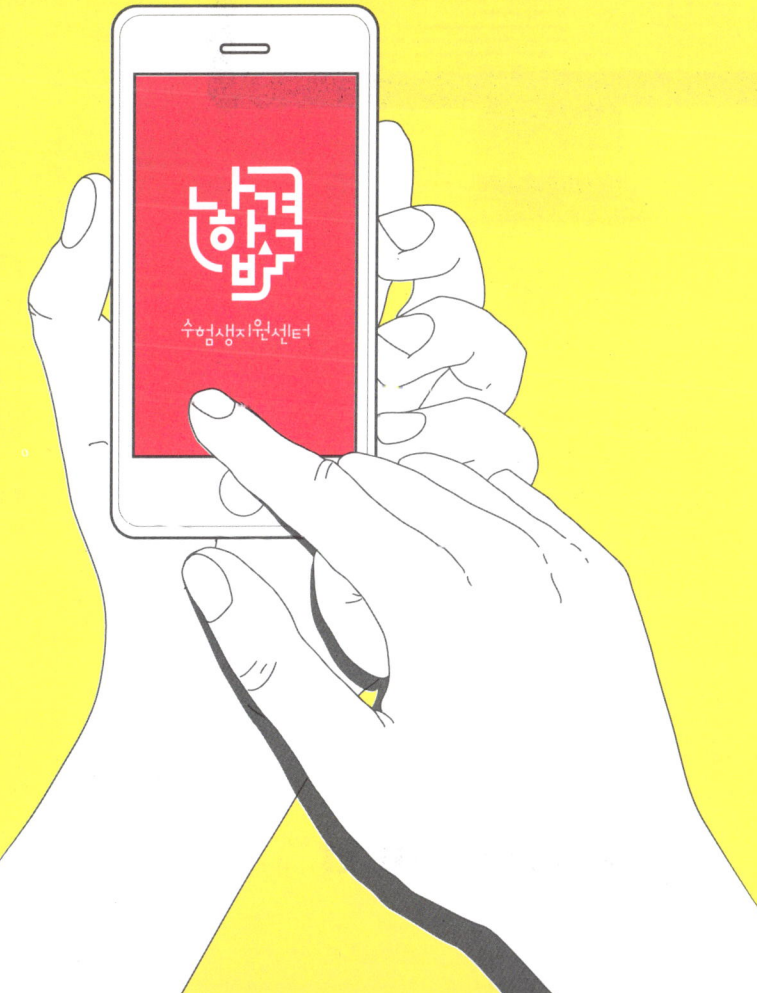

시험접수부터 자격증발급까지 응시절차

01
시험일정 & 응시자격조건 확인

- 큐넷 시험일정 안내에서 응시 종목의 접수기간과 시험일을 확인합니다.
- 큐넷 자격정보에서 응시 종목의 자격조건을 확인합니다(기능사 제외).

04
필기시험 합격자 발표

- 인터넷, ARS 또는 접수한 지사에서 공고됩니다.
- CBT의 경우 큐넷 합격자 발표 조회에서 바로 확인이 가능합니다.

www.Q-net.or.kr   큐넷은 한국산업인력공단에서 운영하는 국가 자격증 포털 사이트입니다.

02 필기시험 원서접수

- 큐넷 www.Q-net.or.kr 에 로그인합니다.
  (회원가입 시 반명함판 사진 등록 필수)
- 큐넷 원서접수에서 신청 순서에 따라 접수하면 됩니다.
- 시험일자 및 장소는 현재접수 가능인원을 반드시 확인 후 선택해야 합니다.
- 결제하기에서 검정수수료 확인 후 결제를 진행합니다.

03 필기시험 응시 및 유의사항

- 신분증은 반드시 지참해야 하며, 기타 준비물은 큐넷 수험자 준비물에서 확인하시면 됩니다.
- 시험시간 20분 전부터 입실이 가능합니다.
  (시험시간 미준수 시 시험 응시 불가)

05 실기시험 원서접수

- 인터넷 접수 www.Q-net.or.kr 만 가능하며, 필기시험 합격자에 한하여 실기접수기간에 접수합니다.
- 최종합격여부는 큐넷 홈페이지를 통해 확인 가능합니다.

06 자격증 신청 및 수령

- 큐넷 자격증 신청에서 상장형, 수첩형 자격증 선택
- 상장형 무료 / 수첩형 수수료 6,110

콕!찝어~ 꼭!필요한
에너지관리기능장 오리엔테이션

에너지관리기능장 시험은?

실기 검정방법 : 필답형(2시간), 작업형(5시간 정도)
배점 : 필답형 50점, 작업형 50점
실기과목 : 보일러시공 실무, 시운전, 자동제어설비설치, 열원설비설치, 에너지관리,
유지보수공사, 유지보수 안전관리, 열원설비운영
합격기준 : 필답형과 작업형 점수를 합산하여 60점 이상 득점 시 합격

실기시험 출제비율

- 보일러설비 및 구조 **40%**
- 보일러시공 및 취급 **40%**
- 안전관리 및 배관일반 **20%**

필답형 시험에서 꼭 필요한 숙지사항은?

01 보일러설비 및 구조, 취급 과목의 경우, 이해 위주로 접근하여야 응용문제를 정확히 풀어낼 수 있습니다.
02 안전관리 및 배관일반의 경우 일부 암기와 이해가 병행되어야 합니다.
03 이론 과목 정독 및 동영상 강의 시청 후 출제경향을 파악하고 복원된 30회차 필답형 기출문제 풀이를 반복하여 틀린 문제는 다시 틀리지 않도록, 맞출 수 있는 문제는 반드시 맞출 수 있도록 준비해야 합니다.
    ※ 해당 교재의 저자가 운영하고 있는 (유튜브)에듀강닷컴을 통해 이론강의는 무료 시청 가능하며, 필답형 기출문제 풀이영상은 멤버십 가입 후 시청하실 수 있습니다.
04 필답형 시험의 문제는 평균 15문제 정도 출제가 되고 있으며 회차에 따라 한두 문제가 많거나 적을 수 있습니다. 또한 필답형 50점, 작업형 50점으로 작업형을 대비하여 적어도 필답형에서 12문제 이상 맞추는 것을 목표로 하셔서 공부하시기 바랍니다.

필답형 시험은 기출문제를 중심으로 공부하되, 문제의 정답이 되는 근거를 본문에서 찾아가며 공부하는 방법이 좋고 처음에는 기출문제가 생소하거나 암기내용이 잘 떠오르지 않을 수 있지만 시간이 지나면 암기내용은 뚜렷해지고 자연스럽게 이해가 될 것입니다.

작업형 시험에서 꼭 필요한 숙지사항은?

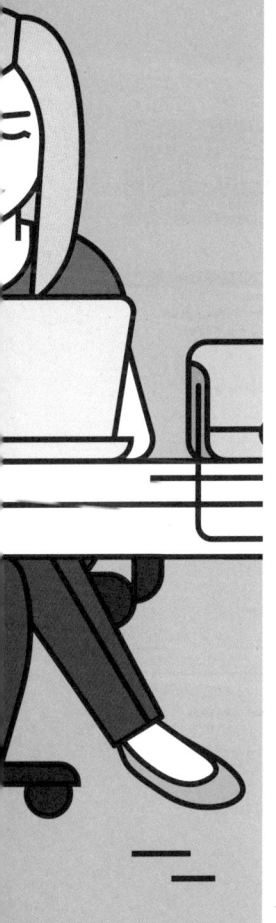

01 작업형 시험은 연습량이 바탕이 되며 연습량이 곧 합격률로 직행하게 됩니다. 또한 작업 시 실수할 수 있는 부분을 최대한 줄이기 위한 이미지트레이닝 역시 중요합니다. 해당 교재의 저자가 운영하고 있는 (유튜브)에듀강닷컴에서는 작업형 영상을 지원하고 있습니다.(멤버십 가입 후 이용할 수 있으니 참고하여 준비하시기 바랍니다.)
02 배관 작업 시 배관의 구간을 어떻게 나눌 것인가 고민해야 하고 이는 학습자마다 다를 수 있으나 원리를 알면 쉽게 나누어 작업할 수 있습니다.
03 수압시험 시 누수가 될 경우 불합격이므로 용접에 좀 더 신경을 쓰고 연습을 하셔야 합니다.
04 치수의 오작 기준은 부분 15mm, 전장 30mm로 해당 치수를 벗어나지 않는다면 불합격되지는 않겠으나 치수가 조금씩 맞지 않는다면 감점으로 인한 불합격으로 이어질 수 있으니 신경을 써야 합니다.
05 안전장구류를 잘 착용하여 안전사고가 발생하지 않도록 주의하고 제한시간 안에 완성할 수 있도록 연습해야 합니다.

개념잡는 핵심이론 나합격만의 본문구성

NEW DESIGN
나합격만의 아이덴티티를 강조한
새로운 디자인과 함께 최신 출제경향을
완벽히 반영한 최신 개정판입니다.

광범위한 이론의 핵심만을 담아
지루하지 않고 탄탄하게 흡수하도록 구성하였습니다.

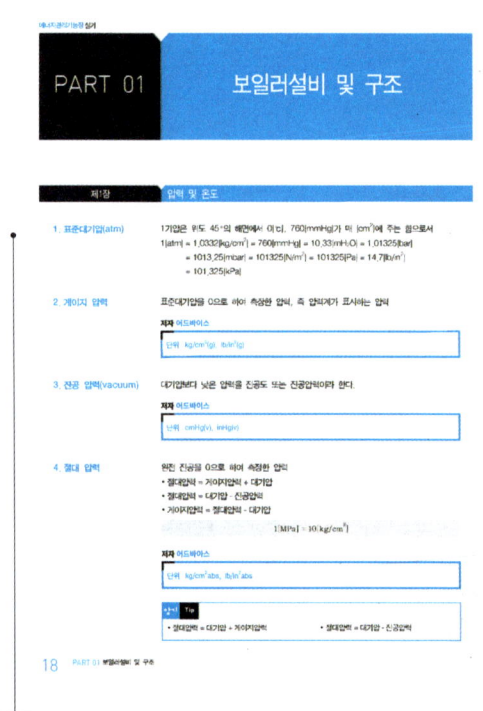

NEW DESIGN

핵심 정리
에너지관리기능장 이론을
요점만 간추려 구성하였습니다.

Tip

저자분의 TIP을 통해
해당 이론 내용을 더 깊이 있게
학습할 수 있습니다.

암기 Tip

노하우가 담긴 암기팁을 통해
해당 항목을 더 쉽게
학습할 수 있습니다.

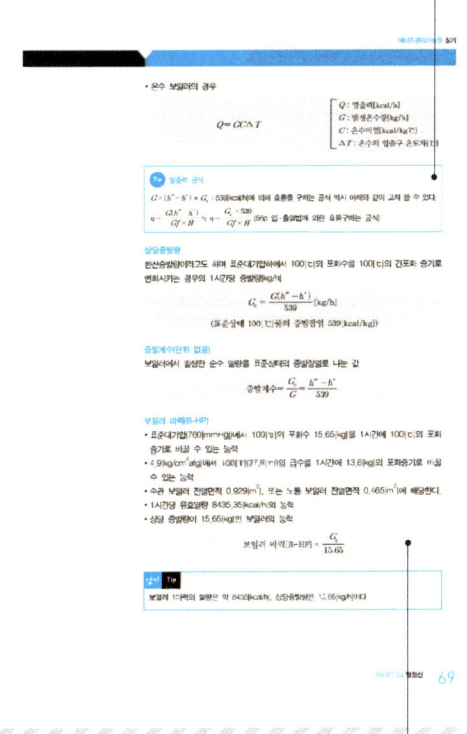

공식 정리

중요한 공식을 보기 쉽게
정리하여 쉽고 편하게
공식만 확인할 수 있도록
하였습니다.

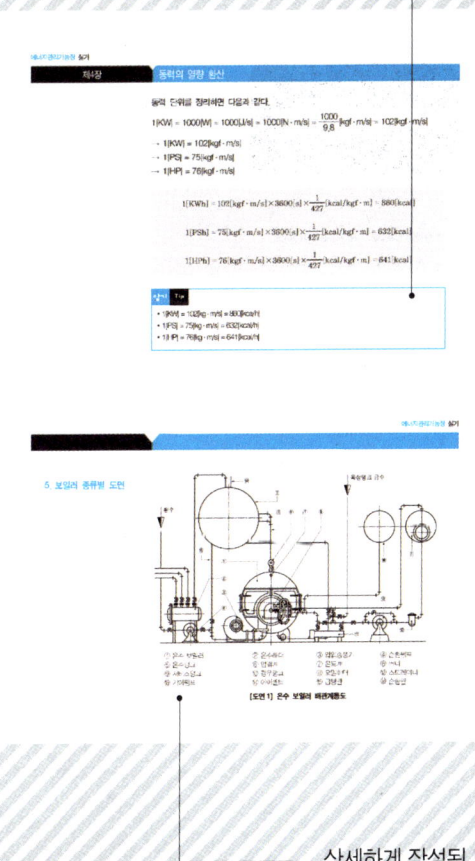

상세하게 작성된 도면을 통해
해당 도면을 더 쉽고
자세하게 이해할 수 있도록
하였습니다.

최신반영 상세해설 & 실기[필답형] 기출문제

최근 15개년 필답형 기출문제를 30회차로 구성하였습니다. 최신문제로 난이도와 출제경향을 파악하고 실력을 다져보세요.

기출문제

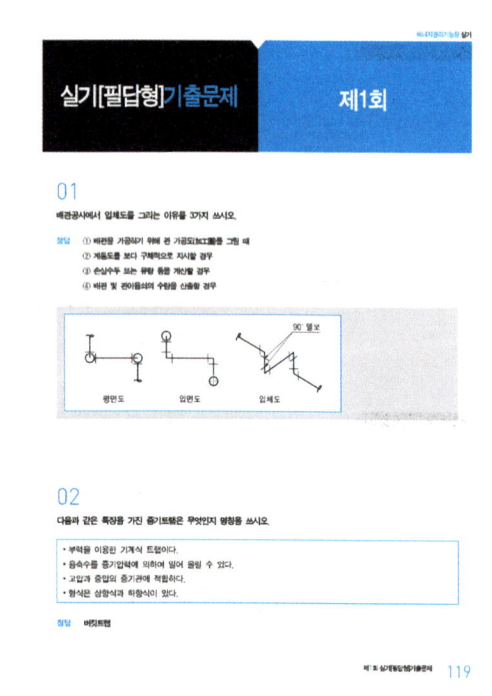

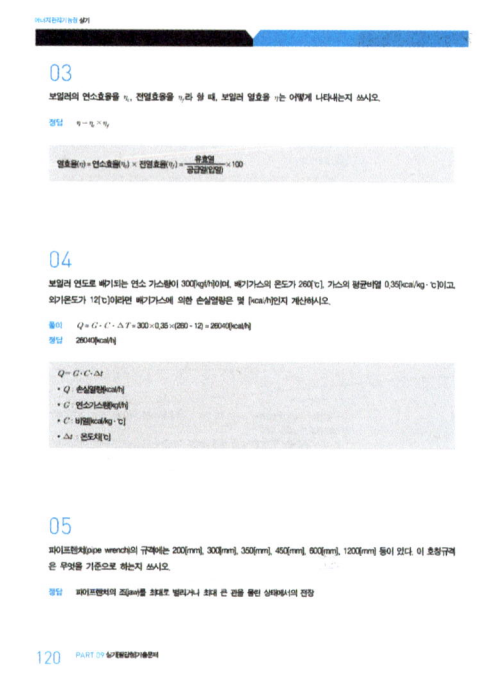

해설 및 풀이
기출문제 풀이는 회차별로 구성하였으며, 완벽히 정리된 해설로 해당 이론을 익히도록 배치하였습니다.

시험의 흐름을 잡는 실기[작업형] 공개문제

공개문제 해설을 완벽 반영하여
공개문제를 풀어보며 실제 시험장에서
익숙하게 풀이할 수 있도록 하였습니다.

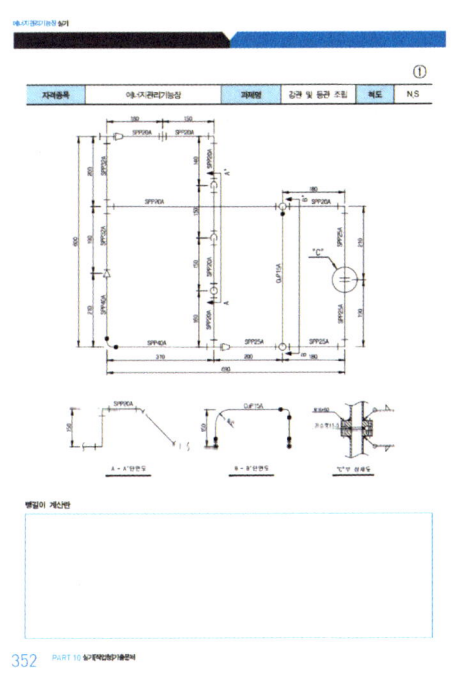
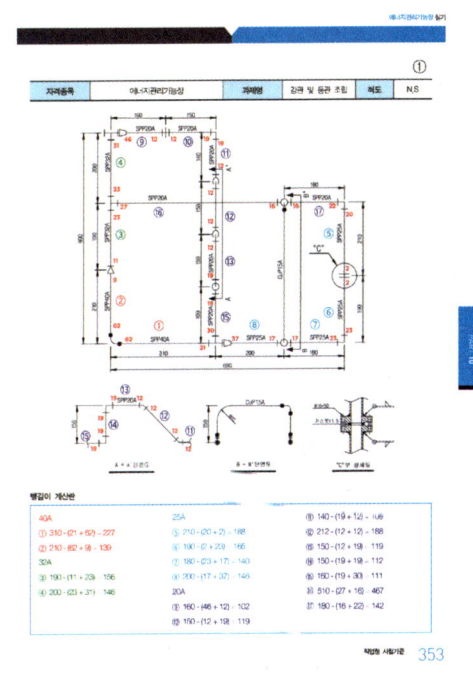

공개문제 풀이

스스로 작성한 정답과 문제의 해설을
비교해보며 해당 문제와 풀이에
익숙해지도록 학습해보세요.

SELF-STUDY PLANNER

시험 당일까지 공부일정 및 계획을 짜는 것은 매우 중요합니다.
셀프스터디 합격플래너를 통해 스스로의 합격을 만들어 보세요.

나의 목표		시험일
		/

				Study Day	Check
PART 01 **보일러설비 및 구조**	01	압력 및 온도	18	/	
	02	현열과 잠열 및 열용량	19	/	
	03	증기	20	/	
	04	동력의 열량 환산	22	/	
	05	열역학 용어정리	22	/	
	06	열관류율(열통과율 : K)	24	/	
	07	열전달/열이동	24	/	
	08	보일러의 분류	25	/	
	09	최고 사용압력과 수압시험	34	/	

PART 02 난방부하 및 난방설비				Study Day	Check
	01	난방부하 계산	38	/	
	02	증기난방	40	/	
	03	온수난방설비 및 배관	43	/	
	04	복사난방	46	/	
	05	지역난방	47	/	

PART 03 부속장치				Study Day	Check
	01	급수장치	52	/	
	02	송기장치	56	/	
	03	폐열 회수장치	60	/	

PART 04 열정산				Study Day	Check
	01	열정산의 목적	66	/	
	02	열정산 기준	66	/	
	03	보일러 열효율	67	/	
	04	보일러 용량	68	/	

PART 05 통풍장치				Study Day	Check
	01	자연통풍	74	/	
	02	강제통풍	75	/	
	03	송풍기	75	/	
	04	댐퍼	76	/	

PART 06 집진장치				Study Day	Check
	01	집진장치	80	/	

				Study Day	Check
PART 07 보일러 설치·시공기준	01	설치 장소 및 가스배관	84	/	
	02	압력방출장치	85	/	
	03	급수장치	87	/	
	04	수면계	88	/	
	05	계측기기	88	/	
	06	스톱밸브 및 분출밸브	90	/	
	07	운전성능	91	/	
	08	설치검사기준 및 계속사용검사기준	91	/	
	09	온수보일러 설치시공기준 (확인대상기기의 경우)	93	/	
	10	구멍탄 온수보일러 설치시공기준	96	/	

				Study Day	Check
PART 08 배관공작 및 배관도시법	01	관의 절단	100	/	
	02	관의 접합	101	/	
	03	배관도시법	109	/	

				Study Day	Check
PART 09 실기[필답형] 기출문제	제1회	실기[필답형] 기출문제	119	/	
	제2회	실기[필답형] 기출문제	127	/	
	제3회	실기[필답형] 기출문제	135	/	
	제4회	실기[필답형] 기출문제	141	/	
	제5회	실기[필답형] 기출문제	149	/	
	제6회	실기[필답형] 기출문제	156	/	
	제7회	실기[필답형] 기출문제	163	/	

				Study Day	Check
PART 09 실기[필답형] 기출문제	제8회	실기[필답형] 기출문제	171	/	
	제9회	실기[필답형] 기출문제	178	/	
	제10회	실기[필답형] 기출문제	184	/	
	제11회	실기[필답형] 기출문제	191	/	
	제12회	실기[필답형] 기출문제	199	/	
	제13회	실기[필답형] 기출문제	205	/	
	제14회	실기[필답형] 기출문제	213	/	
	제15회	실기[필답형] 기출문제	219	/	
	제16회	실기[필답형] 기출문제	226	/	
	제17회	실기[필답형] 기출문제	234	/	
	제18회	실기[필답형] 기출문제	241	/	
	제19회	실기[필답형] 기출문제	248	/	
	제20회	실기[필답형] 기출문제	256	/	
	제21회	실기[필답형] 기출문제	264	/	
	제22회	실기[필답형] 기출문제	272	/	
	제23회	실기[필답형] 기출문제	279	/	
	제24회	실기[필답형] 기출문제	286	/	
	제25회	실기[필답형] 기출문제	295	/	
	제26회	실기[필답형] 기출문제	302	/	
	제27회	실기[필답형] 기출문제	309	/	
	제28회	실기[필답형] 기출문제	316	/	
	제29회	실기[필답형] 기출문제	322	/	
	제30회	실기[필답형] 기출문제	329	/	

				Study Day	Check
PART 10 실기[작업형] 공개문제	01	실기[작업형] 공개문제	340	/	

PART 01

보일러설비 및 구조

01 압력 및 온도
02 현열과 잠열 및 열용량
03 증기
04 동력의 열량 환산
05 열역학 용어정리
06 열관류율(열통과율 : K)
07 열전달/열이동
08 보일러의 분류
09 최고 사용압력과 수압시험

PART 01 보일러설비 및 구조

제1장 압력 및 온도

1. 표준대기압(atm)

1기압은 위도 45°의 해면에서 0[℃], 760[mmHg]가 매 [cm²]에 주는 힘으로서

$1[atm] = 1.0332[kg/cm^2] = 760[mmHg] = 10.33[mH_2O] = 1.01325[bar]$
$= 1013.25[mbar] = 101325[N/m^2] = 101325[Pa] = 14.7[lb/in^2]$
$= 101.325[kPa]$

2. 게이지 압력

표준대기압을 0으로 하여 측정한 압력, 즉 압력계가 표시하는 압력

저자 어드바이스

> 단위 : $kg/cm^2(g)$, $lb/in^2(g)$

3. 진공 압력(vacuum)

대기압보다 낮은 압력을 진공도 또는 진공압력이라 한다.

저자 어드바이스

> 단위 : cmHg(v), inHg(v)

4. 절대 압력

완전 진공을 0으로 하여 측정한 압력
- 절대압력 = 게이지압력 + 대기압
- 절대압력 = 대기압 - 진공압력
- 게이지압력 = 절대압력 - 대기압

$$1[MPa] = 10[kg/cm^2]$$

저자 어드바이스

> 단위 : $kg/cm^2 abs$, $lb/in^2 abs$

암기 Tip
- 절대압력 = 대기압 + 게이지압력
- 절대압력 = 대기압 - 진공압력

5. 섭씨온도

표준대기압(1[atm])하에서 물이 어는 온도(빙점)을 0[℃]로 정하고, 끓는 온도(비점)을 100[℃]로 정한 다음 그 사이를 100등분하여 한 눈금을 1[℃]로 규정한 온도

6. 화씨온도

표준대기압(1[atm])하에서 물이 어는 온도(빙점)을 32[°F]로 정하고, 끓는 온도(비점)을 212[°F]로 정한 다음 그 사이를 180등분하여 한 눈금을 1[°F]로 규정한 온도

7. 절대온도

자연계에 존재하는 온도를 0[K]로 기준한 온도이며 온도의 시점을 -273.16[℃]로 한 온도이기도 하다. K(켈빈)로 표시한다.

섭씨온도와 화씨온도의 상호 관계식(℃ → °F, °F → ℃)

$$℃ = \frac{5}{9} \times (°F - 32)$$

$$°F = \frac{9}{5} \times ℃ + 32$$

섭씨 절대온도(kelvin 온도)

$$K = ℃ + 273$$
$$0[℃] = 273[K]$$
$$0[K] = -273[℃]$$

화씨 절대온도(rankine 온도)

$$R = °F + 460$$
$$°F = R - 460$$

제2장 현열과 잠열 및 열용량

1. 현열(감열)

어떤 물질의 상태 변화 없이 온도만 변화시키는데 필요한 열량

$$Q = G \cdot C \cdot \Delta T$$

- Q : 열량(현열)[kcal]
- G : 물체의 중량[kg]
- C : 비열[kcal/kg·℃]
  (얼음 0.5, 물 1, 공기 0.24, 수증기 0.46)
- ΔT : 온도차[℃]

2. 잠열

어떤 물질의 온도 변화 없이 상태만 변화시키는데 필요한 열량

$$Q = G \cdot r$$

Q : 열량(현열)[kcal]
G : 물체의 중량[kg]
r : 잠열량[kcal/kg]

암기 Tip
- 물의 증발잠열 : 539[kcal/kg]
- 얼음의 융해잠열 : 79.68[kcal/kg] → 응고잠열과 융해잠열은 같다.

3. 열용량

열용량이란 어떤 물질의 온도를 1[℃]만큼 올리는데 필요한 열량이며 그 단위는 [kcal/℃]이다.

$$\text{열용량}(Q) = \text{물질의 질량}(m) \times \text{비열}(C)$$
$$Q = m \cdot c$$

Q : 열량량[kcal/℃]
m : 물체의 질량[kg]
C : 비열[kcal/kg·℃]

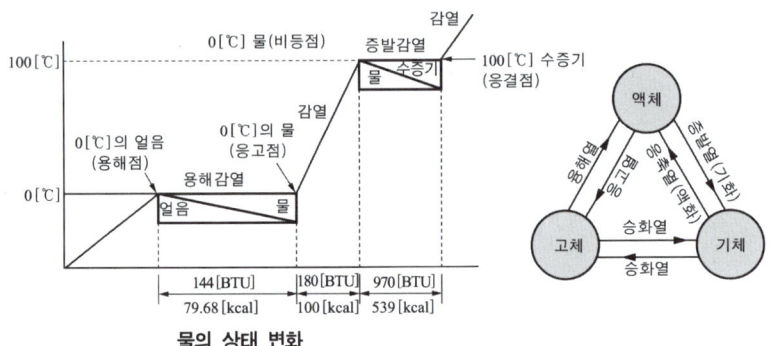

물의 상태 변화

제3장 증기

1. 포화
어느 일정한 압력하에서 공기가 더 이상 습증기를 포함할 수 없는 상태

2. 과냉각액
일정한 압력하에서 포화온도 이하로 냉각된 액체를 말한다.

3. 포화액
포화온도 상태에 있는 액에 열을 가하면 온도가 일정한 상태에서 증발하는 액을 말한다.

4. 포화증기
습포화증기
포화온도 상태에서 수분을 포함하고 있는 증기(건조도 1 이하)

건조포화증기
포화온도 상태에서 수분을 포함하지 않은 증기로 습포화 증기를 계속 가열하여 수분을 완전히 제거한 증기(건조도 1)

5. 건조도
습증기가 포함하고 있는 기체의 비율을 나타내며 건조도라 표시한다.

6. 과열증기
건조포화증기를 계속 가열하면 포화온도보다 온도가 높아지며 이때의 증기를 과열증기라 한다. 이때 증기의 압력은 일정한 상태에서 변하게 된다.

포화온도
어느 일정한 압력 안에서 액을 가열할 때, 액의 상태에서 더 이상 온도가 오르지 않는 한계의 온도(온도를 더 올리면 증발하게 된다.)

저자 어드바이스
> 포화온도는 압력에 비례하며 압력이 낮아지면 포화온도가 낮아지고 압력이 높으면 포화온도는 상승한다.

7. 과열도

> 과열도 = 과열증기온도 − 포화증기온도

과열증기 온도는 (건)포화증기 온도와의 차를 말한다.

8. 임계점
증발잠열은 압력이 클수록 적어지므로 어느 압력에 도달하면 잠열이 0[kcal/kg]이 되어 액체, 기체의 구분이 없어진다. 이 상태를 임계상태라 하고 이때의 온도를 임계온도, 이에 대응하는 압력을 임계압력이라 한다.(그 이상의 압력에서는 액체와 증기가 서로 평행으로 존재할 수 없는 상태, 임계압력 이상에서는 물질의 상태변화는 이루어 질 수 없다.)

임계점의 특징
- 증기와 포화수간의 비중량이 같다.
- 증발현상이 없다.
- 증발잠열은 0이 된다.

물의 임계온도, 임계압력
- 임계온도 : 374.15[℃]
- 임계압력 : 225.65[kg/cm^2·a]

제4장 동력의 열량 환산

동력 단위를 정리하면 다음과 같다.

$1[KW] = 1000[W] = 1000[J/s] = 1000[N \cdot m/s] = \frac{1000}{9.8}[kgf \cdot m/s] = 102[kgf \cdot m/s]$

→ $1[KW] = 102[kgf \cdot m/s]$
→ $1[PS] = 75[kgf \cdot m/s]$
→ $1[HP] = 76[kgf \cdot m/s]$

$$1[KWh] = 102[kgf \cdot m/s] \times 3600[s] \times \frac{1}{427}[kcal/kgf \cdot m] = 860[kcal]$$

$$1[PSh] = 75[kgf \cdot m/s] \times 3600[s] \times \frac{1}{427}[kcal/kgf \cdot m] = 632[kcal]$$

$$1[HPh] = 76[kgf \cdot m/s] \times 3600[s] \times \frac{1}{427}[kcal/kgf \cdot m] = 641[kcal]$$

암기 Tip
- $1[KW] = 102[kg \cdot m/s] = 860[kca/h]$
- $1[PS] = 75[kg \cdot m/s] = 632[kcal/h]$
- $1[HP] = 76[kg \cdot m/s] = 641[kcal/h]$

제5장 열역학 용어정리

1. 밀도

물질의 질량을 부피로 나눈 값

단위
kg/m^3, g/l

2. 비중

비중은 물질의 고유 특성으로서 기준이 되는 물질의 밀도에 대한 상대적인 비를 나타낸다. 일반적으로 액체의 경우 1기압하에서 4[℃] 물을 기준으로 하고, 기체의 경우에는 21[℃] 공기를 기준으로 한다.(편의상 밀도와 같은 개념으로 쓰이는 경우도 있다.)

3. 비체적

어떤 물질이 단위질량당 차치하는 체적

단위
m^3/kg, l/g

4. 엔탈피(enthalpy)

유체가 가진 열에너지와 일 에너지를 합한 열역학적 총에너지를 엔탈피라 하고 유체 1[kg]이 가진 엔탈피가 비엔탈피이다.

$$h = U + APV$$

- h : 엔탈피[kcal]
- U : 내부에너지[kcal]
- A : 일의 열당량(1/427[kcal/kg·m])
- PV : 일량[kg·m]

5. 엔트로피(entropy)

어떤 단위중량당의 물체가 가지고 있는 열량에 그 유체의 그때 절대온도로 나눈 값으로 모든 물질의 무질서한 정도를 나타내는 함수이다.

$$\triangle S = \frac{\triangle Q}{T}$$

- $\triangle Q$: 열량[kcal/kg]
- $\triangle S$: 엔트로피[kcal/kg·K]
- T : 절대온도[K]

6. 보일의 법칙

온도가 일정할 때, 일정량의 기체가 가지는 체적(부피)은 압력에 반비례한다.

$$P_1 V_1 = P_2 V_2 \rightarrow V_1 = \frac{P_2 V_2}{P_1}$$

- P : 압력[kg/cm^2]
- V : 체적/부피[l, cm^3, m^3]

7. 샬의 법칙

압력이 일정할 때 기체의 체적(부피)은 온도에 비례한다.

$$\frac{V_1}{T_1} = \frac{V_2}{T_2} \rightarrow V_1 = \frac{T_1 V_2}{T_2}$$

- T : 절대온도[K]
- V : 체적/부피[l, cm^3, m^3]

8. 보일-샬의 법칙

일정량의 기체가 가진 체적은 압력에 반비례하고, 절대온도에 비례한다.

$$\frac{P_1 V_1}{T_1} = \frac{P_2 V_2}{T_2} \rightarrow V_1 = \frac{T_1 P_2 V_2}{P_1 T_2}$$

- P : 압력[kg/cm^2]
- T : 절대온도[K]
- V : 체적/부피[l, cm^3, m^3]

제6장 열관류율(열통과율 : K)

온도가 다른 유체가 고체벽을 사이에 두고 있을 때 온도가 높은 유체 I에서 낮은 유체 II로 열이 이동하는 것을 열통과 또는 열관류율[kcal/m²·h·℃]이라 한다.

$$Q = K \cdot F \cdot \Delta T$$

- Q : 한 시간 동안에 통과한 열량[kcal/h]
- K : 열통과율[kcal/m²h℃ : 전열계수]
- F : 전열면적[m²]
- ΔT : 온도차[℃]

1. 평판전열벽

열통과 저항은 제반 전열저항의 합이므로
$$W = Ws_1 + Wc_1 + Wc_2 + Wc_3 + \cdots\cdots + Ws_2 \text{이다.}$$

열전도저항 $Wc = \dfrac{l}{\lambda \cdot F}$

열전달저항 $Ws = \dfrac{1}{\alpha \cdot F}$ 이므로

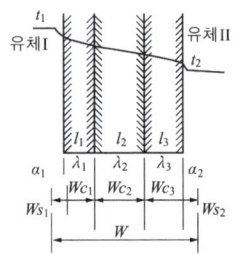

$$W = \frac{1}{\alpha_1 \cdot F} + \frac{l_1}{\lambda_1 \cdot F} + \frac{l_2}{\lambda_2 \cdot F} + \frac{l_3}{\lambda_3 \cdot F} + \cdots\cdots + \frac{1}{\alpha_2 \cdot F}$$

$K = \dfrac{1}{F \cdot W}$ 에서 $W = \dfrac{1}{K \cdot F}$ 이므로

$$K = \cfrac{1}{F\left\{\cfrac{1}{F}\left(\cfrac{1}{\alpha_1} + \cfrac{l_1}{\lambda_1} + \cfrac{l_2}{\lambda_2} + \cfrac{l_3}{\lambda_3} + \cdots\cdots + \cfrac{1}{\alpha_2}\right)\right\}}$$

$$\therefore K = \cfrac{1}{\cfrac{1}{\alpha_1} + \cfrac{l_1}{\lambda_1} + \cfrac{l_2}{\lambda_2} + \cfrac{l_3}{\lambda_3} + \cdots\cdots + \cfrac{1}{\alpha_2}}$$

제7장 열전달/열이동

열에너지의 이동현상을 의미한다. 넓은 의미로는 전도, 복사, 대류현상을 모두 가리키지만 좁은 의미로는 유체와 고체의 표면 사이에서 전달되는 열을 가리킨다.

1. 전도
물질의 이동 없이, 가열된 물체와 직접 접촉한 상태에서 이루어지는 열이동

2. 대류
고온의 물질과 저온의 물질의 밀도차에 의해 이루어지는 열이동

3. 복사
고온 물질과 저온 물질 사이 중간매질을 통하지 않고 열선(자외선)에 의해 이루어지는 열이동

제8장 보일러의 분류

1. 보일러의 3대 구성요소 본체, 연소장치, 부속장치

2. 보일러의 분류 사용장소, 형식, 방법 등에 따라 다음과 같이 분류한다.

사용장소
육용 보일러, 선박용 보일러

동의축심
횡형 보일러, 입형 보일러

노의위치
내분식 보일러, 외분식 보일러

사용형식
원통 보일러, 수관 보일러

이동여하
정치 보일러, 운반 보일러

본체구조
노통 보일러, 연관 보일러

보일러 종류 구분표

원통보일러	입형보일러	입형횡관, 입형연관, 코크란(= 입형횡연관보일러)	
	횡형보일러	노통보일러	코르니시(노통1개), 랭커셔(노통2개)
		연관보일러	횡연관보일러, 기관차보일러, 케와니보일러
		노통연관보일러	스코치, 하우덴존슨, 노통연관패키지형
수관식보일러	자연순환식	바브콕(15°), 쓰네기찌(30°), 타쿠마(45°), 2동D형, 야로우(3동A형), 방사보일러, 가르베	
	강제순환식	베록스, 라몬트	
	관류식	벤슨, 슐저, 엣모스, 람진, 소형관류보일러	
주철제보일러	주철제증기보일러, 주철제온수보일러		
특수보일러	특수액체보일러	열매체보일러(수은, 다우섬, 모빌섬, 카네크롤액)	
	특수연료보일러	버가스(사탕수수 찌꺼기), 흑회(연료쓰레기), 소다 회수, 바크(나무껍질)	
	폐열보일러	리히, 하이네	
	가전가열보일러	슈미트, 레플러	

3. 원통 보일러

원통형 보일러는 강도상 유리하며 구조가 간단하고 관수의 대류가 용이해서 자연순환에 지장이 없도록 본체가 큰 동으로 그 내부에 노통, 연소실, 연관 등을 설치한 보일러이다.

원통 보일러의 특징
- 장점
  - 구조가 간단하며 취급이 용이하다.
  - 청소 및 검사가 용이하다.
  - 보유수량이 많아 부하변동에 응하기 쉽다.
  - 급수처리가 수관보일러에 비해 쉽다.
- 단점
  - 고압, 대용량에 부적당하다.
  - 전열면적이 작아 효율이 낮다.
  - 보유수량이 많아 파열 시 피해가 크다.
  - 예열시간이 길다.(물이 증발하기까지 시간이 오래걸린다.)

입형 보일러
- 입형 횡관 보일러 : 일반 입형 보일러에 전열면적을 증가시키기 위해 화실 내부에 수부를 연결하는 3~4개의 횡관을 설치한 보일러이다.
- 횡관 설치 시 이점
  - 전열면적 증가
  - 물의 순환양호
  - 화실(연소실) 강도 보강
- 입형 연관 보일러 : 화실관판과 상부관판 사이에 다수의 연관군을 형성하여 전열면적을 증가시키고 효율을 향상시킨 보일러이다.
  상부관판 부근의 과열로 인한 부식 사고가 일어날 수 있다.
- 입형 보일러의 특징
  - 설치장소를 작게 차지한다.
  - 효율이 일반적으로 낮다.
  - 연소실이 좁아 완전연소가 곤란하다.
  - 습증기가 다량 발생된다.
- 코크란 보일러 : 상부의 동을 크게 하고 중심부의 지름을 작게하여 연관을 옆으로 배열한 형식으로 반구형으로 제작해 고압에 잘 견딜 수 있도록 하였으며 연관 상부의 과열을 방지할 수 있도록 설계된 보일러이다.

횡형 보일러
내분식으로 동을 수평 배치하여 전열면적을 증가시킨 보일러로 입형보일러 보다 효율이 좋다.
- 노통보일러 : 코르니시보일러(노통1개), 랭커셔보일러(노통2개)
- 노통보일러의 특징
  [장점]
  - 구조가 간단하고 취급이 용이하다.
  - 청소, 검사, 수리가 용이하다.
  - 보유수량이 많아 부하변동에 응하기 좋다.

- 급수처리가 간단하다.
- 수면이 넓어 기수공발 발생이 적다.

[단점]
- 전열면적이 형체에 비해 작아 효율이 낮다.
- 예열 부하가 커서 부하에 응하기 어렵다.
- 내분식이여서 연료의 질이나 연소 공간의 확보가 어렵다.
- 보유수량이 많아 폭발 시 피해가 크다.

• 내분식 연소 장치의 특징
  - 열손실이 적다.
  - 노가 본체에 둘러싸여 형상이나 크기가 제한된다.
  - 완전 연소가 어려워 노벽에 탄화분(검댕)이 쌓인다.
  - 연료의 질이 양호해야 한다.
  - 주위 온도가 냉각되어 노내 온도 상승이 어렵다.

• 완전 연소의 구비 조건
  - 연소실 온도가 높을 것
  - 연료와 공기의 혼합이 양호할 것
  - 연소실 용적이 클것
  - 연소시간이 충분 할 것

파형노통, 평형노통

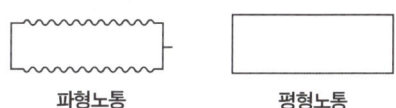

파형노통   평형노통

• 평형노통 특징
  - 제작이 용이하고 가격이 저렴하다.
  - 청소, 검사가 용이하다.
  - 열에 의한 신축성이 불량하다.
  - 고압에 부적당하다.
  - 강도가 약하다.

• 파형노통 특징
  - 제작이 어렵고 가격이 비싸다.
  - 청소, 검사가 곤란하다.
  - 열에 의한 신축성이 양호하다.
  - 전열면적이 평형노통에 비해 넓다.(평형 노통의 1.4배)
  - 강도가 좋다.

• 아담슨 조인트 : 노통의 열응력에 따른 신축을 고려하여 1 ~ 2[m] 정도로 분할 제작한 플랜지형식으로 접합, 강도보강, 열에의한 신축을 흡수한다.

아담슨 조인트

- 갤러웨이관 : 노통 내부에 설치하여 보일러수의 순환을 촉진시킨다.
- 설치 시 이점
  - 물의 순환이 양호해진다.
  - 전열면적이 증가한다.
  - 노통강도를 보강할 수 있다.
- 버팀(stay) : 강도가 약한 부분의 강도를 보강하기 위한 이음부
- 종류
  - 관 스테이 : 연관과 경판 선단 부위에 관을 확관 마찰이나 마모에 견디게 한다.
  - 바 스테이 : 경판, 화실, 천장판의 강도 보강용
  - 볼트 스테이 : 평행판의 강도보강(횡연관 보일러)
  - 가셋트 스테이 : 경판과 동판의 강도보강(노통 보일러)
  - 도리 스테이 : 화실 천장판의 강도보강(기관차 보일러)
  - 도그 스테이 : 맨홀, 청소의 밀봉용

갤러웨이관

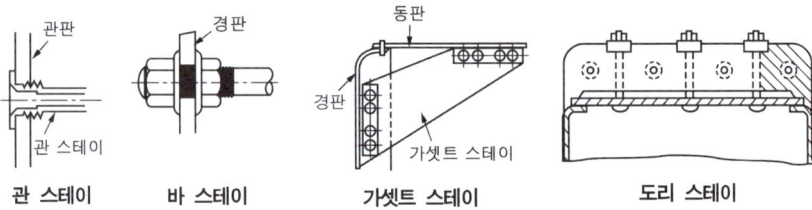

관 스테이 　　바 스테이 　　가셋트 스테이 　　도리 스테이

- 브리딩 스페이스 : 가셋트 스테이와 노통 사이의 거리로 열팽창을 흡수하고 그루빙을 방지하기 위하여 확보한 공간이다.(최소 225[mm] 이상의 공간을 확보해야 한다.)

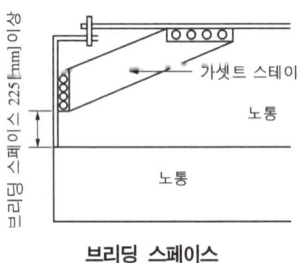

브리딩 스페이스

- 맨홀 : 보일러 내부를 감시하거나 청소를 하기 위한 구멍
- 연관 보일러
  - 횡연관 보일러 : 외분식으로 동내부에 다수의 연관군을 수평으로 연결하여 동체의 안지름에 해당하는 전열 면적을 증가 시켰으며 보유수량이 많지 않아 예열부하를 작게 할 수 있어 증기 발생시간이 짧으며 부하에 대응하기 좋게 만든 보일러이다. 증기압력은 10[kg/cm^2] 정도이다.
- 외분식 연소장치의 특징
  - 연소실 크기의 제한을 받지 않는다.
  - 연소효율이 좋아 노내온도 상승이 쉽다.
  - 완전연소가 가능하다.
  - 노벽방사 손실이 있다.
  - 연료의 질이 나빠도 된다.(저질연료라도 연소가 양호하다.)

- 기관차 보일러 : 증기 기관차의 보일러로 좁은 궤도 철도 위를 주행하는 한정된 높이, 폭이 제한되고, 경량이며 진동에 잘 견디고 비교적 고압의 증기를 다량 발생시키며, 증기량의 급격한 변화에도 견디는 능력이 필요하다. 이와 같은 조건 때문에 기관차 보일러는 가늘고 긴 연관 보일러가 사용되며 굴뚝이 특히 짧기 때문에 그 아래쪽에서부터 기관의 배기를 분출하여 부족한 통풍력을 보충한다.
- 케와니 보일러 : 기관차용 보일러를 지상에 설치한 형식의 보일러로서 기관차형 보일러라고도 하며 주로 공장용 보일러로 많이 사용되고, 압력은 10[kg/cm^2] 이하로 한다. 벽돌 구축이 없기 때문에 설치가 용이하며 간단한 내화식 보일러이므로 효율이 비교적 좋아 난방, 온수, 취사용 등 널리 사용되고 있다.

노통연관 보일러

- 노통연관 패키지 보일러 : 내분식으로 노통과 연관을 동시에 두어 서로의 결점을 보완하였으며 구조가 치밀한 콤팩트(compact) 구조로 시동부하가 짧으며 효율이 높아 주로 난방용, 산업용으로 널리 쓰이며 종류도 용도에 따라 다양하다. 사용압력은 5 ~ 10[kg/cm^2] 정도이다.

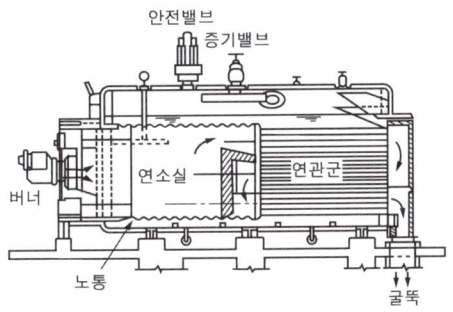

노통연관식 보일러

- 노통연관 보일러의 특징

  [장점]
  - 내분식이여서 열손실이 적다.
  - 콤팩트한 구조로 전열면적이 크고 증발능력이 우수하다.(노통보일러, 연관보일러에 비해)

  [단점]
  - 구조가 복잡하므로 청소 및 수리 점검이 까다롭다.
  - 급수처리가 까다롭다.
  - 증발속도가 빨라, 과열로 인한 스케일 부착이 쉽다.

- 스코치 보일러 : 선박용 보일러로 초기에 영국의 스코틀랜드에서 많이 사용되어 이름이 붙여졌고 큰 지름의 동 내에 1 ~ 4개의 노통을 끼우고, 각 노통 속에 연소실과 같은 확대실을 설치하여 연소실 내벽과 앞쪽 경판 사이에 다수의 연관을 배치한 구조의 보일러이다. 사용압력은 15[kg/cm^2] 정도이다.
- 하우덴-존슨 보일러 : 연소실 주위가 건조한 형식으로 스코치 보일러의 후부 연소실에 복잡함을 개조한 형태이다. 사용압력은 20[kg/cm^2] 정도이며 300 ~ 400[℃]가량의 과열증기를 발생시킨다.

4. 수관식 보일러

상하부에 드럼이 있고 고압에 견디기 좋은 구조의 보일러로서 보일러 열교환기용 합금강관(STBA, 이음매 없는 강관)을 사용해 연결하여 외분식의 장점인 전열 면적을 최대한으로 설계한 고압 대용량 보일러이다.

수관식 보일러의 특징

- 장점
  - 고온, 고압에 적당하다.
  - 보유수량이 적어 파열 시 피해가 적다.
  - 설치면적이 작고 발생열량이 크다.
  - 외분식이어서 연료의 질에 관계없이 연소가 양호하다.
  - 보일러 전체가 전열면이라고 볼 수 있으므로 효율이 대단히 높다.
- 단점
  - 구조가 복잡하여 청소, 검사, 수리가 불편하다.
  - 급수처리가 까다롭다.
  - 제작이 까다로우며 제작비가 많이 든다.
  - 외분식이므로 노벽 방산손실이 많다.
  - 보유수량이 적어 부하 변동에 응하기 어렵다.
  - 증발속도가 너무 빨라 습증기로 인한 관 내 장애가 발생된다.

수관 보일러의 분류

순환방식에 따른 분류(자연순환식, 강제순환식, 관류식)

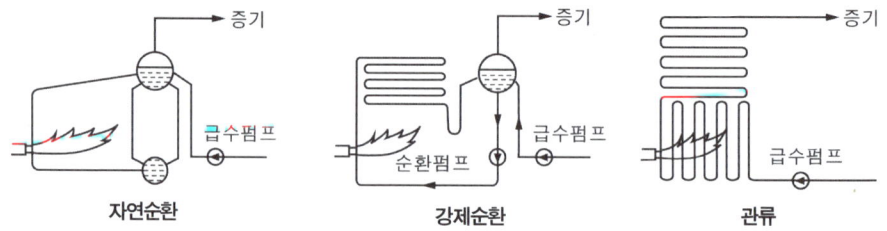

- 자연순환식 : 포화증기와 포화수의 비중차를 이용한 중력환수방식
- 강제순환식 : 임계압력에 가까워질수록 잠열이 감소하고 이로인해 포화증기와 포화수의 비중차가 점차 작아져 자연순환이 힘들어질 경우 순환 펌프를 사용하여 강제순환시키는 방식
- 관류식 : 관으로만 이루어진 고압 보일러이며 구조상 강제순환하게 된다.
- 관수의 순환을 좋게하는 방법
  - 관지름을 크게 할 것
  - 수관의 경사도를 크게 할 것
  - 강수관의 가열을 피할 것
  - 포화수와 포화증기의 비중차를 크게 할 것
- 배열방식 : 수평관식, 수직관식, 경사식, 곡관식

자연순환식 수관 보일러

- 바브콕 보일러 : 상부에 증기드럼을 설치하고 수드럼 대신 순환이 용이한 관모음헤더를 설치하여 수평에서 15°의 경사로 장착하며, 연소 가스 이용도를 높이기 위해 배플판

(baffle-plate)으로 구획을 나눈 조립식 수관 보일러이다. 종류로는 수관과 증기드럼의 설치방식에 따라 WIF형과 CTM형이 있다.
- 쓰네기찌 보일러 : 2동 형식의 직관 자연순환식 보일러로 수관을 드럼의 관판에 부착하며, 수관의 경사를 30°로 설치한 소형 난방 보일러이다.
- 타쿠마 보일러 : 상부에 증기, 드럼 하부에 수 드럼을 설치하여 그 사이에 45°의 경사수관을 연결한 형식으로 중앙에 2중관으로 된 130[mm]의 강수관을 두고 주위를 다수의 증발관으로 에워싸 강수관이 가열되지 않아 관수의 순환이 양호하도록 설계되어 있다.
    - 특징 : 관수 순환촉진, 동의 부동팽창방지, 급수내관보호
- 2동 D형 보일러 : 상부에 증기(기수)드럼, 하부에 수 드럼을 설치한 곡관형식의 보일러로 영문자 "D"자 모양으로 수관을 배열, 관의 신축흡수를 어느 정도 고려한 보일러이다.
- 가르베 보일러 : 복사열을 흡수하기 위해 증기 드럼의 높이를 낮추고 전열면의 활용을 위해 급경사형의 사각순환방식의 보일러로 상하부 연결수관에 헤더를 설치 순환을 도운 형식이다.
- 야로우 보일러 : 증기 드럼과 수드럼을 삼각배열로 형성한 것으로 주로 선박용 보일러로 사용된다.
- 방사수관 보일러 : 외분식 구조의 단점인 방사손실을 줄이기 위해 수냉노벽을 연소실 내벽에 설치한 형식으로 65[%] 정도의 복사열을 흡수하는 대용량 보일러이다.
- 스터링 보일러 : 급경사 곡관식 보일러로 상부에 기수 드럼 2~3개와 하부에 수드럼 1~2개를 설치하여 관의 양단을 구부려 각 드럼에 수직으로 결합시킨 보일러이다.

강제순환식 수관 보일러
- 라몬트 보일러 : 순환펌프로 여러 개의 강수관에 강제적으로 물을 보내는 방식으로 수관의 수량을 균일하게 하기 위해 수관과 파이프랙의 결합부에 작은 구멍(오리피스)으로 구성된 라몬트노즐을 설치한다. 단드럼 형식에서는 게이지압력이 110[atm]이고 증기온도가 530[℃]이며 증발량이 85[t/h] 정도이다.
- 베록스 보일러 : 공기 압축기, 가스터빈, 순환펌프 등이 내장되어 있는 강제 순환식 보일러로 고압연소를 하므로 짧은 시간(6분 이내) 내에 증기를 발생시킬 수 있는 보일러이다.

관류식 보일러
하나의 관계에서 급수 펌프로 공급된 관수가 가열, 증발, 과열이 동시에 일어나는 형식으로 초임계압력 보일러이다.
- 종류 : 벤슨 보일러, 슐저 보일러, 소형 관류 보일러, 램진 보일러, 엣모스 보일러

> **Tip 급수가열 순서**
>
> 가열 → 증발 → 과열(과열증기)

- 관류 보일러의 특징
  [장점]
    - 순환비가 1 이므로 드럼이 필요없다.(순환비 = $\frac{급수량}{증발량}$)
    - 전열면적이 크고 효율이 높다.
    - 고압이므로 증기의 열량이 크다.
    - 기동부하가 짧아 부하측 대응하기 쉽다.

[단점]
- 콤팩트한 구조로 청소 및 검사 수리가 어렵다.
- 완벽한 급수처리를 해야 한다.
- 자동연소, 온도 제어장치를 설치하여 부하의 변동에 대응해야 한다.
- 급수의 유속을 일정하게 유지해야 한다.

5. 주철제 보일러 (section boiler)

주철제 보일러의 구조
주물로 제작된 보일러로서 내부구조를 복잡하게 하여 전열면적이 비교적 큰 형식의 저압 보일러이다. 조합방식에 따라 전후, 좌우, 맞세움 전후 조합으로 나뉘며 각 섹션(쪽)을 용량에 알맞게(5 ~ 18쪽) 조절하여 사용한다.

- 주철제 보일러 조합방식
  - 전후조합
  - 좌우조합
  - 맞세움 전후조합

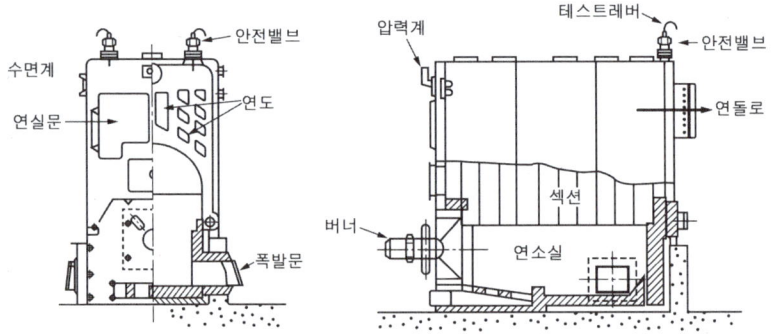

주철제 보일러

주철제 보일러의 특징
- 장점
  - 저압보일러 이므로 파열사고 시 피해가 적다.
  - 주물로 제작하여 복잡한 구조로 제작이 가능하다.
  - 전열면적이 크고 효율이 높다.
  - 내식·내열성이 우수하다.
  - 섹션증감으로 용량조절이 용이하다.
  - 현장 반입 시 조립식으로 유리하다.
- 단점
  - 고압·대용량에 부적당하다.
  - 구조가 복잡하므로 내부청소 및 검사 수리가 곤란하다.
  - 인장 및 충격에 약하다.
  - 열에 의한 부동팽창으로 균열이 생기기 쉽다.

6. 온수 보일러

난방의 열매체로 온수를 생산하여 이용하는 방식으로 외관상 증기 보일러와 큰 차이는 없으며 전열면적이 14[m^2] 이하, 최고사용압력이 0.35[MPa](3.5[kg/cm^2]) 이하인 보일러를 말한다.

온수 보일러의 버너(연소장치)
- 압력분무식 : 연료 및 공기를 가압하여 노즐로 분무하여 연소시키는 방식
  - 건형, 저압공기 분무식
- 증발식(포트식) : 연료를 포트 등에서 증발시켜 연소시키는 방식
- 회전분무식 : 연료를 회전체의 원심력으로 비산시켜 무화 연소시키는 방식
- 기화식 : 연료를 예열하여 기회시켜 노즐로 분무하여 연소시키는 방식
- 낙차식 : 낙차에 따라 고정한 심지에 연료를 보내어 연소시키는 방식

7. 특수 열매체 보일러

열매체를 물 대신 수은, 다우섬, 모빌섬, 카네크롤 등 특수 열매체를 사용하여 증기를 발생시키는 보일러로 이는 물보다 비열이 낮은 물질을 이용함으로써 낮은 압력에서도 고온을 얻을 수 있는 특징이 있다.

특수 열매체의 종류
수은, 다우섬, 모빌섬, 세큐리티53, 카네크롤

특수 열매체 보일러의 특징
- 저압에서 고온의 증기를 얻을 수 있다.
- 동결의 위험이 적다.
- 안전밸브를 밀폐식으로 사용한다.(인화성, 유독성 증기를 발생시킬 수 있다.)
- 급수처리장치가 불필요하다.

8. 간접 가열 보일러

100기압 이상의 고온·고압 보일러의 경우 물이 증발할 때 급수 중의 불순물이 다량의 관석(scale)이 되어 관벽에 부착하게 된다. 이러한 문제를 해결하기 위해 2중 증발장치를 이용하여 증기를 발생시키는 보일러러를 간접 가열 보일러라 한다.
- 종류 : 슈미트 보일러, 레플러 보일러

9. 폐열 보일러

가열로·용광로·시멘트 가마 등으로 보일러 이외의 노로부터 오는 고온배기 가스의 열을 이용하여 증기를 발생시키는 보일러로 보일러 자체에는 연소실이 없다. 배기가스의 종류는 다양하며 일반적으로 다량의 먼지나 부식성 가스를 포함하는 경우가 많기 때문에 각각의 경우에 따라 가스 유속, 전열면의 배치 등 대책을 취하게 된다.

10. 특수 연료 보일러

일반적으로 시용되는 화석연료 이외의 연료를 사용하는 보일러를 말한다.

특수 연료 보일러의 종류
- 톱밥 연소 보일러
- 버개스(bagasse) 보일러
- 바크 연소 보일러
- 소다 회수 보일러

11. 보일러 수위

상용수위(수면계중심, 1/2 : 50%)
보일러가 가동 중 항상 유지되어야할 적정 수위

- 저수위 : 수면계 20[%] 이하
- 고수위 : 수면계 80[%] 이상

안전저수위

운전 중 유지되어야 할 최저 수면, 수면계 하단부와 일치
- 입형횡관 보일러 : 화실 천정판 최고부 위 75[mm] 상단
- 입형연관 보일러 : 연관 길이 1/3 이상
- 코크란 보일러(입형횡연관 보일러) : 연관 상부 75[mm] 상단
- 노통 보일러 : 노통 100[mm] 상단
- 연관 보일러 : 연관 75[mm] 상단
- 노통연관 보일러
  - 노통이 위일 때 : 노통 100[mm] 상단
  - 연관이 위일 때 : 연관 75[mm] 상단

제9장 최고 사용압력과 수압시험

1. 최고 사용압력

보일러 강도상 허용할 수 있는 최고 게이지 압력을 말하며 최고 사용압력으로 계속 사용하여도 보일러에 무리가 없어야 한다.

2. 수압시험

- 수압시험 목적 : 균열여부 파악
- 수압시험은 천천히 수압을 가하여 규정된 수압에 도달한 후 30분 경과 뒤에 검사를 실시한다.
- 수압시험을 30분간 행한 후 이상이 없으면 수압을 제거한다.
- 수압시험 압력은 최고 사용압력보다 높게 설정한다.
- 수압시험 압력은 최소한 0.2[MPa](2[kg/cm^2]) 이상으로 설정한다.
- 수압시험 도중 또는 시험 후 동파의 위험이 없도록 조치한다.
- 규정된 수압시험 압력의 6%를 초과하지 않도록 조치한다.

3. 수압시험 압력

보일러 종류	최고 사용압력	수압시험
강철제 보일러	0.43[MPa](4.3[kg/cm^2]) 이하	2배
	0.43[MPa] 초과 1.5[MPa] 이하	1.3배 + 0.3[MPa]
	1.5[MPa](15[kg/cm^2]) 초과	1.5배
주철제 보일러	0.43[MPa](4.3[kg/cm^2]) 이하	2배
	0.43[MPa](4.3[kg/cm^2]) 초과	1.3배 + 0.3[MPa]
소용량 강철제 보일러	0.35[MPa](3.5[kg/cm^2]) 이하	2배
가스용 소형온수 보일러	0.43[MPa](4.3[kg/cm^2]) 이하	2배

PART 02

난방부하 및 난방설비

01 난방부하 계산
02 증기난방
03 온수난방설비 및 배관
04 복사난방
05 지역난방

PART 02 난방부하 및 난방설비

제1장 난방부하 계산

1. 난방부하의 계산

상당방열면적(E.D.R)
- 방열기의 방열면적당 보일러의 능력으로 레이팅(Rating)이라고도 한다.
- 표준방열면적이라고 부르기도 한다.
- 방열량은 방열면적 1[m^2]당 1시간 동안 난방에 필요로하는 열량의 값으로 표시한다. [$kcal/m^2h$]
- 방열기 표준방열량
  - 증기 : 8[$kcal/m^2h℃$] × (102 - 21)[℃] = 648 ≒ 650[$kcal/m^2h$]
  - 온수 : 7.2[$kcal/m^2h℃$] × (80 - 18)[℃] = 446.4 ≒ 450[$kcal/m^2h$]
- 난방부하

$$Q[kcal/h] = q[kcal/m^2h] \times EDR[m^2]$$

Q : 난방부하[$kcal/h$]
q : 표준방열량[$kcal/m^2h$]
EDR : 상당방열면적[m^2]

$$* \text{상당방열면적} : EDR[m^2] = \frac{Q[kcal/h]}{q[kcal/m^2h]}$$

- 표준상태의 열매에 따른 방열계수 및 온도 기준표

열매	방열계수(열관류율) [$kcal/m^2h℃$]	표준상태의 온도		표준방열량 [$kcal/m^2h$]
		열매온도[℃]	실내의공기온도[℃]	
증기	8	102	21	650
온수	7.2	80	18	450

> **Tip** 난방부하 구하는 공식 정리
> - 난방부하[kcal/h] = 표준방열량[$kcal/m^2h$] × EDR[m^2]
> - 난방부하[kcal/h] = 방열기 방열량[$kcal/m^2h$] × 방열기 소요방열 면적[m^2]
> - 난방부하[kcal/h] = 열손실합계[kcal/h] - 취득열량[kcal/h]

- 소요방열량계산

$$\text{소요방열량} = \text{방열계수} \times \text{온도차} \rightarrow Q = K \cdot \triangle T$$

Q : 방열기 방열량[$kcal/m^2$]
K : 방열계수[$kcal/m^2h℃$]
$\triangle T$: 온도차[℃]

- 방열면적계산

$$방열면적 = \frac{난방부하}{방열기\ 방열량}$$

$$Q = q \times A \rightarrow A = \frac{Q}{q}$$

- Q : 난방부하[kcal/h]
- q : 방열기 방열량[kcal/m²h]
- A : 방열면적[m²]

- 방열기쪽수 계산(섹션수)

$$Q = q \times A \times n \rightarrow n = \frac{Q}{q \times A}$$

- Q : 난방부하[kcal/h]
- q : 표준방열량 (온수 450[kcal/m²h], 증기 650[kcal/m²h])
- A : 쪽당방열면적[m²/쪽]
- n : 쪽수(섹션수)[쪽]

- 방열기 호칭법
  - 주형 : (종별-높이×쪽수)
  - 벽걸이 : (종별-형×쪽수)

종별	기호
2주형	II
3주형	III
3세주형	3
5세주형	5
벽걸이형(수직)	W-V
벽걸이형(수평)	W-H

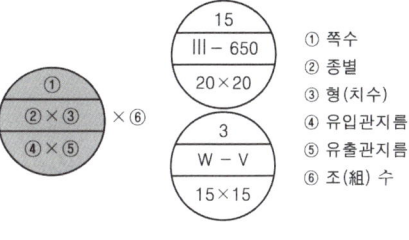

① 쪽수
② 종별
③ 형(치수)
④ 유입관지름
⑤ 유출관지름
⑥ 조(組) 수

- 보일러 용량계산(정격출력[kcal/h])

$$정격출력 = 난방부하 + 급탕부하 + 배관부하 + 예열부하(시동부하)$$

$$\rightarrow Q_t = H_1 + H_2 + H_3 + H_4$$

- Q_t : 보일러용량(정격출력)[kcal/h]
- H_1 : 난방부하[kcal/h]
- H_2 : 급탕부하[kcal/h]
- H_3 : 배관부하[kcal/h]
- H_4 : 예열부하(시동부하)[kcal/h]

$$Q_t = \frac{(Q_1 + Q_2)(1+\alpha)\beta}{K}[kcal/h]$$

- Q_t : 보일러용량(정격출력)[kcal/h]
- Q_1 : 난방부하[kcal/h]
- Q_2 : 급탕부하[kcal/h]
- α : 배관손실계수
- β : 예열부하계수
- K : 출력저하계수

제2장 증기난방

1. 배관방식에 따른 분류 (단관식, 복관식)

단관식
- 증기와 응축수를 동일관속에 흐르게 하는 방식
- 구배를 잘못하면 수격작용이 발생할 수 있다.
- 소규모 난방에 이용된다.
- 방열기밸브는 하부태핑, 공기빼기 밸브는 상부태핑에 설치한다.

복관식
- 증기관과 응축수관을 별도로 설치하는 방식
- 증기관과 환수관이 열결되는 곳에는 반드시 증기트랩을 설치하여 증기가 환수관으로 흐르는 것을 방지한다.
- 방열기 밸브는 상하 어느 쪽에 설치해도 무관하다.
- 열동식 트랩일 경우 하부태핑에 설치한다.

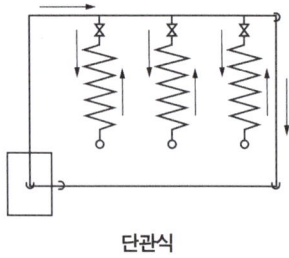
단관식

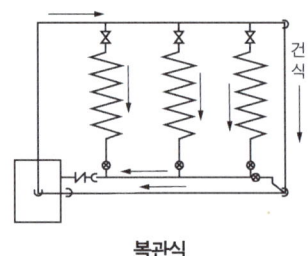
복관식

2. 증기공급방식에 따른 분류 (상향식, 하향식)

상향순환식
수평주관을 보일러 바로 위에 설치하고 여기에 수직관 또는 분기관을 연결하여 윗층의 방열기에 증기를 공급하는 방식

하향순환식
증기수평주관을 가장 높은 층의 천장에 배관하고 이 수평주관에서 방열기에 공급하는 방식

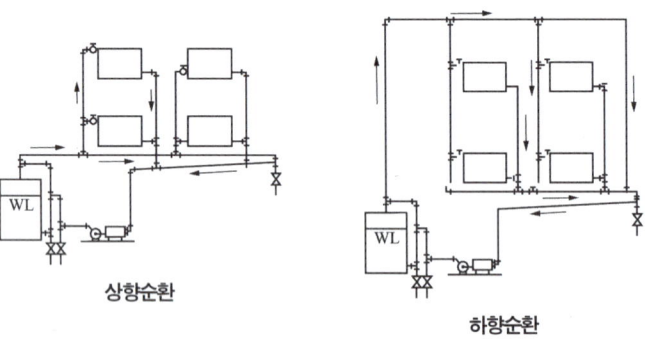
상향순환　　　하향순환

3. 증기압력에 따른 분류 (고압식, 저압식, 진공압식)

고압식
1 ~ 3[kg/cm² · g] 이상(고압), 0.35 ~ 1[kg/cm² · g](중압)

저압식
0.1 ~ 0.35[kg/cm² · g], 주철제 보일러는 0.3[kg/cm² · g]로 사용

진공압식
대기압 이하

4. 응축수 환수방식에 따른 분류 (중력환수, 기계환수, 진공환수)

중력환수식
응축수를 중력에 의해 환수하는 방식

기계환수식
방열기에서 응축수 탱크 까지는 중력환수 탱크에서 보일러까지는 펌프를 이용한 강제순환 방식이다.

진공환수식
방열기의 설치장소에 제한을 받지 않는 환수방식으로 증기와 응축수를 진공펌프로 흡입 순환시키는 방식이다.(진공도 100 ~ 250[mmHg] 정도)
- 중력, 기계 환수보다 순환속도가 빠르다.
- 기울기(구배)에 구애를 받지 않는다.
- 방열량을 광범위하게 조절할 수 있다.
- 환수관의 관지름을 작게 할 수 있다.
- 버큠 브레이커(vacuum breaker)를 사용하여 진공을 일정하게 유지해야 한다.

5. 환수관의 배관방식에 따른 분류 (건식, 습식)

건식환수
- 환수관이 보일러 수면보다 높게 설치되어 환수되는 방식
- 환수관은 보일러의 표준수위보다 650[mm] 정도 높은 위치에 배관한다.
- 관말에 냉각관(냉각레그)과 관말트랩(열통식트랩)을 사용하여 증기의 환수로 인한 수격 작용을 방지한다.

습식환수
환수관이 보일러 수면보다 낮게 설치되어 환수되는 방식
- 접속부 누수로 인한 이상감수 현상을 방지하기 위하여 하트포드 접속을 해야 한다.
- 하트포드 접속법(hartford connection) : 저압증기난방의 습식환수방식에 있어 보일러의 수위가 환수관의 접속부로의 누설로 인한 저수위사고가 일어날 것을 방지하기 위해 증기관 과 환수관 사이에 표준수면에서 50[mm] 아래로 균형관(벨런스관)을 설치한 방식

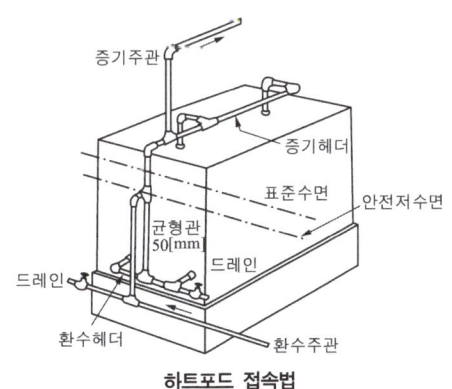

하트포드 접속법

6. 배관구배(증기난방)

통수 시 공기의 배제, 관 내 드레인의 배출을 위해 기울기(구배)를 주며 단관식, 복관식이나 중력환수식, 기계환수식 또는 진공 환수식이냐에 따라 각기 다르다.

배관방법에 의한 기울기 및 시공요령

배관방법	기울기	시공요령
단관중력 환수식	상향공급식(역류관) $\frac{1}{50} \sim \frac{1}{100}$	상향, 하향 모두 끝내림 기울기로, 순류관일 경우 관지름 65[mm] 이상 $\frac{1}{200}$ 기울기로 한다.
	하향공급식(순류관) $\frac{1}{100} \sim \frac{1}{200}$	
복관중력 환수식	$\frac{1}{200}$ 정도의 선단 하향 기울기로 보일러 실까지 배관 후 건식환수 및 습식환수에 알맞게 배관한다.	증기주관은 환수관의 수면보다 400[mm] 이상 높게 설치한다.
진공환수식	$\frac{1}{250} \sim \frac{1}{300}$	

7. 증기난방 배관시공 시 주의사항

증기배관의 구배
증기의 사용처를 향해 상향구배로 한다.

방열기 인입 배관
증기 및 온수의 온도차에 의해 배관의 신축을 흡수하기 위해 스위블 이음을 한다.

냉각관(냉각레그 : cooling leg)
- 건식환수방식의 관말에 설치
- 관내 응축수에서 생긴 플래시 증기로 인한 보일러의 수격작용 방지
  (주역할 : 플래시증기 응축 후 증기트랩으로 유입)
- 주관과 수직으로 100[mm]이상 내리고 하부로 150[mm]이상 연장하여 관내 슬러지 등 협착물을 제거할 목적으로 드레인 포켓(drain pocket)을 만들어준다.
- 주관에서 1.5[m] 이상 보온하지 않은 나관을 설치하며 냉각관 끝에는 트랩을 설치하여 응축수를 제거한다.

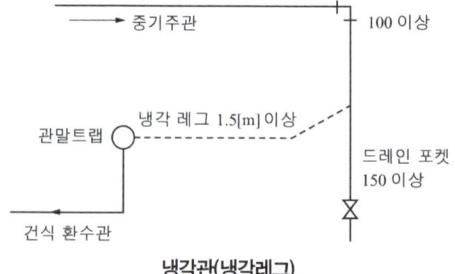

냉각관(냉각레그)

감압밸브
고압의 증기를 저압으로 전환시켜 사용처에 알맞은 압력으로 공급하기 위한 장치

하트포드 접속
- 저압증기 난방의 습식 환수방식일 때 사용
- 환수관의 접속부 누설로 인한 이상감수 방지
- 주증기관과 환수관 사이 표준수면 50[mm] 아래로 균형관 설치

리프트 피팅
- 진공환수식에서 사용되는 배관이음
- 저압증기 환수관이 진공펌프의 흡입구보다 낮은 위치에 있을 때 응축수를 원활히 회수하기 위해 설치한다.
- 높이가 1.6[m] 이하 1단, 3.2[m] 이하는 2단으로 시공한다.
- 리프트 피팅의 1단 높이는 1.5[m] 이내로 한다.
- 리프트 피팅 관경은 환수주관보다 1~2[mm] 정도 작은 크기로 하며, 응축수 펌프 근처에 1개소만 설치한다.

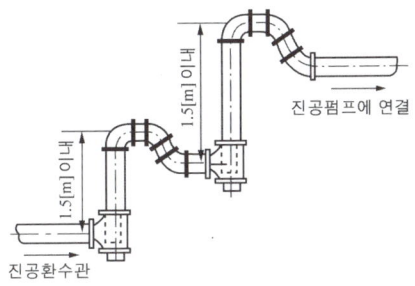

리프트피팅

제3장 온수난방설비 및 배관

온수난방이란 보일러에서 온수를 발생시켜 방열기, 팬코일 유닛 등에 보내어 실내의 공기를 덥히는 대류형식의 난방 방식을 말한다.

1. 온수온도에 따른 분류

고온수식 온수난방
장치내 온수온도가 100[℃] 이상이며 밀폐식 팽창탱크를 사용한다.

보통온수식 온수난방
장치내 온수온도가 85~90[℃] 정도로 장치 최상부에 개방식 팽창탱크를 설치한다.

> **고온수식 온수난방의 특징**
> - 난방수 순환수량을 적게 할 수 있다.(온도차가 크므로)
> - 보유열량이 크므로 보일러의 용량을 축소시킬 수 있다.
> - 관지름을 작게 할 수 있어 경제적이다.(내부 압력이 높다.)

2. 배관방식에 따른 분류

단관식

복관식

역귀환방식

역환수방식 또는 리버스리턴 방식 이라고도 하며, 하나의 배관계에 다수의 방열기를 취부할 때 배관의 길이가 다르기 때문에 환수관을 가장 먼 기기까지 가지고 간 다음, 반복하여 환수관을 원래 방향으로 되돌리면서 각 기기의 배관저항의 균형을 맞추어 기기로의 수량 평균성을 보존하는 방식이다.

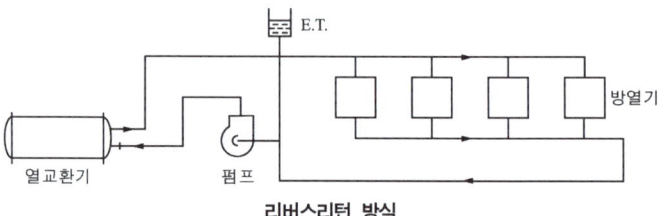

리버스리턴 방식

3. 순환방식에 따른 분류

자연환수식

온수 온도차에 의한 비중차를 이용해 순환시키는 방식으로 주로 단독 주택이나 소규모 난방에 사용된다.

강제순환식

순환펌프에 의해 강제순환시키는 방식
- 온수순환용 펌프 종류 : 센트리퓨갈 펌프, 축류펌프, 하이드로레이터, 라인펌프 등
- 순환펌프는 환수관쪽 보일러 가까이에 수평으로 설치한다.

4. 온수난방의 특징 (증기난방과 비교)

- 예열시간이 길다.
- 방열량 조절이 용이하다.(온도조절이 용이)
- 동결의 위험이 적다.
- 방열면적이 넓고 취급이 쉽다.
- 건축물의 높이에 제한을 받는다.
- 방열기 표면온도가 낮아 화상의 위험이 적다.

5. 팽창탱크

팽창탱크는 온수보일러 운전 중 장치 내 온수온도 상승에 의한 체적팽창 및 이상압력을 흡수하는 안전장치로 사용된다.

팽창탱크의 종류
- 개방식 팽창탱크 : 보통온수 85 ~ 90[℃](100[℃] 이하)에 일반주택 등에 사용되며, 최고층 방열기로부터 팽창 탱크 수면까지 1[m] 이상 높이로 설치한다. 용량은 온수팽창량의 2 ~ 2.5배로 한다.
  - 개방식 팽창탱크의 구성 : 급수관, 안전관(방출관), 배기관, 오버플로우관, 팽창관, 배수관
- 밀폐식 팽창탱크 : 100[℃] 이상의 고온수 난방에 사용하며, 설치장소 및 높이에 제한을 받지 않는다.
  - 밀폐식 팽창탱크의 구성 : 급수관, 수위계, 안전밸브(릴리프밸브), 압력계, 콤프레셔(압축공기), 배수관

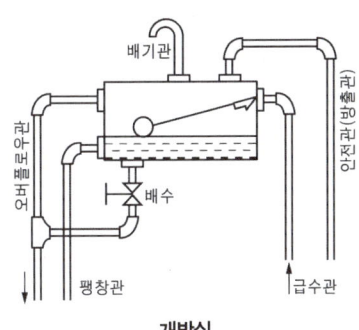
개방식

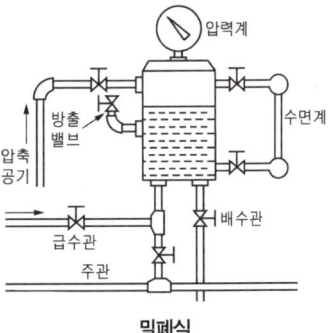
밀폐식

설치목적
- 온수의 체적팽창 및 이상압력 흡수
- 장치 내 압력을 일정하게 유지
- 보일러수 부족 시 보충의 역할
- 온수 넘침에 의한 열손실 방지
- 공기(불응축가스) 빼기 역할

> **Tip 온수팽창량 계산**
>
> $$\triangle V = V \times \left(\frac{1}{\rho_1} - \frac{1}{\rho_2} \right) [l]$$
>
> - $\triangle V$: 온수 팽창량 [l]
> - ρ_1 : 가열 후 온수밀도 [kg/l]
> - V : 장치 내 전수량 [l]
> - ρ_2 : 가열 전 급수밀도 [kg/l]
>
> ※ 방열기 전 내용적의 2배로 전수량을 계산한다.

팽창탱크 설치 시 주의사항
- 최고위 방열기 및 방열코일보다 1[m]이상 높게 설치해야 한다.
- 팽창관의 끝부분은 팽창탱크 바닥면 보다 25[mm] 정도 높게 배관한다.
- 팽창관이나 안전관(방출관)에는 밸브 및 체크밸브 등을 설치해서는 안된다.
- 재료는 100[℃] 이상에서 견딜 수 있을 것
- 밀폐식의 경우 배관계통 내의 압력이 제한 압력 이상으로 되면 자동적으로 과잉수를 배출 시킬 수 있도록 방출밸브를 설치해야 한다.

6. 온수배관 시공방법

편심이음쇠를 이용한 이음방법
주관의 중간에서 관지름을 바꿀 경우 편심이음을 하여 관 내 슬러지 등이 체류하지 않도록 한다.
- 상향구배 : 관의 윗면이 수평이 되도록 한다.
- 하향구배 : 관의 아랫면이 수평이 되도록 한다.

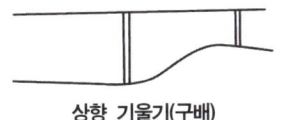
상향 기울기(구배)

하향 기울기(구배)

배관의 분기 및 합류
- 배관의 분기 및 합류 시에는 티(tee)를 사용한다.
- 유체의 방향을 유도하여 분기 및 합류 시키며 정체·감압현상 등을 방지해야 한다.

지관의 배관
- 주관에 대해 45° 각도로 배관한다.
- 주관이 아래에 있는 기기에 접속 시에는 아래로 취출하며 하향구배로 한다.
- 주관이 위쪽에 있는 기기에 접속 시에는 위로 취출하며 상향구배로 한다.

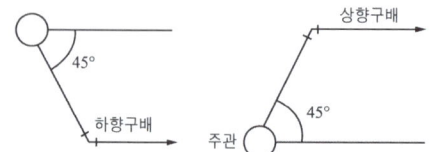

공기빼기 밸브
- 조작이 용이한 곳에 설치 할 것
- 공기빼기 밸브 전의 밸브는 축을 수평으로 설치할 것
- 공기의 유통을 좋게 할 것

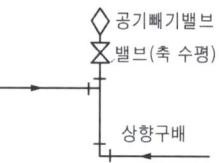

제4장 복사난방

패널난방이라고도 하며 건축물의 천장, 바닥, 벽 등에 가열코일을 매설하여 코일 내 증기 및 온수를 열매체로 순환시켜 그 복사열에 의해 난방하는 방식이다.

1. 가열면의 위치에 따른 분류
- 천장난방
- 바닥난방
- 벽난방

2. 복사난방의 특징

장점
- 높이에 따른 온도분포가 균일하다.
- 동일 방열량에 대한 열손실이 적다.
- 공기 등 미진을 태우지 않아 쾌감도가 좋다.
- 방열기 등의 설치공간이 불필요하여 실내 공간의 이용율이 높다.

단점
- 초기 설비비가 많이 든다.
- 매입배관이므로 고장수리 및 점검이 어렵다.
- 예열시간이 길어 부하변동에 대응하기 어렵다.
- 표면부(시멘트, 모르타르층) 균열이 발생할 수 있다.

제5장 지역난방

열공급시설에서 고압의 증기 및 고온수를 생산하여 일정지역을 대상으로 집단공급하는 난방 방식이다.(지역난방공사)

1. 지역난방의 특징

장점
- 대규모 설비로 인한 우수한 장치의 확보로 열설비의 고효율화, 대기오염의 방지 효과를 얻을 수 있다.
- 한곳에 집중적으로 설비하므로 건물 공간을 유효하게 사용할 수 있다.
- 폐열 회수 및 쓰레기 소각 등으로 연료비를 절감할 수 있다.
- 작업인원의 절감으로 인건비를 절약할 수 있다.
- 고압의 증기 및 고온수이므로 관지름을 적게 할 수 있다.

단점
- 시설비가 많이 든다.
- 설비가 길어지므로 배관의 열손실이 크다.
- 고압의 증기, 고온의 온수를 사용하므로 취급에 어려움이 따른다.

2. 난방용 증기압력에 따른 분류

고압
증기압력 10[$kg/cm^2 \cdot g$], 온도 183[℃] 이상

중압
증기압력 2 ~ 4[$kg/cm^2 \cdot g$], 온도 132 ~ 151[℃]

저압
증기압력 1[$kg/cm^2 \cdot g$], 온도 120[℃] 이하

3. 배관방식에 따른 분류

단관식
공급지역이 먼 경우, 환수관 없이 증기를 사용 후 응축수를 하수도에 버리는 방식

복관식
공급지역이 가까운 경우, 응축수를 환수하여 재사용하는 방식

4. 고온수의 상태에 따른 분류

저압고온수식
압력 1[$kg/cm^2 \cdot g$], 온수온도 120[℃] 이하, 배관계압력 5[$kg/cm^2 \cdot g$] 이하

중압고온수식
압력 1 ~ 4[$kg/cm^2 \cdot g$], 온수온도 120 ~ 150[℃], 배관계압력 5 ~ 10[$kg/cm^2 \cdot g$]
(송수온도 및 환수온도 차이를 60[℃] 정도로 한다.)

고압고온수식
압력 4 ~ 20[$kg/cm^2 \cdot g$], 온수온도 150 ~ 210[℃], 배관계압력 10 ~ 30[$kg/cm^2 \cdot g$]
(고압의 고온수를 감압장치나 열교환기 등을 통해 저압증기 또는 저온수로 바꾸어 사용하는 간접가열식이 일반적이다.)

5. 고압증기 및 고온수를 사용할 경우의 특징

고압증기 사용 시 특징
- 장점
  - 배관의 직경을 작게 할 수 있다.
  - 난방 이외의 시설에도 증기를 사용할 수 있다.
  - 압력이나 속도를 높일 수 있다.
  - 공급열량에 유연성이 있다.
- 단점
  - 응축수관의 부식이 많다.
  - 응축수 재증발에 및 방사손실에 의한 열손실이 많다.
  - 외기온도 변화에 대한 실온제어가 어렵다.(부하변동에 응하기 어렵다.)
  - 배관의 구배에 신경써야 한다.

고온수 사용 시 특징
- 장점
  - 증기트랩이 필요없다.
  - 용량제어가 용이하다.
  - 증기에 비해 온수의 축열량이 크다.(비열이 크므로)
  - 부하변동에 응하기 쉽다.
  - 장치에 공기(불응축가스)혼입이 적어 내부 부식이 적다.
  - 열손실이 증기식에 비해 적다.
  - 운전 시 소음이 적다.
  - 배관의 구배를 크게 신경쓰지 않아도 된다.(주로 강제순환식을 채택)
- 단점
  - 온수순환펌프의 동력비가 크다.
  - 간헐운전 시 불리하다.
  - 고층빌딩에 공급 시 수두압이 커진다.(공급높이에 제한이 따른다.)

PART 03

부속장치

01 급수장치
02 송기장치
03 폐열 회수장치

PART 03 부속장치

제1장 급수장치

1. 급수펌프

보일러에 물을 공급하는 장치로 회전식과 왕복동식으로 구분된다.

급수펌프의 구비조건
- 고온, 고압에 잘 견딜 것
- 병렬운전이 가능할 것
- 저부하 시에도 효율이 좋을 것
- 구조가 간단하고 부하변동에 대응성이 좋을 것
- 회전식일 경우 고속회전에 적합할 것
- 작동이 확실하고 내구성이 좋을 것

급수펌프 설치 시 기준
- 설치 시 2세트를 설치하는데 이때 1세트의 경우 동력펌프 또는 인젝터로 할 수 있다.
- 다음의 경우 보조펌프 생략이 가능하다.
  - 전열면적 12$[m^2]$ 이하의 증기 보일러 및 소용량 보일러
  - 전열면적 14$[m^2]$ 이하의 가스용 온수 보일러
  - 전열면적 100$[m^2]$ 이하의 관류 보일러
- 주 펌프, 보조 펌프의 용량은 보일러 상용압력에서 정상작동 상태에 필요한 물의 양을 단독으로 공급할 수 있는 것으로 한다.
- 주 펌프 세트가 2개 이상의 펌프를 조합한 것일 때 보조 펌프 용량은 보일러 최대 증발량의 25[%] 이상이며, 주 펌프 세트 중 최대 펌프 이상일 것

원심식 펌프
- 터빈 펌프 : 임펠러가 케이싱 속에서 고속으로 회전함에 따라 진공이 생겨 물을 빨아올리며, 빨아올려진 물이 임펠러 중심에서 압력이 생겨 토출하는 형식으로 임펠러 선단에 안내날개(guide vane)를 장착하여 유속을 작게 하고 수압을 높인 펌프이다.
- 볼류트 펌프 : 터빈 펌프의 원리와 동일하며, 안내날개(guide vane)가 없다. 20[m] 이하의 저양정 펌프

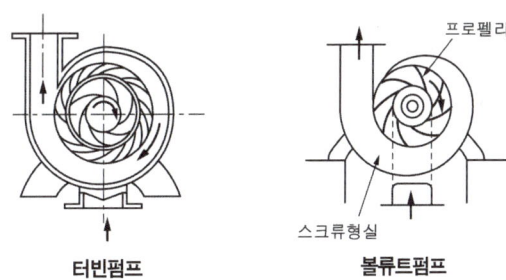

터빈펌프   볼류트펌프

- 캐비테이션(cavitaion : 공동현상) : 유체 속에서 압력이 낮은 곳이 생기면 물속에 포함되어 있는 기체(공기)가 물에서 빠져나와 압력이 낮은 곳에 모이는데, 이로 인해 물이 없는 빈 공간이 생긴 것을 가리킨다. 이러한 공동부가 발생되면 이 공기층에 의해 배관에 심한 소음과 진동충격이 발생된다.
- 캐비테이션 방지대책
  - 펌프의 회전수를 낮게하여 유속을 적게 한다.
  - 설치 위치를 수원과 가까이하여 흡입수 양정을 작게 한다.
  - 가급적 만곡부를 줄인다.
  - 2단 이상의 펌프를 사용한다.
  - 흡입관의 손실 수두를 줄인다.
- 서징(surging : 맥동현상) : 펌프나 송풍기에 어떤 관로를 연결하여 운전하면, 어떤 운전상태에서 압력·유량·회전수·소요동력 등 이 주기적으로 바뀌면서 일종의 자려진동이 발생한다. 이때 압력계의 지침이 흔들리거나 송출유량이 변하게 되는데 이를 서징이라 한다.
- 서징 방지대책
  - 유량·회전수를 조정하여 서징점을 피한다.
  - 관로의 도중에 있는 공기실의 용량·관로저항 등을 조정한다.

왕복동식 펌프

- 플런저 펌프 : 동력이나 증기를 사용, 내부의 플런저가 수평으로 좌우 왕복운동함으로써 주로 소용량 고압으로 운전되는 펌프
- 워싱톤 펌프 : 증기의 힘으로 내부의 증기 피스톤을 움직여 물실린더 피스톤이 왕복운동함으로써 급수를 행하는 펌프
- 웨어 펌프 : 워싱톤 펌프의 구조와 동일하며 1개의 피스톤 봉으로 연결되어 있다.
- 펌프의 동력계산 :

$$Kw = \frac{r \cdot Q \cdot H}{102 \cdot \eta}$$

$$PS = \frac{r \cdot Q \cdot H}{75 \cdot \eta}$$

r : 유체의 비중량[kg/m^3]
Q : 유량[m^3/s]
H : 양정[m]
η : 효율

인젝터(injector)

증기를 노즐에서 분출시켜 그것이 보유한 열 에너지를 운동 에너지로 변화시키고, 이것을 물에 전달하여 고속도의 수류를 만들고, 이것을 다시 압력 에너지로 바꾸어 보일러의 압력에 대항하여 보일러 속으로 압입(급수)하는 장치

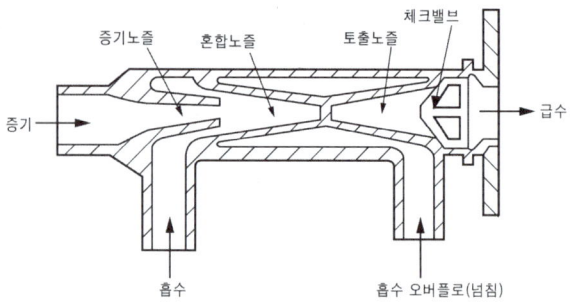

- 인젝터의 특징

  [장점]
  - 동력이 필요 없다.
  - 설치장소를 작게 차지한다.
  - 구조가 간단하고 가격이 저렴하다.
  - 급수가 예열되어 열응력 발생을 방지할 수 있다.

  [단점]
  - 흡입양정이 낮아 급수조절이 어렵다.
  - 증기압이 낮으면 급수가 곤란하다.
  - 구조상 소용량 이다.
  - 급수온도가 높아지면 급수가 곤란하다.

- 인젝터 작동불능 원인
  - 노즐 마모 시
  - 인젝터 과열 시
  - 급수온도가 높을 때(50[℃] 이상)
  - 체크밸브 고장 시
  - 증기압이 너무 낮거나(2[kg/cm^2] 이하), 높을 때(10[kg/cm^2] 이상)
  - 증기 속에 수분이 많을 때

- 인젝터 작동 순서
  - 출구밸브를 연다.
  - 급수밸브를 연다.
  - 증기밸브를 연다.
  - 조절핸들을 연다.

  닫을 때는 역순으로 한다.

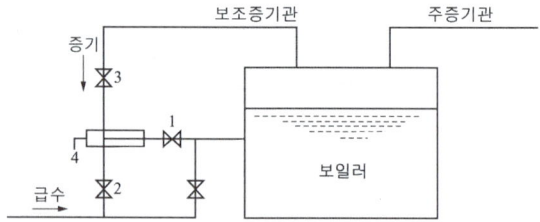

2. 급수밸브

- 급수밸브는 20[A] 이상이어야 한다. 단, 전열면적 10[m²] 이하인 보일러는 15[A] 이상으로 할 수 있다.
- 보일러에 가까이 급수밸브를 설치하고 바로 전단에 체크밸브를 설치한다.

게이트 밸브
슬루스 밸브라고도 하며 유량조절용으로는 부적합하나 구조상 퇴적물이 체류하지 않는 장점이 있고 유체의 차단을 주목적으로 일반 배관용으로 가장 많이 사용된다.

글로브 밸브
구조상 유량조절용으로 사용되는 밸브로 디스크가 유체흐름방향과 평행하게 개폐된다.

앵글밸브
스톱 밸브라고도 하며 출입 유체의 방향이 90°가 되는 밸브이다.

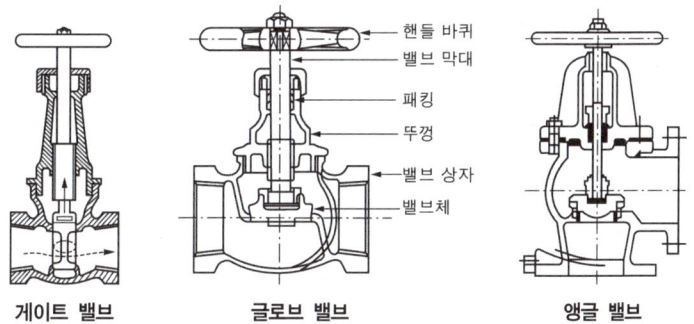

게이트 밸브 　　글로브 밸브 　　앵글 밸브

콕(cocks)
원뿔형 콕을 90° 회전시켜 유체의 흐름을 차단하고 유량을 정지시킨다. 각도가 0°~90° 사이의 각도만큼 회전하면서 유량을 조절하며 가장 신속히 개폐할 수 있다.

체크밸브
유체를 한 방향으로만 유동시키고 유체가 정지했을 때 밸브 디스크가 유체의 배압(背壓)으로 닫혀 역류하는 것을 방지하기 위한 밸브이다.

- 종류
  - 스윙식(swing) : 수평·수직배관에 사용이 가능하다.
  - 리프트식(lift) : 수평배관에만 사용가능하다.

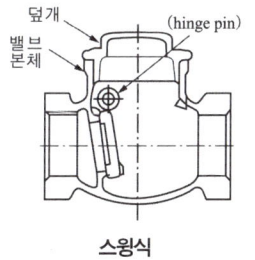 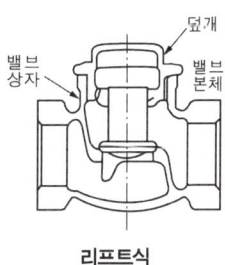

스윙식 　　리프트식

제2장 송기장치

보일러에서 발생한 증기를 각 사용처에 공급하는 장치를 말하며 장치로는 증기헤더, 주증기 밸브, 감압밸브, 증기트랩, 신축이음, 기수분리기, 비수방지관, 증기축열기 등이 있다.

1. 주 증기 밸브 (main stop valve)

- 발생증기를 취출시키는 밸브
- 주 증기관에 설치하는 증기스톱 밸브로 최소 0.7[MPa](7[kg/cm^2]) 이상의 압력에서 견디는 것으로 한다.
- 외형상 앵글밸브, 내부구조상 스톱밸브(글로브밸브)를 사용한다.

2. 기수분리기 (수관식 보일러에 사용)

동내부, 또는 수관 보일러의 상승관 내에 설치하여 건조증기를 취출 시킨다.
(관 내 부식이나 수격작용을 방지)

종류
- 사이클론식(원심력이용)
- 스크레버식(파도형 장애판이용)
- 건조스크린식(금속망이용)
- 배플식(방향전환이용)

3. 비수방지관 (원통형 보일러에 사용)

- 주 증기밸브 급개 시 압력저하, 고수위, 관수농축, 과열 등으로 인한 비수현상으로 수위의 오판, 수격작용 등의 피해를 방지하기 위해 주 증기관에 연결, 설치한다.
- 비수방지관은 주 증기밸브 전단에 설치하며, 비수방지관의 구멍 단면적은 주 증기관 단면적의 1.5배로 한다.

비수방지관 설치 시 이점
- 프라이밍(비수현상) 방지
- 수격작용 방지
- 동내수면안정으로 정확한 수위 측정
- 건조증기를 얻을 수 있다.

프라이밍(Priming : 비수)
주 증기 밸브 급개 시, 고수위 시 수면으로부터 끊임없이 물방울이 비산하면서 수위를 불안전하게 하는 현상

포밍(Foaming : 물거품)
관수 중 용해 고형물, 유지류 등의 불순물로 인한 거품의 층을 형성하는 단계로 심해지면 프라이밍으로 이어질 수 있다.
- 프라이밍(비수)의 원인
  - 주 증기밸브 급개 시
  - 고수위
  - 관수농축
  - 급격한 과열
  - 고압에서 저압으로 변할때
  - 용존고형물, 유지분의 과다

- 프라이밍(비수)발생 시 피해
  - 수위의 오판
  - 증기의 과열도 저하
  - 수격작용
  - 저수위사고
  - 계기류의 통수공들의 차단
- 프라이밍(비수) 현상의 조치
  - 연소량을 가볍게 한 뒤 증기밸브를 닫아 수위안정을 도모한다.
  - 보일러 관수를 일부 교환한다.(분출반복)
  - 계기류의 통수공들의 막힘을 시험한다.
  - 원인을 알아내(수질검사, 기계류점검) 제거한다.

> **Tip 기수공발(carry over)**
> 증기관 내로 물방울이 따라 들어가 운반되는 현상
>
> **워터해머(수격작용)**
> 증기관 내에 고인 응축수가 송기 시 고압의 증기에 밀려 굴곡부에 심하게 부딛쳐 소음과 진동을 유발하는 현상

4. 신축이음

신축이음은 노통, 관 등의 열응력에 의한 신축팽창을 흡수하기 위하여 설치한다.
(신축 팽창에 의한 배관의 파손방지)

슬리브이음(미끄럼식)
본체 내부에 유동할 수 있는 슬리브를 설치 변화에 따라 생기는 관의 신축을 슬리브의 미끄럼(sliding)에 의해 흡수하는 형식으로 단식과 복식이 있다.

벨로우즈이음(주름통식, 펙레스식)
온도에 따라 일어나는 관의 신축이음쇠를 벨로즈의 변형에 의해 흡수시키는 형식으로 증기관에 널리 사용되며 응력흡수가 아주 용이한 이음방식이다. 다른 말로 펙레스이음이라고도 한다.

스위블이음
온수 또는 저압증기 난방의 주관과 지관(방열기) 배관법 중 하나로 2개 이상의 엘보우(elobow)를 사용해서 나사의 회진에 의헤 신축을 흡수하는 장치이다. 신축이 클 경우에는 나사부의 헐거움으로 인한 누설의 우려가 있으므로 사용할 수 없다.

루푸이음(신축곡관)
신축곡관이라고도 하며 그 휨에 의해 배관의 신축을 흡수하는 형식으로 주로 고압증기의 옥외배관 등에 많이 사용된다. 설치장소를 많이 차지하며 응력이 생긴다는 단점이 있다.

5. 감압밸브

고압배관과 저압배관의 사이에 감압밸브를 설치하여 고압증기를 사용처에 알맞게 저압증기로 만들어 사용한다. 이때 저압측의 증기 사용량의 증감에 관계없이 또는 고압측 압력의 변동에 관계없이 밸브의 리프트를 자동적으로 제어하여 증기유량을 조정해 저압측압력을 항상 일정한 상태로 유지한다.

설치목적
- 고압증기를 저압증기(사용압)로 유지한다.
- 항상 부하측을 일정압력으로 유지한다.
- 고압과 저압증기를 동시에 사용한다.

작동방법에 의한 분류
- 벨로즈형
- 다이어프램형
- 피스톤형

구조에 의한 분류
- 스프링식
- 추식

6. 증기 트랩

증기 트랩은 방열기의 환수구나 증기배관의 말단에 설치하여 방열기나 증기관 내에서 발생되는 응축수 및 공기를 배제하여 수격작용을 방지하고 증기를 막아 증기의 응축열을 효과적으로 발열시키는 장치이다.

기계적 트랩
포화수와 포화증기의 비중차를 이용한 방식
- 종류 : 플루트 트랩(다량 트랩), 버킷 트랩

온도조절식 트랩
포화수와 포화증기의 온도차를 이용한 방식
- 종류 : 바이메탈 트랩, 벨로즈 트랩

열역학적 트랩
포화수 또는 포화증기의 열역학적 특성차를 이용한 방식
- 종류 : 디스크 트랩, 오리피스 트랩

트랩의 구비조건
- 동작이 확실할 것
- 내식·내마모성이 있을 것
- 마찰저항이 작고 단순한 구조일 것
- 응축수를 연속적으로 배출할 수 있을 것
- 공기의 배제나 정지 후 응축수 빼기가 가능할 것

트랩의 고장발견
- 작동음을 들어본다.
- 입·출구의 온도를 측정한다.

트랩 고장의 분류
- 트랩이 뜨거울 때
  - 트랩 용량 부족
  - 밸브의 마모
  - 이물질 혼입
  - 벨로즈 손상
  - 바이메탈 변형
  - 배압이 높을때
- 트랩이 차가울 때
  - 밸브의 고장
  - 스트레이너 막힘

트랩 용량
증기 트랩의 용량은 응축수의 시간당 배출량 [kg/h]로 표시한다.

트랩의 설치 시 주의사항
- 드레인 배출구에서 트랩 입구의 배관은 굵고 짧게 한다.
- 트랩 입구의 배관은 트랩 입구를 향해 내림구배가 좋다.
- 트랩 입구의 배관은 입상관으로 하지 않는다.
- 트랩 입구의 배관은 보온하지 않는다.(냉각레그)

7. 방열기(radiator)
실내에 설치하여 증기 또는 온수의 잠열과 현열을 이용하여 방산열로 실내공기를 대우는 장치이다.

재질에 따른 분류
주철제, 강제, Al제

구조에 따른 분류
- 주형방열기(II, III)
- 세주형 방열기(3, 5) or (3C, 5C)
- 벽걸이형 방열기(W-H, W-V)
- 길드 방열기
- 강판제 방열기
- 대류 방열기

방열기 호칭법
- 주형 : 종류 - 높이×쪽수
- 벽걸이 : 종류 - 형×쪽수

방열기의 도면도시방법

호칭법 : 5-650×25

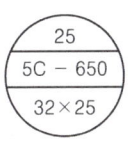

- 25 : 발열기 Sectoin 수
- 5C : 5세주 방열기
- 650 : 높이 [mm]
- 32 : 공급관지름 [mm]
- 25 : 환수관지름 [mm]

방열기의 배치

외기와 접한 창문 아래쪽에 설치한다.(부하가 가장 큰 곳 - 대류현상 이용)

> **Tip** 문제에 잘 나오는 내용
>
> 방열기와 벽과의 거리 50 ~ 60[mm]
>
> 일반 방열기라고 나올 때도 있고 주철제 방열기라고 나올때도 있으나 결국은 주철제 방열기 및 대부분의 방열기는 기둥방형 방열기에 속한다.

- 기둥형 방열기 : 벽에서 50 ~ 60[mm] 거리에 설치
- 벽걸이형 방열기 : 바닥에서 150[mm] 거리에 설치
- 대류방열기 : 바닥으로부터 하부 케이싱까지 최저 90[mm] 이상 높게 설치한다.

상당방열면적[EDR]

방열기의 방열면적당 보일러의 능력으로 레이팅(Rating)이라고도 한다.

방열기 표준방열량

- 증기 : $8[kcal/m^2h℃] \times (102 - 21)[℃] = 648 ≒ 650[kcal/m^2h]$
- 온수 : $7.2[kcal/m^2h℃] \times (80 - 18)[℃] = 446.4 ≒ 450[kcal/m^2h]$

난방부하

$$Q[kcal/h] = q[kcal/m^2h] \times EDR[m^2]$$

Q : 난방부하[kcal/h]
q : 표준방열량[kcal/m²h]
EDR : 상당방열면적[m²]

- 표준상태의 열매에따른 방열계수 및 온도 기준표

열매	방열계수(열관류율) [kcal/m²h℃]	표준상태의 온도		표준방열량 [kcal/m²h]
		열매온도[℃]	실내의공기온도[℃]	
증기	8	102	21	650
온수	7.2	80	18	450

제3장 폐열 회수장치

1. 과열기

연소가스의 여열을 이용하여 보일러 속에서 발생한 포화증기를 과열증기로 만드는 장치(압력은 일정한 상태에서 과열된다.)

과열기의 종류

- 열가스 흐름에 따른 분류
  - 병류형 : 증기와 열가스의 흐름이 같은 방향, 열 이용율도 높고, 소손도 적다.

- 항류형 : 증기와 열가스의 흐름이 반대 방향, 열 이용율이 높고 양호하나 연소가스에 의한 소손의 우려가 있다.
- 혼류형 : 병류식과 항류식을 합쳐놓은 형태, 소손의 우려가 적다.
• 열가스 접촉에 따른 분류
  - 접촉형(대류형)
  - 복사형(방사형)
  - 접촉복사형(대류방사형)
• 연소방식에 따른 분류
  - 직접연소식
  - 간접연소식

과열기 설치 시 이점
• 보일러의 열효율을 높여 준다.
• 관내부식 및 워터해머를 방지할 수 있다.
• 적은 양의 증기로 많은 열을 얻을 수 있다.
• 관 내 유속에 따른 마찰저항이 감소된다.

과열증기 온도조절 방법
• 열가스량 조절
• 과열저감기 사용방법
• 과열기 전용 회로에 의하는 방법
• 배기가스의 재순환 방법
• 화염 위치 조절 방법
• 과열 증기에 습증기나 급수를 분무하는 방법

2. 재열기

증기의 건조도를 높이기 위해 증기를 재가열하는 장치로 과열증기가 고압 터빈에서 팽창이 끝나고 응축 직전에 회수하여 다시 가열시켜 저압 터빈에서 팽창하도록 하는 것으로 증기 터빈의 열효율을 향상시킬 뿐만 아니라 터빈 날개의 부식이나 마찰에 따른 손실을 감소시켜준다.

3. 절탄기(economizer)

배기가스의 여열을 이용하여 급수를 예열하는 장치로 연도 안에 설치되어 보일러의 포화온도 보다 약간 낮은 10 ~ 20[℃] 이하 정도로 급수를 예열하여 보일러 본체와 급수관에 연결한다.
※ 절탄기에서 급수 온도를 10[℃] 높일 때마다 보일러 효율은 1.5[%] 증가된다. 절탄기 출구온도는 170[℃]이상 되어야 저온부식이 방지된다.

절탄기 특징
• 장점
  - 보일러 효율이 증가한다.
  - 급수와 보일러수의 온도차를 작게하여 열응력을 방지한다.
  - 급수에 포함된 일부 불순물을 제거할 수 있다.(경수→연수)
• 단점
  - 청소 및 점검이 곤란하다.
  - 연소가스 통풍의 마찰손실이 많다.(통풍력 감소)
  - 저온부식이 발생한다.

4. 공기예열기 (air preheater)

보일러의 연소가스 온도(200 ~ 400[℃])의 여열을 이용하여 연소용 공기를 예열하는 장치

공기예열기 특징
- 착화 및 연소를 좋게 하고 연소온도를 높인다.
- 연료의 완전연소를 가능하게 한다.
- 저온부식의 위험이 크므로 배기가스 온도를 150 ~ 170[℃] 이하가 되지 않도록 한다.

구조에 따른 공기예열기의 분류
증기식 공기예열기, 급수식 공기예열기, 가스식 공기예열기 등이 있으나 주로 가스식이 사용되며 다음은 가스식 공기예열기의 종류이다.
- 전열식 공기예열기(전도식) : 전도식은 금속 전열면을 통해서 배기가스가 보유하는 열을 공기에 전하는 것이며 구조에 따라 관형과 판형이 있다.
- 축열식(재생식) 공기예열기 : 재생식은 금속판을 일정시간 배기가스에 접촉시켜 열을 흡수시키고 다음에 또 일정시간 공기에 접촉시켜 열을 방출하는 방식이며 종류로는 회전식, 고정식, 이동식이 있다.

공기예열기 설치 시 이점
- 보일러의 열효율을 향상시킨다.
- 연소 및 전열 효율을 향상시킬 수 있다.
- 수분이 많은 저질탄 연료도 연소가 가능하다.
- 연료의 완전연소를 가능하게 한다.

5. 고온부식

발생위치
과열기, 재열기

발생원인
연료 중 V(바나듐) 성분으로 인해 발생, 배기가스 온도가 450 ~ 500[℃] 이상일 때 V_2O_5 (오산화바나듐)이 생성되어 발생한다.

고온부식 방지법
- 연료 내의 바나듐 성분 제거
- 연료첨가제를 이용, 바나듐(또는 회분)의 융점을 높인다.
- 배기가스 온도를 적절하게 유지
- 전열면을 내식재로 피복한다.

6. 저온부식

발생위치
절탄기, 공기예열기

발생원인
연료 중 S(황)성분으로 인해 발생, 배기가스 온도가 150 ~ 170[℃] 이하일 때 H_2SO_4(황산)이 생성되어 발생한다.

저온부식 방지법

- 연료 중 황분 제거
- 연료첨가제를 이용, 황산가스의 노점을 낮춘다.
- 과잉공기를 줄인다.(= 과잉산소를 줄인다. 공기비를 줄인다.)
- 장치표면을 내식재로 피복한다.
- 배기가스 온도를 높인다.(열효율이 낮아 질 수 있다.)

7. 폐열회수장치 특징 정리

- 연소실·연도 내에 설치하여 배기가스의 여열을 이용하는 장치이다.
- 연도 내 설치위치는 연소실에서 연돌방향으로 과열기 → 재열기 → 절탄기 → 공기예열기 순이다.
- 과열기·재열기에서는 일반적으로 고온부식(V_2O_5)이 문제가 되므로 배기가스 온도가 500[℃] 이상이 되지 않도록 주의해야 한다.
- 절탄기·공기예열기에서는 일반적으로 저온부식(H_2SO_4)이 문제가 되므로 배기가스 온도가 170[℃] 이하가 되지 않도록 주의해야 한다.

폐열회수장치 장단점

- 장점
  - 배기가스 손실을 줄일 수 있다.
  - 보일러 용량이 증가 한다.
  - 연소효율·전열효율이 증가 한다.
- 단점
  - 연도 내 통풍력이 감소한다.
  - 취급자의 운전범위가 넓어진다.
  - 저온·고온부식에 주의해야한다.

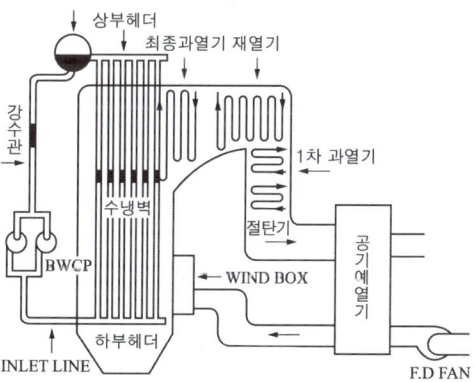

PART 04

열정산

01 열정산의 목적
02 열정산 기준
03 보일러 열효율
04 보일러 용량

PART 04 열정산

제1장 열정산의 목적

- 열손실 파악
- 열설비 성능(능력) 파악
- 조업방법 개선
- 열설비 구축자료로 활용

제2장 열정산 기준

1. 단위

발열량
- 고체, 액체연료 : 1[kg]당 [kcal/kg]
- 기체연료 : 1[Nm³]당 [kcal/Nm³]

부하열량
시간당 열량으로 계산[kcal/h]

2. 열정산 시

입열과 출열은 같아야 한다.

3. 결과표시

입열
보일러 설비 내로 들어오는 열

출열
보일러 설비 내에서 외부쪽으로 방출되는 열, 유효열과 손실열이 있다.

순환열
설비 내에서 순환하는 열

4. 발열량

원칙적으로 고위발열량으로 한다.
단, 저위발열량을 사용 시는 기준발열량을 명기하여야 한다.

5. 기준온도	외기온도(단, 외기온도측정이 곤란한 경우 0[℃]로 기준한다.)
6. 시험부하	정격부하(필요에 따라 3/4, 1/2, 1/4로 표시)
7. 시험 보일러	다른 보일러와 무관한 상태일 것
8. 정상운전 상태	2시간 이상 운전한 결과에 따른다.
9. 성능시험	가동 후 1 ~ 2시간 이후부터 측정하고, 측정시간은 1시간 이상, 측정은 매 10분마다 시행한다.
10. 유종별 비중, 발열량	다음에 따른다. 단, 실측이 가능한 경우 실측값을 따른다.

유종	경유	B-A유	B-B유	B-C유
비중	0.83	0.86	0.92	0.95
저위발열량[kcal/kg]	10300	10200	9900	9750

※ 일반적으로 중유의 비중은 0.963[kg/l]로 계산한다.

11. 증기의 건도	• 강철제 보일러 증기건도 : 0.98 • 주철제 보일러 증기건도 : 0.97 단, 실측이 가능한 경우 실측값을 따른다.
12. 측정 시 압력변동	±6[%] 이내로 유지한다.
13. 증기발생량의 변동	±10[%] 이내로 유지한다.
14. 수위	최초 측정 시와 최종 측정 시가 일치하여야 한다.

제3장 보일러 열효율

1. 입·출열법

$$열효율(\eta) = \frac{유효열}{입열} \times 100[\%]$$

$$\fallingdotseq \eta = \frac{G(h'' - h')}{Gf \times H}$$

(※ 유효열 = 유효출열)

- G : 실제증발량[kg/h]
- h'' : 발생증기엔탈피[kcal/kg]
- h' : 급수엔탈피[kcal/kg]
- Gf : 연료사용량[kg/h]
- H : 발열량[kcal/kg]

2. 손실열법

$$열효율(\eta) = \frac{입열 - 손실열}{입열} \times 100[\%] = \eta = \left(1 - \frac{손실열}{입열}\right) \times 100[\%]$$

3. 열효율, 연소효율, 전열효율

열효율[%]

$$연소효율 \times 전열효율 = \frac{유효열}{공급열} \times 100[\%]$$

연소효율[%]

$$\frac{연소열}{공급열} \times 100[\%]$$

전열효율[%]

$$\frac{유효열}{연소열} \times 100[\%]$$

제4장 보일러 용량

1. 보일러 용량 표시방법

보일러의 용량 표시는 최대 연속부하(정격부하)의 상태에서 단위시간당 증발량[kg/h], [Ton/h]로 표시하며 일반적으로 상당증발량으로 표시한다.

보일러의 크기표시
- 정격출력
- 보일러마력
- 전열면적
- 상당방열면적(EDR)
- 상당증발량
- 최대 연속 증발량

보일러 열출력(유효열/유효출력)[kcal/h]
- 1시간에 발생된 증기가 갖는 순수한 열량

$$Q = G \times (h'' - h') = G_e \times 539 [kcal/h]$$

Q : 열출력(유효열/유효출력)[kcal/h]
G : 실제증발량[kg/h]
h'' : 발생증기엔탈피[kcal/kg]
h' : 급수엔탈피[kcal/kg]
G_e : 상당증발량[kg/h]
　(표준상태 100[℃]물의 증발 잠열 539[kcal/kg])

• 온수 보일러의 경우

$$Q = GC\Delta T$$

$\begin{bmatrix} Q : \text{열출력[kcal/h]} \\ G : \text{발생온수량[kg/h]} \\ C : \text{온수비열[kcal/kg℃]} \\ \Delta T : \text{온수의 입출구 온도차[℃]} \end{bmatrix}$

> **Tip** 열출력 공식
>
> $G \times (h'' - h') = G_e \times 539$[kcal/h]에 의해 효율을 구하는 공식 역시 아래와 같이 고쳐 쓸 수 있다.
>
> $\eta = \dfrac{G(h'' - h')}{Gf \times H} ≒ \eta = \dfrac{G_e \times 539}{Gf \times H}$ (56p 입·출열법에 의한 효율구하는 공식)

상당증발량

환산증발량이라고도 하며 표준대기압하에서 100[℃]의 포화수를 100[℃]의 건포화 증기로 변화시키는 경우의 1시간당 증발량[kg/h]

$$G_e = \dfrac{G(h'' - h')}{539} [\text{kg/h}]$$

(표준상태 100[℃]물의 증발잠열 539[kcal/kg])

증발계수(단위 없음)

보일러에서 발생한 순수 열량을 표준상태의 증발잠열로 나눈 값

$$\text{증발계수} = \dfrac{G_e}{G} = \dfrac{h'' - h'}{539}$$

보일러 마력(B-HP)

- 표준대기압(760[mmHg])에서 100[℃]의 포화수 15.65[kg]을 1시간에 100[℃]의 포화증기로 바꿀 수 있는 능력
- 4.9[kg/cm²atg]에서 100[℉](37.8[℃])의 급수를 1시간에 13.6[kg]의 포화증기로 바꿀 수 있는 능력
- 수관 보일러 전열면적 0.929[m²], 또는 노통 보일러 전열면적 0.465[m²]에 해당한다.
- 1시간당 유효열량 8435.35[kcal/h]의 능력
- 상당 증발량이 15.65[kg]인 보일러의 능력

$$\text{보일러 마력[B-HP]} = \dfrac{G_e}{15.65}$$

> **암기 Tip**
>
> 보일러 1마력의 열량은 약 8435[kcal/h], 상당증발량은 15.65[kg/h]이다.

전열면 증발율[kg/m²h]
보일러의 전열면적 1[m²]당 1시간동안의 실제 증발량

$$\text{전열면(실제) 증발율} = \frac{G}{H_A} [kg/m^2h]$$

$$\text{전열면 상당 증발율} = \frac{G_e}{H_A} [kg/m^2h]$$

G : 실제 증발량[kg/h]
G_e : 상당증발량
H_A : 전열면적[m²]

증발배수[kg/kg]
연료 1[kg]이 발생시킨 증발 능력

$$\text{증발배수} = \frac{\text{실제증발량}}{\text{사용연료량}} = \frac{G}{Gf} [kg/kg]$$

$$\text{환산증발배수} = \frac{\text{환산(상당)증발량}}{\text{사용연료량}} = \frac{G_e}{Gf} [kg/kg]$$

> **암기 Tip**
> 필답문제 풀이 시 단위는 [kg/kg]으로 표시해줄 것

전열면 열부하[kcal/m²h]
보일러 전열면적 1[m²]당 1시간 동안의 보일러 전열면 열이동량

$$\text{전열면 열부하} = \frac{\text{유효열}}{\text{전열면적}} = \frac{G(h'' - h')}{H_A} [kcal/m^2h]$$

연소실 열부하(열발생율)[kcal/m³h]
보일러 연소실 용적 1[m³]당 연료를 소비시켜 발생된 총 열량

$$\text{연소실 열부하} = \frac{\text{입열}}{\text{연소실용적}} = \frac{Gf \cdot Hl}{V} = \frac{Q}{V \cdot \eta}$$

Gf : 사용연료량[kg/h]
Hl : 저위발열량[kcal/kg]
V : 연소실용적[m³]
Q : 유효열[kcal/h]
η : 효율

PART 05

통풍장치

01 자연통풍
02 강제통풍
03 송풍기
04 댐퍼

PART 05 통풍장치

제1장 자연통풍

소형 보일러에 채택되며 배기가스와 공기의 비중차와 연돌의 높이에 의한 능력으로 통풍된다. 배기가스의 유속은 3 ~ 4[m/s] 정도이다.

1. 통풍력을 크게 하려면

- 연돌의 높이를 높인다.
- 배기가스 온도를 높인다.
- 굴곡부를 줄인다.
- 연돌 상부단면적을 크게 한다.

2. 이론 통풍력 계산

$$Z = H(r_a - r_g)$$

H : 연돌높이[m]
r_a : 외기공기비중량[kg/m³]
Z : 통풍력[mmH₂O]
r_g : 배기가스비중량[kg/m³]

$$Z = 273H\left(\frac{r_a}{T_a} - \frac{r_g}{T_g}\right)$$

T_a : 외기공기의 절대온도[K]
T_g : 배기가스의 절대온도[K]

$$Z = 355H\left(\frac{1}{T_a} - \frac{1}{T_g}\right), \quad Z = H\left(\frac{353}{T_a} - \frac{367}{T_g}\right)$$

(고체연료일 경우)

1atm 상태에서 비중량[kg/m³]
공기 : 1.294
배기가스 : 고체연료 : 1.345,
　　　　　기체연료 : 1.25,
　　　　　액체연료 : 1.31

3. 실제통풍력

이론통풍력에서 마찰손실수두를 뺀 값으로 하며 편의상 약 20[%]를 줄인다.
※ 실제통풍력 = 이론통풍력 × 0.8

제2장 강제통풍

1. 압입통풍

연소실 앞에 압입송풍기를 장착하여 통풍하는 방식으로 연소실 내 압력이 대기압보다 높은 정압(+)상태이며 연소가스나 화염의 누설이 발생할 수 있다. 배기가스의 유속은 8[m/s] 정도이다.

2. 유인통풍

흡입통풍이라고도 하며 연도에 배풍기를 장착하여 통풍하는 방식으로 연소실 내 압력이 대기압보다 낮은 부압(-)상태이며 외기공기의 누입이 발생될 수 있다. 배기가스의 유속은 10[m/s] 정도이다.

3. 평형통풍

압입통풍과 유인통풍을 조합한 형식으로 연소실 앞에 송풍기와 연도 내에 배풍기를 장착 정·부압을 임의로 조정하여 사용할 수 있다. 배기가스유속은 10[m/s] 이상이며 실제적으로 가장 많이 사용되는 통풍방식으로 소요동력이나 설치비가 많이 든다.

4. 강제통풍 시 통풍력 조절방법

- 송풍기 회전수 조절
- 댐퍼에 의한 조절
- 흡입 베인에 의한 조절

> **Tip** 베인[vane]
> 유입된 공기를 일정한 방향으로 축을 회전시키기 위해서 붙어있는 작은 날개들 또는 풍향기와 같이 공기를 유연하게 흐르게 하는 것

제3장 송풍기

공기를 유동시키는 기계장치를 송풍기라하며, 압입송풍기는 풍압이 낮고, 송풍량이 큰 것이 필요하고 흡입송풍기는 부식이나 마모에 강하고 또한 열에 잘견디는 구조여야 한다.

1. 원심식 송풍기(다익형, 터보형, 플레이트형)

다익형 송풍기(전향날개 : 시로코형) - sirocco fan
- 특징
  - 소형, 경량이며 값이 싸다.
  - 효율이 낮으나 설치면적이 적다.
  - 저압, 저회전에 적합하다.

터보형 송풍기(후향날개) - turbo fan
- 특징
  - 효율이 높고 설치면적도 크게 차지한다.
  - 대형이며 가격이 비싸다.
  - 고속회전으로 소음이 크다.
  - 풍압이 높다.

플레이트 송풍기(방사형) - plate fan
- 특징
  - 효율이 높다.
  - 풍압이 낮다.
  - 풍량이 많지 않다.

2. 축류식 송풍기

종류
프로펠러형, 디스크형

특징
- 경량, 소형으로 설치가 간단하다.
- 소음이 적고, 고속운전에 적합하다.
- 풍량이 많다.
- 주로 배기(환기)용으로 사용된다.

송풍기의 동력계산

$$Kw = \frac{Q \cdot H}{102 \cdot 60 \cdot \eta}$$

$$PS = \frac{Q \cdot H}{75 \cdot 60 \cdot \eta}$$

Q : 풍량[m³/min]
H : 풍압[mmH₂O], [mmAq]
η : 효율

제4장 댐퍼

1. 댐퍼 설치 목적
- 통풍력 조절
- 배기가스 흐름 차단
- 주연도 부연도 전환

2. 형식에 따른 분류

회전식
댐퍼판의 중앙 또는 한쪽으로 회전축을 설치하여 개·폐도에 의해 통풍력을 조절한다.

승강식
댐퍼판의 승강에 의하여 개·폐도를 조절한다.(대형 보일러용)

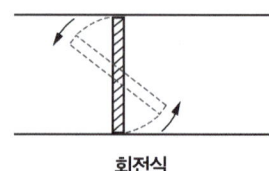
회전식

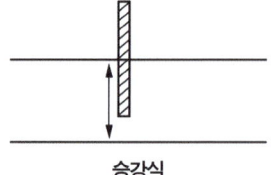
승강식

3. 형상에 따른 분류

- 버터플라이형 댐퍼
- 다익형 댐퍼
- 스플릿형 댐퍼(분배용)

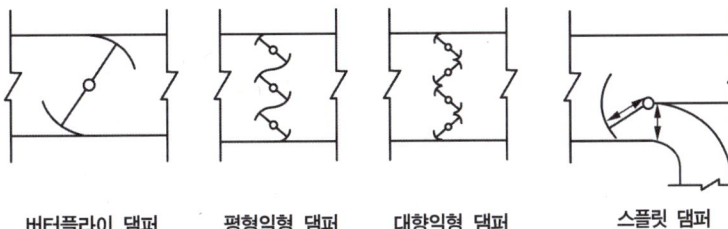

　　버터플라이 댐퍼　　평형익형 댐퍼　　대항익형 댐퍼　　스플릿 댐퍼

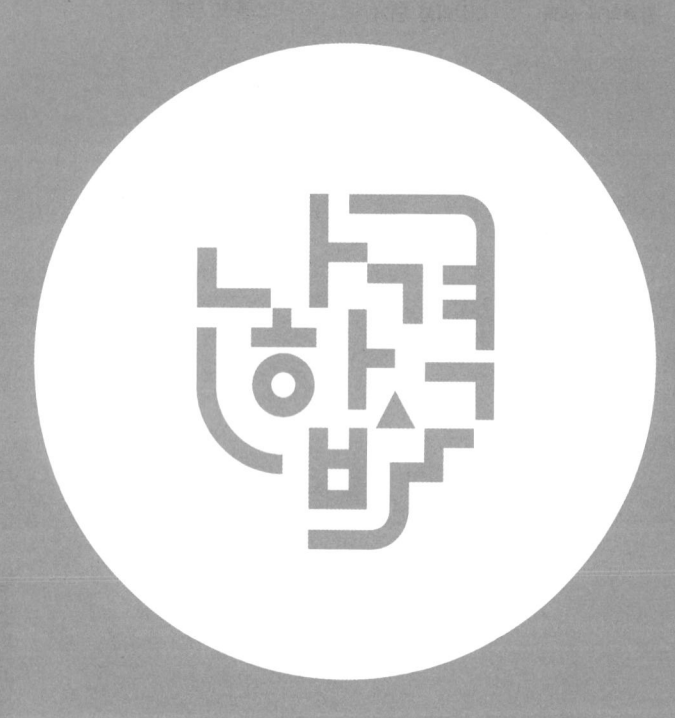

PART 06

집진장치

01 집진장치

PART 06 집진장치

제1장 집진장치

연소로 인한 함진 배기가스 중 분진, 회분, 유해가스 등을 처리하는 장치로 건식과 습식이 있다.

1. 건식 집진장치

중력침강식
함진 공기를 장치 내의 넓은 공간으로 인도하여, 유속을 작게 하여서 대형 입자를 자연 침강시키는 방식의 집진 장치. 설비가 간단하지만 장소를 요하며, 미립자의 집진에는 효과가 없으므로 다른 집진 장치의 전처리에 주로 사용된다.
처리가스 속도가 늦을수록 흐름이 균일할수록 집진효율이 좋다.

관성력식
함진가스를 방해판 등에 충돌시켜 기류의 급격한 전환에 의해 침강력을 가지게 될 때 분리 포집하는 방식으로 전환각도가 작고 전환회수가 많을수록 집진효율이 높다.

원심력식(사이클론식)
함진가스에 선회운동을 주어 입자에 작용하는 원심력에 의하여 입자를 분리하는 방식으로 내통경은 작게 처리가스 속도는 크게 하면 집진효율이 좋아진다.
- 사이클론의 집진율을 크게 하려면
  - 입구의 속도를 크게 한다.
  - 본체의 길이를 크게 한다.
  - 입자의 지름, 밀도가 클수록
  - 동반 분진량이 많을수록
  - 내벽이 미끄러울수록
  - 직경비가 클수록

여과식(백필터방식)
함진가스를 여과제(filter)를 통하여 분리, 포집하는 방식

전기식(cotterll : 코트렐식)
고압의 직류 전원을 사용하여 방전극 근처에서 양이온과 자유전자로부터 이루어지는 플라즈마 형성에 의해 입자를 전리하는 방식으로 이러한 방전을 코로나 방전현상이라 하며 가스 중 함유입자는 음이온으로 되어 부착분리되어 제거하는 방식이다.(집진방식 중 가장 효율이 뛰어나다.)

- 특징
  - 적용범위가 넓다.
  - 압력손실이 적다.
  - 더스트(dust)의 외부 배출이 용이하다.
  - 미세입자의 포집이 용이하고 가장 높은 집진율을 얻을 수 있다.

2. 습식 집진장치

세정식 집진장치
습식 집진장치의 일종으로 공기와 가스 속의 분진을 물을 분사해 닦아 흐르게 하는 장치를 말한다. 물방울, 수막, 기포 등을 다량으로 형성하여 분진 입자의 확산, 충돌, 응집 작용으로 집진율을 향상시킨다.
세정식 집진장치는 크게 가압수식, 유수식, 회전식으로 나뉜다.

가압수식
물을 가압공급하여 함진가스를 세정하여 분리·제거하는 방식
- 종류 : 벤튜리스크러버, 사이클론스크러버, 제트스크러버, 충전탑, 분무탑 등

유수식
장치 내의 물 또는 다른 액체를 항상 보유하여 공기나 가스 중의 분진을 물의 분사나 수막에 의하여 씻어내는 장치로서 S형 임펠러, 로터형, 분수형, 선회류형(에어 텀블러) 등이 있다. 유수(고인물)를 순환시켜 사용하기 때문에 물의 소비량이 적고 급수압을 필요로 하지 않는다.

회전식
스크러버 속의 세정수 분산을 날개 회전으로 실행해, 물방울, 수막, 기포를 만들고, 함진가스의 세정으로 진애를 포집하는 것으로, 타이젠 와셔, 임펠러 스크러버 등이 있다. 설치면적은 비교적 작지만 가동 부분이 있으므로, 부식성 가스의 처리에는 부적당하다.

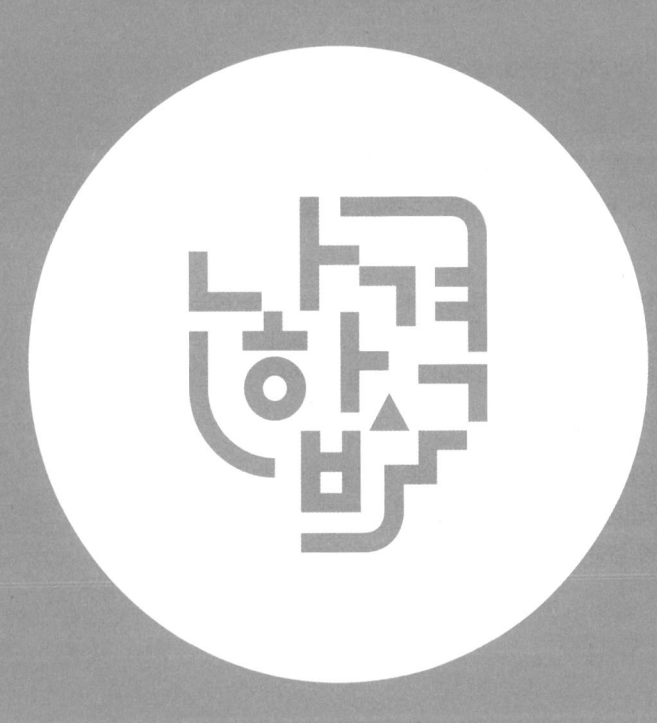

PART 07

보일러 설치 · 시공기준

01 설치 장소 및 가스배관
02 압력방출장치
03 급수장치
04 수면계
05 계측기기
06 스톱밸브 및 분출밸브
07 운전성능
08 설치검사기준 및 계속사용검사기준
09 온수보일러 설치시공기준(확인대상기기의 경우)
10 구멍탄 온수보일러 설치시공기준

PART 07 보일러 설치·시공기준

제1장 설치 장소 및 가스배관

1. 옥내 설치

- 불연성 격벽으로 구분된 장소에 설치할 것. 단, 소용량 강철제 보일러, 소용량 주철제 보일러, 가스용 온수 보일러, 소형 관류 보일러는 반격벽으로 구분된 장소에 설치할 수 있다.
- 보일러 상부와 천정까지 거리는 1.2[m] 이상으로 한다. 단, 소형 보일러 및 주철제 보일러의 경우에는 0.6[m] 이상으로 할 수 있다.
- 보일러 동체에서 벽, 배관, 기타 보일러 측부에 있는 구조물과의 거리는 0.45[m] 이상이어야 한다. 단, 소형 보일러는 0.3[m] 이상으로 할 수 있다.
  (압력용기와 벽과의 거리 0.3[m], 인접한 압력용기와의 거리 0.3[m] 이상으로 한다.)
- 연료를 저장할 때에는 보일러 외측으로부터 2[m] 이상 거리를 두거나 방화격벽을 설치하여야 한다. 단, 소형 보일러의 경우 1[m] 이상 거리를 두거나 반격벽으로 할 수 있다.

2. 옥외 설치

- 보일러에 빗물이 스며들지 않도록 케이싱 등 적절한 방지설비를 하여야 한다.
- 노출된 절연재 또는 래깅에는 방수처리를 하여야 한다.
- 보일러 외부에 있는 증기관 및 급수관이 얼지 않도록 적절한 보호조치를 하여야 한다.
- 강제 통풍팬의 입구에 빗물방지 보호판을 설치하여야 한다.

3. 가스배관의 설치

- 배관은 외부에 노출하여 시공하고 황색으로 표시하여야 한다.
- 배관표면에 사용 가스명, 최고 사용압력, 가스흐름방향을 표시하여야 한다.
- 지상배관은 부식방지 도장 후 표면색상을 황색으로 도색하여야 한다.
  단, 건축물의 내·외벽에 노출된 것으로서 바닥에서 1[m]의 높이에 폭 3[cm]의 황색띠를 2중으로 표시한 경우에는 표면색상을 황색으로 하지 아니할 수 있다.

배관의 이음부(용접 이음매를 제외한다.)와 전기설비의 거리
다음 기준에 따라 적절한 거리를 유지한다.
- 사용자 공급관
  - 전기계량기 및 전기개폐기 : 60cm 이상의 이격거리를 둘 것
  - 전기점멸기 및 전기접속기 : 30cm 이상의 이격거리를 둘 것
  - 절연조치하지 않은 전선 및 단열조치하지 않은 굴뚝 : 15[cm] 이상의 이격거리를 둘 것
    (배기통을 포함한다. 다만, 밀폐형 강제급배기식 보일러(FF식 보일러)의 2중 구조의 배기통은 '단열조치가 된 굴뚝'으로 보아 제외한다.)
  - 절연전선 : 10[cm] 이상의 이격거리를 둘 것

- 도시가스배관
  - 전기계량기 및 전기개폐기 : 60[cm] 이상의 이격거리를 둘 것
  - 전기점멸기 및 전기접속기 : 15[cm] 이상의 이격거리를 둘 것
  - 절연조치하지 않은 전선 및 단열조치하지 않은 굴뚝 : 15[cm] 이상의 이격거리를 둘 것 (배기통을 포함한다. 다만, 밀폐형 강제급배기식 보일러(FF식 보일러)의 2중 구조의 배기통은 '단열조치가 된 굴뚝'으로 보아 제외한다.)
  - 절연전선 : 10[cm] 이상의 이격거리를 둘 것

배관의 고정
- 관지름 13[mm] 미만의 것은 1[m] 마다 고정장치를 설치할 것
- 관지름 13 ~ 33[mm] 미만의 것은 2[m] 마다 고정장치를 설치할 것
- 관지름 33[mm] 이상의 것은 3[m] 마다 고정장치를 설치할 것

환기구 설치
- 지하실의 환기설비는 1종 환기로 한다.
- 도시가스 사용시설 : 천정 가까이에 환기구를 설치한다.
- LPG 사용시설 : 바닥 가까이에 환기구를 설치한다.

제2장 압력방출장치

1. 안전밸브

증기 보일러
2개 이상의 안전밸브를 설치하여야 한다.
단, 전열면적 50[m^2] 이하는 1개 이상으로 할 수 있다.

관류 보일러
보일러와 압력방출장치 사이에 체크밸브를 설치할 경우 압력방출장치는 2개 이상 설치하여야 한다.(※ 1개 혹은 2개 설치 시 둘 중 한 개는 반드시 스프링식이어야 한다.)

안전밸브
쉽게 검사할 수 있는 장소에 밸브축을 수직으로 하여 가능한한 보일러의 동체 장치에 직접 부착시켜야 하며, 안전밸브와 안전밸브가 부착된 보일러 동체 사이에는 어떠한 차단밸브도 있어서는 안 된다.

안전밸브의 방출관
단독으로 설치하되, 2개 이상의 방출관을 공동으로 설치하는 경우에 방출관의 크기는 각각의 방출관 분출용량의 합계 이상이어야 한다.

압력방출장치의 용량
자동연소 제어장치 및 보일러 최고 사용압력의 1.06배 이하의 압력에서 급속하게 연료의 공급을 차단하는 장치를 갖는 보일러로서 보일러 출구의 최고 사용압력 이하에서 자동적으로

작동하는 압력방출장치가 있을 때에는 동 압력방출장치의 용량(보일러 최대증발량의 30[%]를 초과하는 경우에는 보일러 최대증발량의 30[%])을 안전밸브용량에 산입할 수 있다.

안전밸브 및 압력방출장치의 크기
- 안전밸브 및 압력방출장치의 크기는 호칭지름 25[A] 이상으로 하여야 한다. 다만 다음의 보일러에서는 호칭지름을 20[A] 이상으로 할 수 있다.
- 최고 사용압력 0.1[MPa](1[kgf/cm^2]) 이하의 보일러
- 최고 사용압력 0.5[MPa](5[kgf/cm^2]) 이하의 보일러로 동체의 안지름이 500[mm] 이하이며 동체의 길이가 1000[mm] 이하인 보일러
- 최고 사용압력 0.5[MPa](5[kgf/cm^2]) 이하의 보일러로 전열면적 2[m^2] 이하인 보일러
- 최대증발량 5[t/h] 이하의 관류 보일러
- 소용량강철제 보일러, 소용량주철제 보일러

부착위치
- 보일러 본체, 과열기 출구, 재열기 및 독립과열기의 입·출구에 부착
- 과열기 출구 및 재열기 및 독립과열기 입·출구에 부착하는 안전밸브의 분출용량은 각 장치의 온도를 설계 온도 이하로 유지하는데 필요한 양이어야 한다.

분출압력 조정
- 1개일 경우 : 최고 사용압력 이하에서 분출할 것
- 2개일 경우 : 1개는 최고 사용압력 이하에서, 나머지 1개는 최고 사용압력의 1.03배 이하에서 분출할 것(설정압력 초과 시 자동연료 차단)

인화성, 유독성 증기 발생 보일러에 부착하는 안전밸브는 밀폐식 구조이어야 한다.

2. 온수발생 보일러(액상식 열매체 보일러 포함)의 압력방출 또는 안전밸브의 크기

- 온수발생 보일러에는 압력이 보일러 최고 사용압력에 달하면 즉시 작동하는 방출밸브 또는 안전밸브를 1개 이상 갖추어야 한다. 다만, 손쉽게 검사할 수 있는 방출관을 갖출 때는 방출밸브로 대응할 수 있다.
  ※ 방출관에는 차단장치(밸브 등)를 부착시키지 말 것
- 인화성 액체를 방출하는 열매체 보일러의 경우 방출밸브 또는 방출관은 밀폐식 구조이어야 한다.
- 액상식 열매체 보일러 및 온도 393[K](120[℃]) 이하의 온수발생 보일러에는 방출밸브를 설치하며 그 크기는 20[A] 이상으로 한다.
- 온도 393[K](120[℃])를 초과하는 온수발생 보일러는 안전밸브를 설치하며 그 크기는 20[A] 이상으로 한다.
- 온수발생 보일러 등에 부착하는 방출밸브의 크기 및 지름은 보일러의 압력이 최고 사용압력에 그 10[%]를 더한 값을 초과하지 않도록 지름과 개수를 정하여야 한다.
- 온수발생 보일러(액상식 열매체보일러 포함) 방출관 : 전열면적에 따라 다음의 크기로 하여야 한다.

- 온수발생 보일러 : 전열면적에 따른 방출관의 크기

전열면적[m^2]	방출관 안지름[mm]
10 미만	25 이상
10 ~ 15 미만	30 이상
15 ~ 20 미만	40 이상
20 이상	50 이상

제3장 급수장치

1. 급수장치의 종류
- 주 펌프 세트(인젝터 포함) + 보조 펌프 세트로 2세트 이상으로 설치하여야 한다. 다만, 아래와 같은 경우 보조 펌프 세트는 생략할 수 있다.
  - 전열면적 12[m^2] 이하인 증기 보일러
  - 전열면적이 14[m^2] 이하인 가스용 온수 보일러
  - 전열면적이 100[m^2] 이하인 관류 보일러
- 주 펌프 세트는 동력으로 운전하는 급수펌프 또는 인젝터이어야 한다.
- 보일러 급수가 멎는 경우 즉시 연료(열)의 공급이 차단되지 않거나 과열될 염려가 있는 보일러에는 인젝터, 상용압력 이상의 수압에서 급수할 수 있는 급수탱크, 내연기관 또는 예비전원에 의해 운전할 수 있는 급수장치를 설치하여야 한다.
- 주 펌프 세트 및 보조 펌프 세트는 보일러의 상용압력에서 정상가동 상태에 필요량을 단독으로 공급할 수 있어야 한다.
- 주 펌프 세트가 2개 이상의 펌프를 조합한 경우, 보조 펌프 세트의 용량은 보일러 급수 필요량의 25[%] 이상이면서 주 펌프 세트 중 최대 펌프의 용량 이상으로 할 수 있다.

2. 2개 이상의 보일러에 대한 급수장치
1개의 급수장치로 2대 이상 보일러에 공급할 경우 이들 보일러를 1대로 간주하여 적용시킨다.

3. 급수밸브와 체크밸브
- 보일러에 인접하여 급수밸브, 이에 가까이 체크밸브를 설치한다.
- 최고 사용압력이 0.1[MPa](1[kgf/cm^2]) 미만일 경우 체크밸브를 생략할 수 있다.

급수밸브, 체크밸브의 크기
- 전열면적 10[m^2] 이하 : 15[A] 이상
- 전열면적 10[m^2] 초과 : 20[A] 이상

4. 자동급수조절기
2개 이상의 보일러에 공통으로 사용하는 자동급수조절기를 설치하여서는 안 된다.

5. 급수처리

용량 1[t/h] 이상의 증기 보일러에는 수질관리를 위한 급수처리 또는 스케일 부착방지나 제거를 위한 시설을 설치하여야 한다. 이때, 수처리 된 수질기준은 KS B 6209(보일러 급수 및 보일러수의 수질) 중 총경도($CaCO_3$ [ppm]) 성분만으로 한다.

제4장 수면계

1. 수면계의 개수
- 2개 이상 유리수면계 부착을 원칙으로 한다.
- 소용량 및 소형관류 보일러는 1개 이상의 유리수면계로 할 수 있다.
- 2개 이상의 원격 지시수면계 부착 시 유리수면계를 1개 이상으로 할 수 있다.
- 최고 사용압력 1[MPa](10[kgf/cm^2]) 이하, 동체 안지름 750[mm] 미만일 때 수면계 중 1개는 다른 종류의 수면측정장치로 할 수 있다.
- 단관식 관류 보일러는 수면계를 부착하지 않아도 된다.

2. 수면계의 구조
유리수면계는 상하에 밸브 또는 콕을 갖추어야 하며, 한눈에 그것의 개·폐여부를 알 수 있는 구조이어야 한다. 다만, 소형관류 보일러에서는 밸브 또는 콕크를 갖추지 아니할 수 있다.

제5장 계측기기

1. 압력계
- 보일러에는 KS B 5305(부르돈관 압력계)에 따른 압력계 또는 이와 동등 이상의 성능을 갖춘 압력계를 부착하여야 한다.
- 압력계의 눈금은 보일러 최고 사용압력의 1.5 ~ 3배로 한다.
- 압력계의 문자판 지름은 100[mm] 이상으로 한다. 다만, 다음의 보일러에 부착하는 압력계의 경우 600[mm] 이상으로 할 수 있다.
  - 최고 사용압력 0.5[MPa](5[kgf/cm^2]) 이하의 보일러로 동체의 안지름이 500[mm] 이하이며 동체의 길이가 1000[mm] 이하인 보일러
  - 최고 사용압력 0.5[MPa](5[kgf/cm^2]) 이하의 보일러로 전열면적 2[m^2] 이하인 보일러
  - 최대증발량 5[t/h] 이하의 관류보일러
  - 소용량강철제 보일러, 소용량주철제 보일러
  ※ 안전밸브 20[A] 이상으로 할 수 있는 기준과 비슷하다.
- 압력계와 연결된 증기관
  - 황동관, 동관일 경우 : 안지름 6.5[mm] 이상
  - 강관을 사용할 경우 : 안지름 12.7[mm] 이상
  - 증기온도가 483[K](210[℃]) 초과 시 황동관, 또는 동관 사용을 금지한다.

- 압력계에 물을 넣은 안지름 6.5[mm] 이상의 사이폰관 또는 동등한 작용을 하는 장치를 부착하여 고온 증기가 직접 압력계에 들어가지 않도록 하여야 한다.
  ※ 사이폰관의 역할 : 고온의 증기로부터 압력계의 파손을 방지한다.
- 압력계의 콕크는 그 핸들을 수직인 증기관과 동일 방향에 놓은 경우에 열려 있는 것이어야 한다.

2. 수위계

온수 보일러의 수위측정을 위해 보일러 동체 또는 온수의 출구 부근에 부착한다.

수위계 눈금
보일러 최고 사용압력의 1 ~ 3배로 한다.

3. 온도계

- 소용량 보일러 및 가스용 온수 보일러는 배기가스 온도계만 설치하며 온도계의 종류는 아래와 같다.
- 급수입구, 버너입구, 절탄기·공기예열기 전후 온도계
- 보일러 본체 배기가스 온도계
- 과열기, 재열기 출구 온도계
※ 절탄기, 공기예열기 전후에 설치된 경우는 보일러 본체의 배기가스 온도계를 생략할 수 있다.

4. 유량계

- 용량 1[t/h] 이상의 보일러에는 다음의 유량계를 설치하여야 한다.
- 급수관에 급수유량계 설치(온수발생 보일러는 제외)
- 기름용 보일러에는 급유 유량계 설치(단, 2[t/h] 미만의 보일러로서 온수발생 보일러 및 난방전용 보일러에는 CO_2 측정장치로 대신할 수 있다.)

가스용 보일러에는 가스 유량계 설치
- 가스 유량계는 절연조치 하지 않은 전선과 거리 15[cm] 이상, 전기점멸기 및 전기접촉기와의 거리 30[cm] 이상, 전기계량기, 전기개폐기와 거리 60[cm] 이상을 유지할 것
- 가스 유량계 앞에는 여과기를 설치하여야 한다.
- 유량계는 화기로부터 우회거리를 2[m] 이상 유지하여야 한다.

5. 자동연료 차단기

- 최고 사용압력 0.1[MPa](1[kgf/cm^2])를 초과하는 증기 보일러에는 저수위 안전장치를 부착하여야 한다.
  - 안전저수위 직전에 자동적으로 경보
  - 안전저수위까지 내려가는 즉시 연료 차단
- 열매체 보일러 및 사용온도 393[K](120[℃]) 이상인 온수 보일러에는 온도-연소제어 장치를 설치하여야 한다.
- 최고 사용압력 0.1[MPa](1[kgf/cm^2])를 초과하는 주철제 온수 보일러에는 온수 온도가 115[℃]를 초과할 때는 연료차단장치 또는 파일로트 연소장치를 설치하여야 한다.

6. 공기유량 자동조절기능

가스용 보일러 및 용량 5[t/h](난방전용일 경우 10[t/h]) 이상인 유류 보일러는 공급연료량에 따라 연소용 공기를 자동조절하는 기능이 있어야 한다. 이때 보일러 용량이 [kcal/h]로 표시되어 있을 때에는 60만[kcal/h]를 1[t/h]로 환산한다.

7. 연소가스분석기

가스용 보일러 및 용량 5[t/h](난방전용일 경우 10[t/h]) 이상인 유류 보일러는 배기가스성분(O_2, CO_2 중 1성분)을 연속적으로 자동 분석하여 지시하는 계기를 부착한다. 다만, 용량 5[t/h](난방전용은 10[t/h]) 미만인 가스용 보일러로서 배기가스 온도 상한스위치를 부착하여 배기가스가 설정온도를 초과하면 연료의 공급을 차단할 수 있는 경우에는 이를 생략할 수 있다.

제6장 스톱밸브 및 분출밸브

1. 스톱밸브

- 증기밸브는 유량을 조절하기 쉬운 구조의 글로브밸브를 설치하는 것이 일반적이다. 이때 글로브밸브를 다른 말로 스톱밸브라고도 한다.
- 증기의 각 분출구(안전밸브, 과열기의 분출구 및 재열기의 입구·출구를 제외한다.)에는 스톱밸브를 설치한다.
- 맨홀을 가진 보일러가 공통의 주 증기관에 연결될 때에는 각 보일러와 주증기관을 연결하는 증기관에 2개 이상의 스톱밸브를 설치하여야 하며, 이들 밸브 사이에는 충분히 큰 드레인밸브를 설치하여야 한다.
- 호칭압력은 최고 사용압력 이상 또는, 최소한 0.7[MPa](7[kgf/cm^2]) 이상으로 한다.
- 65[mm] 이상의 증기스톱밸브는 바깥나사형의 구조 또는 특수한 구조로 하며 밸브 몸체의 개폐를 한눈에 알 수 있는 것이야 한다.
- 물이 고이는 위치에 스톱밸브를 설치할 때는 물빼기 장치를 설치하여야 한다.

2. 분출밸브

- 보일러 아랫부분에 분출관과 분출밸브 또는 분출콕크를 설치하여야 한다. 단, 관류 보일러에 대해서는 적용하지 않는다.
- 분출밸브의 크기는 호칭지름 25[A] 이상의 것이어야 한다. 단, 전열면적이 10[m^2] 이하인 보일러에서는 호칭지름 20[A] 이상으로 할 수 있다.
- 최고 사용압력 0.7[MPa](7[kgf/cm^2]) 이상의 보일러의 분출관에는 분출밸브 2개 또는 분출콕크, 분출밸브를 직렬로 설치하여야 한다.
- 분출밸브는 최고 사용압력의 1.25배 이상 또는 최소한 0.7[MPa](7[kgf/cm^2]) 이상에 견뎌야 한다.(주철제의 것은 1.3[MPa](13[kgf/cm^2]) 이하, 흑심가단주철제의 것은 1.9[MPa](19[kgf/cm^2]) 이하에 사용.)
- 분출콕크는 반드시 글랜드패킹이 있어야 한다.
  ※ 글랜드패킹 : 밸브 회전축, 펌프의 회전부위 등의 누설을 방지하는 패킹
- 2개 이상의 보일러에서 분출관을 공동으로 하여서는 안 된다. 단, 개별보일러마다 분출관에 체크밸브를 설치한 경우에는 예외로 한다.

3. 기타밸브

보일러 본체에 부착하는 기타 밸브의 호칭압력은 보일러 최고 사용압력 이상이어야 한다.

제7장 운전성능

1. 운전상태
보일러는 운전상태(정격부하 상태를 원칙으로 한다.)에서 이상진동과 이상소음이 없고 각종 부품의 작동이 원활해야 한다.

2. 배기가스 온도
유류용 및 가스용 보일러(열매체 보일러는 제외한다.) 출구에서의 배기가스 온도는 주위온도와의 차이가 정격용량에 따라 아래 표와 같다. 이때 배기가스온도의 측정위치는 보일러 전열면의 최종출구로 하며 폐열회수장치가 있는 보일러는 그 출구로 한다.

- 배기가스 온도차(설치시공기준)

보일러 용량[t/h]	배기가스 온도차(설치시공기준)
5 이하	300[℃] 이하
5 ~ 20 이하	250[℃] 이하
20 초과	210[℃] 이하

열매체 보일러의 배기가스 온도는 출구열매 온도와의 차이가 150[℃] 이하이어야 한다.

3. 보일러의 외벽온도
보일러의 외벽온도는 주위 온도보다 30[℃]를 초과하여서는 안된다.

4. 저수위안전장치
- 저수위안전장치는 연료차단 전에 경보가 울려야 하며, 경보음은 70[dB] 이상이어야 한다.
- 온수발생보일러(액상식 열매체 보일러 포함)의 온도-연소제어장치는 최고사용온도 이내에서 연료가 차단되어야 한다.

제8장 설치검사기준 및 계속사용검사기준

1. 설치검사기준
수압시험압력
- 강철제 보일러 수압시험압력
  - 보일러 최고 사용압력이 0.43[MPa](4.3[kgf/cm^2]) 이하일 때는 그 최고 사용압력의 2배로 한다. 단, 그 시험압력이 0.2[MPa](2[kgf/cm^2]) 미만인 경우에는 0.2[MPa](2[kgf/cm^2])로 한다.
  - 보일러 최고 사용압력이 0.43[MPa](4.3[kgf/cm^2]) 초과 1.5[MPa](15[kgf/cm^2]) 이하일 때는 그 최고 사용압력의 1.3배에 0.3[MPa](3[kgf/cm^2])를 더한 압력으로 한다.
  - 보일러 최고 사용압력이 1.5[MPa](15[kgf/cm^2])를 초과한 경우에는 그 최고 사용압력의 1.5배의 압력으로 한다.
- 주철제 보일러 수압시험압력
  - 보일러 최고 사용압력이 0.43[MPa](4.3[kgf/cm^2]) 이하일 때는 그 최고 사용압력의 2배로 한다. 단, 시험압력이 0.2[MPa](2[kgf/cm^2]) 미만인 경우에는 0.2[MPa](2[kgf/cm^2])로 한다.
  - 보일러 최고 사용압력이 0.43[MPa](4.3[kgf/cm^2])을 초과할 때에는 그 최고 사용압력의 1.3배에 0.3[MPa](3[kgf/cm^2])를 더한 압력으로 한다.
  - 가스용 온수 보일러는 강철제인 경우 강철제 보일러 수압시험압력을 주철제인 경우 주철제 보일러 수압시험압력의 규정을 따른다.

수압시험 방법
- 공기를 빼고 물을 채운 후 천천히 압력을 가하여 규정된 시험 수압에 도달된 후 30분이 경과된 뒤에 검사를 실시하여 검사가 끝날때까지 그 상태를 유지한다.
- 시험수압은 규정된 압력의 6[%] 이상을 초과하지 않도록 모든 경우에 대한 적절한 제어를 마련하여야 한다.
- 수압시험 중 또는 시험 후에도 물이 얼지 않도록 해야 한다.

가스누설검사
- 외부검사 : 보일러 운전 중 비눗물시험 또는 가스누설검지기로 배관접속부위 및 밸브류 등의 누설유무를 확인한다.
- 내부검사 : 공기, 불활성 가스로 최고 사용압력 1.1배, 또는 840[mmH_2O] 중 높은 압력 이상으로 가압 후 24분 이상 유지시켜 압력의 변동을 측정한다.

운전성능
- 가스 보일러 및 용량 5t/h(난방용은 10[t/h]) 이상인 유류 보일러는 부하율을 90±10[%]에서 45±10[%]까지 연속적으로 변경시켜 배기가스 중 O_2 또는 CO_2 성분이 사용연료별로 적합하여야 하며 그 기준은 아래와 같다.
- 중유 연소 시 CO_2 12[%] 이상(계속사용 검사 시 11.3[%] 이상), O_2 5[%] 이하
- 경유 연소 시 CO_2 10[%] 이상(계속사용 검사 시 9.5[%] 이상), O_2 5[%] 이하
- 배기가스 중 CO/CO_2가 0.02 이하일 것
  단, 가스용 보일러는 배기가스 중 CO_2가 0.1[%] 이하일 것
- 매연농도 : 바마라카 스모크 스케일 4 이하
  가스보일러는 CO농도 200[ppm] 이하일 것

2. 계속사용성능검사 기준

운전 성능
- 중유 연소 시 CO_2 11.3[%] 이상
- 경유 연소 시 CO_2 9.5[%] 이상

용량에 따른 배기가스 온도차
- 배기가스 온도차(성능검사기준)

보일러 용량[t/h]	배기가스 온도차(성능검사기준)
5 이하	315[℃] 이하
5 ~ 20 이하	275[℃] 이하
20 초과	235[℃] 이하

열매체 보일러의 배기가스 온도
출구열매 온도와의 차이가 200[℃] 이하이어야 한다.

배기가스 온도측정
보일러 전열면 최종출구로 한다.
- 비교 : 배기가스 함량 측정(배기가스 분석)은 가스흐름이 안정되고 유속변동이 적은 곳으로 한다.

가스 보일러 배기가스 CO/CO_2가 0.02 이하

제9장 온수보일러 설치시공기준(확인대상기기의 경우)

1. 용어

상향순환식
송수주관을 상향구배로 하고 난방개소의 방열면을 보일러 설치 기준면보다 높게 하여 온수의 순환이 상향으로 송수되어 환수되는 방식(보일러를 방열면보다 낮게 설치)

하향순환식
송수주관을 지면에서 수직으로 배관하여 팽창관 및 방출관을 설치하고 온수를 하향으로 흐르게 하는 배관 방식(보일러를 방열면보다 높게 설치)

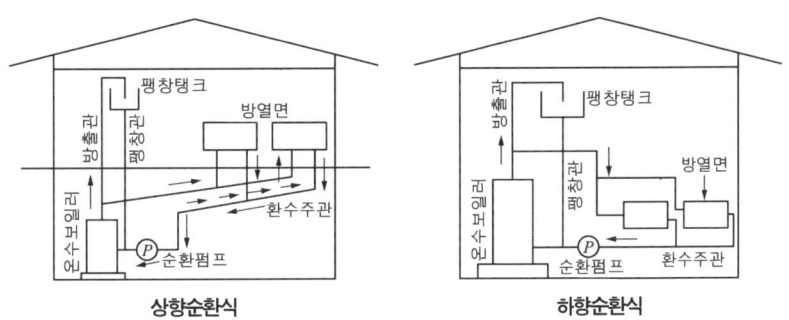

상향순환식   **하향순환식**

송수주관
보일러에서 발생된 온수를 난방개소에 매설된 방열관 및 온수 탱크에 온수를 공급하는 관을 말한다.

환수주관
난방을 목적으로 방열관을 통하여 냉각된 온수를 재가열하기 위하여 보일러에 환수시켜 주는 관을 말한다.

급수탱크
팽창탱크에 물이 부족할 때 급수할 수 있는 장치로서 수도관 또는 급수관이 직접 보일러 또는 배관 등에 직결되지 않도록 설치된 탱크를 말한다.

팽창탱크
장치 내 온수의 온도변화에 따라 체적팽창 또는 이상팽창 압력을 흡수할 수 있도록 하고 보일러의 부족수를 보충할 수 있는 장치를 말하며 개방식과 밀폐식이 있다.

공기방출기
순환수 중 함유된 기포(공기)를 외부로 방출하기 위한 장치

설치시공도
1/50, 1/25의 축척으로 한다.

2. 배관

송수주관 및 환수주관의 배관크기는 아래와 같이 한다.
- 보일러 용량 30000[kcal/h] 이하 : 25[A] 이상
- 보일러 용량 30000[kcal/h] 이상 : 30[A] 이상

급탕관
- 보일러 용량 50000[kcal/h] 이하 : 15[A] 이상
- 보일러 용량 50000[kcal/h] 이상 : 20[A] 이상

팽창관 및 방출관(확인대상기기)
- 보일러 용량 30000[kcal/h] 이하 : 15[A] 이상
- 보일러 용량 30000 ~ 150000[kcal/h] 이하 : 25[A] 이상
- 보일러 용량 150000[kcal/h] 이상 : 30[A] 이상
- 전열면적 5[m^2] 이하 : 25[A] 이상
- 전열면적 5[m^2] 이상 : 30[A] 이상

급수관
수도 본관을 보일러에 직결 연결하지 않고 급수탱크, 팽창탱크 등을 설치하여 급수를 행한다.

순환펌프
- 순환펌프는 원칙적으로 바이패스 회로를 설치하여 유지보수 등에 신경을 써야 한다. 다만, 자연순환이 가능한 구조에서는 바이패스를 설치하지 않을 수 있다.
- 순환펌프의 흡입측에는 여과기를 설치하고, 펌프의 양측에는 밸브를 설치하여야 한다.
- 순환펌프의 배관 접속부는 공기의 흡입, 온수의 누설이 없어야 한다.
- 순환펌프의 흡입측에 펌프 자체에 공기빼기장치가 없을 경우 공기빼기 밸브를 만들어 공기를 제거할 수 있어야 한다.
- 순환펌프와 전원콘센트의 거리는 최단거리로 하고 전선 피복 등에 피해가 없도록 보호관을 이용하여야 하며, 시동 초기의 허용전류 용량은 15[A] 이상에 견딜 수 있어야 한다.
- 순환펌프는 펌프의 모터부분이 수평이 되도록 설치함을 원칙으로 한다.
- 순환펌프의 규격은 난방 순환계통 장치 내를 충분히 순환시킬 수 있는 용량 및 규격의 것으로 시공한다.
- 순환펌프의 설치 위치는 보일러 본체 등의 주위 방열과 배기가스 연도의 방열 등의 영향을 받지 않는 곳에 설치하여야 하며, 비에 젖거나 물에 잠길 우려가 없도록 설치하여야 한다.

온수탱크
- 급탕이 필요한 곳에 설치할 수 있다.
- 온수탱크는 내식성 재료를 사용하거나 알루미늄 용융도금, 아연도금 등 동등 이상의 내식 처리가 된 재료를 사용함을 원칙으로 한다.
- 온수탱크는 KS F 2803(보온·보냉공사 시공표준)에 의한 보온을 하여야 한다.
- 온수탱크는 100[℃]의 온수에도 견딜 수 있는 재료를 사용하여야 한다.
- 온수탱크에는 드레인할 수 있는 관 및 밸브가 있어야 한다.
- 밀폐식 온수 탱크의 경우 팽창관이나 팽창 흡수장치 또는 안전밸브(방출밸브)를 설치하여야 한다.

팽창탱크
- 팽창탱크는 100[℃] 이상의 온도에서 견디는 재질이어야 한다.
- 온수의 수위를 쉽게 알 수 있는 재료 또는 구조여야 한다.

- 개방식의 경우 팽창탱크의 높이는 최고높이를 가진 방열기 또는 방열코일면보다 1[m] 이상 높은 곳에 설치하여야 하며, 얼지 않도록 적절한 보온조치를 하여야한다.
- 팽창탱크에 연결되는 관로에는 밸브, 체크밸브 등을 설치하여서는 안된다.
- 밀폐식 팽창탱크를 사용할 때에는 보일러에 릴리프밸브를 설치하여 배관계통 내의 압력이 제한압력 이상으로 되면 자동적으로 과잉수를 배출시킬 수 있는 구조로 하여야 한다.
- 팽창탱크의 용량은 보일러 및 배관 내의 보유수량이 200[l] 이하인 경우에 20[l] 이상으로 하고, 보유수량이 100[l]씩 초과할 때마다 10[l]를 가산한 용량 이상이어야 한다.
- 팽창관 끝부분은 팽창탱크 바닥면보다 25[mm] 높게 설치한다.

공기방출기
- 배관 중 발생된 공기를 자연적으로 방출할 수 있도록 하고, 형식은 개방식이 원칙이다.
- 개방식의 경우 팽창탱크 수면보다 50[cm] 높게 설치한다.

연도
- 연도의 굽힘부는 3개소 이내로 하여야 하고, 수평부의 경사는 1/10 기울기 이상으로 시공하여야 한다. 단, 보일러 자체가 강압 통풍식으로 화실내가 대기압보다 높은 압력으로 연소시킬 경우에는 예외로 할 수 있다.
- 연도의 재료는 보일러의 배기가스 온도에 견딜 수 있는 것으로 한다.
- 연도는 주위의 가연물과 접촉하지 않도록 한다.

연료배관
- 연료탱크의 위치에 따라 단관식과 복관식으로 나뉜다.
    - 단관식 : 연료탱크의 위치가 버너의 펌프위치보다 높을 때 사용하는 방식으로 공기배출장치가 필요하다.
    - 복관식 : 연료탱크 위치가 버너의 펌프위치보다 낮을 때 사용하는 방식으로 공기배출장치가 필요 없다.
- 보일러와 연료탱크 사이에 배관의 물과 연료(기름)를 분리할 수 있는 유수분리기를 설치하여야 한다.(유수분리기에 드레인 밸브가 부착되어있을 것)
- 연료탱크와 버너 사이의 배관에는 오일 스트레이너를 부착하여야 한다.
- 배관은 노출배관을 원칙으로 하며, 통행 기타 등에 의하여 손상되지 않는 위치에 하고 짧고 굽힘이 적어야 한다.
- 연료배관은 금속배관으로 하여야 하며, 배관접속부는 실 또는 패킹을 이용하여 누설이 없도록 한다.

설치시공 후 검사
- 수압시험압력 : 최고 사용압력의 2배 또는 그 값이 0.2[MPa](2[kgf/cm^2]) 이하일 때는 0.2[MPa](2[kgf/cm^2])의 수압을 가하였을 때 변형이나 누수가 되지 않아야 한다.
- 연소 및 배기성능 검사
- 연료계통 누설 상태 검사
- 순환펌프에 의한 온수 순환시험
- 자동제어에 의한 작동검사

제10장 구멍탄 온수보일러 설치시공기준

1. 보일러실 위치 선정

- 통풍 배소구 양호한 곳
- 빗물이 맞지 않는 구조일 것
- 거실과 직접 통하지 않는 구조로 할 것(단, 부득이한 경우 연탄가스 유입을 방지할 수 있는 구조일 것)
- 중앙집중식일 경우 관로 길이가 짧은 곳

2. 기타배관

- 팽창관, 급탕배관 : 15[A] 이상
- 송수주관, 환수주관 : 32[A] 이상
- 수압시험 : 2[kgf/cm^2]
- 온수탱크 : 급탕이 필요한 곳에 설치
- 팽창탱크 : 난방면적 10[m^2] 이하 2[l] 이상, 10[m^2] 초과 시 마다 2[l]씩 가산한다.

PART 08

배관공작 및 배관도시법

01 관의 절단
02 관의 접합
03 배관도시법

PART 08 배관공작 및 배관도시법

제1장 관의 절단

1. 수공구에 의한 절단

쇠톱, 파이프 커터에 의한 절단(주철관 : 링크형 파이프 커터)

2. 동력용 기계에 의한 절단

기계톱, 고속숫돌 절단기, 띠톱기계, 자동 가스절단기 등

3. 관 종류에 따른 절단방법

동관절단
20[A] 이하의 관은 커터를, 20[A] 이상의 관은 주로 쇠톱을 사용하여 절단하며 단면에 변형이 생겼을 때는 사이징 툴을 사용하여 교정한다.

납관의 절단(연관절단)
연관 톱을 이용하여 절단하며 재질이 연하여 톱날이 걸리거나 찢어지고 변형이 생길수 있으므로 관지름에 맞는 나무봉을 끼워 절단한다.

스테인레스 강관의 절단
쇠톱이나 소잉머신, 커팅 휠 절단기를 사용하여 절단하며 톱날은 1인치에 대해 32산의 것이 적당하다.
- 절단 속도가 너무 빠르면 톱날이 과열되어 절단이 잘 안된다.
- 커팅 휠로 절단할 때는 스테인레스용을 사용해야 한다.

주철관의 절단
지름이 작은 주철관은 쇠톱이나 소잉머신으로 절단하거나 정으로 깍아 절단하고 지름이 큰 관은 링크형 파이프 커터(체인식)를 사용하여 절단한다.

링크형 파이프 커터

합성수지관의 절단
강관용 쇠톱이나 파이프 커터를 이용하여 절단하고 거스러미를 제거하여 배관시공 후 각종 기기의 고장 원인을 없애야 한다.

제2장 관의 접합

1. 강관접합

관용나사
파이프의 나사는 관용 테이퍼 나사로 테이퍼가 1/16(각도 55°)의 것으로 절삭되어 진다.

강관의 나사접합
- 수동 나사절삭
  - 오스터형 : 4개의 날이 1조로 되어있고 15 ~ 20[A]는 나사산이 14산, 25 ~ 250[A]는 나사산이 11산으로 되어 있다.
  - 리드형 : 2개의 날이 1조로 되어 있는데 날의 뒤쪽에는 4개의 조로 파이프의 중심을 맞출 수 있는 스크롤이 있다.
- 동력 나사 절삭기 : 동력을 이용한 나사절삭기로 오스터를 이용한 다이헤드(die head)식과 호브(hob)식이 있으며 파이프 절단, 나사 절삭, 리머작업이 가능하다.

관길이 산출
배관에서 모든 치수는 관의 중심에서 중심까지의 거리를 [mm]로 나타내며, 정확한 치수로 배관 시공을 하려면 이음쇠 및 부속의 중심에서 단면 중심까지의 길이와 관의 유효나사 길이 및 삽입 길이를 정확히 알아야 한다.

- 관의 직선 길이 산출

$$l = L - 2(A-a)$$

A : 부속의 중심에서 단면 중심까지의 길이
a : 관의 삽입 길이
l : 관의 실제 길이
L : 관의 전체 길이
$(A-a)$: 여유 치수라고도 한다.

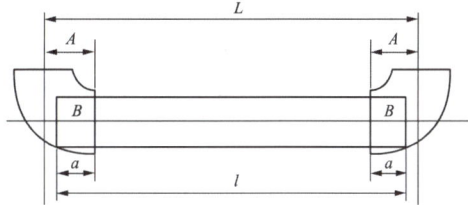

- 관의 빗변 길이 산출 : 피타고라스의 정리에 의해

$$L = \sqrt{L_1^2 + L_2^2}$$
$$l = B \times \sqrt{2} - 2(A-a) = L - 2(A-a)$$

B : 45° 배관의 길이

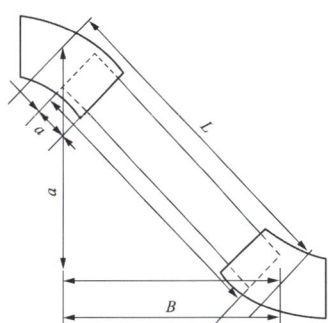

- 곡관의 길이 산출

$$l = 2\pi R \times \frac{\vartheta}{360}$$

R : 곡률반지름
ϑ : 각도

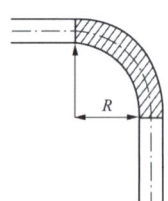

- 관 지름에 따른 나사가 물리는 최소 길이

관지름(A)	15	20	25	32	40	50	65	80	100	125	150
나사가 물리는 최소 길이(a)	11	13	15	17	18	20	23	25	28	30	33

호칭 지름	중심에서 단면까지의 거리[mm]		90° 엘보	45° 엘보
	A(90°)	A(45°)	A-a[mm]	A-a[mm]
15	27	21	15	12
20	32	25	20	15
25	38	29	25	20
32	46	34	30	25
40	48	37	35	30
50	57	42	40	35

- 이경 엘보의 여유 치수

호칭 지름 [mm]	중심에서 단면까지의 거리[mm]		여유 치수[mm]	
	A	B	A-a	B-b
20×15	29	30	16	19
25×15	32	33	17	22
25×20	34	35	19	22
32×20	38	40	21	27
23×25	41	45	23	30
40×25	41	45	23	30
40×32	45	48	27	31

- 소켓의 여유 치수

호칭 지름[mm]	L[mm]	여유 치수[mm]
		L-2a
15	35	13
20	40	14
25	45	15
32	50	16

호칭 지름[mm]	L[mm]	여유 치수[mm]
		L-2a
40	55	19
50	60	20

호칭 지름[mm]	L[mm]	여유 치수[mm]		
		A-a	B-b	L-(a+b)
20×15	38	7	7	14
25×20	42	7	7	14
32×20	48	9	9	18
32×25	48	8	8	16
40×25	52	10	9	19
40×32	52	9	8	17
50×32	58	11	10	21
50×40	58	10	10	20

• 티의 여유 치수

호칭 지름	중심에서 단면까지의 거리 A[mm]	여유 치수 A-a[mm]
15	27	16
20	32	19
25	38	23
32	46	29
40	48	30
50	57	37

• 이경 티의 여유 치수

호칭 지름[mm]	중심에서 단면까지의 거리[mm]		여유 치수[mm]	
	A	B	A-a	B-b
20×15	29	30	16	19
25×15	32	33	17	22
20×20	34	35	19	22
32×20	38	40	21	27
32×25	40	42	23	27
40×20	38	43	20	30
40×25	41	45	23	30
40×32	45	48	27	31
50×20	41	49	21	36
50×25	44	51	24	36
50×32	48	54	28	37
50×40	52	55	32	37

강관 굽힘
수동 굽힘과 기계적 굽힘의 두 종류가 있으며 어느 방법이든 가능한 곡률 반지름을 크게 하여 유체의 마찰저항을 줄여야 한다.

- 수동 굽힘
  - 냉간 굽힘 : 수동 롤러를 이용하는 것과 냉간 벤더에 의한 것이 있다.
  - 열간 굽힘 : 모래를 채운 후 토치램프 등을 이용하여 강관을 800 ~ 900[℃]까지 가열 후 단계적으로 구부린다.(모래는 완전건조 후 사용한다.)(동관의 경우 가열온도 600 ~ 700[℃])
- 기계적 굽힘
  - 램식(ram : 유압식) : 모래나 심봉 없이 상온에서 굽힘 한다.(L형 90°), 현장용으로 수동식은 50[A], 동력식은 100[A] 까지 상온에서 구부릴 수 있다.
  - 로터리식(rotary) 벤더에 의한 굽힘 : 모래충진 없이 관에 심봉을 넣어 구부리는 것으로 대량 생산용으로 상온에서 어느 관이라도 굽힘 할 수 있다.(L형 90°, U형 180°)

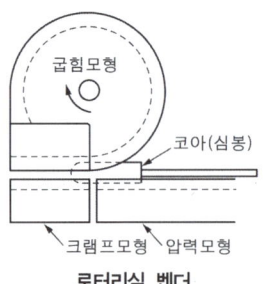

로터리식 벤더

- 관 굽힘 작업 시 주의사항
  - 관의 용접선이 위에 오도록 고정한 후 구부린다.
  - 냉간가공 시 스프링백 현상(탄성에 의해 돌아가는 현상)에 유의하여야 하며 조금 더 구부린다.
- 로터리식 유압 벤딩 머신에 의한 관 굽힘의 결함과 원인

결함	원인
관이 미끄러진다.	• 관의 고정 불량 • 클램프 또는 관의 표면에 기름이 묻어 있다. • 프레셔 다이가 지나치게 조정되어 있다.
관이 파손된다.	• 프레셔 다이가 지나치게 조정되어 저항이 크다. • 센터링 다이가 지나치게 나와 있다. • 굽힘 반지름이 지나치게 작다. • 재료에 결함이 있다.
주름이 생긴다.	• 관이 미끄러진다. • 센터링 다이가 너무 내려와 있다. • 벤딩 다이의 홈이 관의 지름보다 작다. • 벤딩 다이의 홈의 지름이 지나치게 크다. • 바깥지름에 비하여 두께가 얇다. • 굽힘 형이 주축에 대하여 편심되어 있다.

- 용접접합
  - 전기 용접 : 지름이 큰 관의 용접으로 관의 변형이 적고 용접속도가 빠르다.
  - 가스 용접 : 지름이 작은 관의 용접으로 관의 변형이 있고 용접속도가 느리다.

- 맞대기 용접 : 보조물 없이 용접할 수 있는 방법으로 3 ~ 4개소의 가접 후 용접한다.

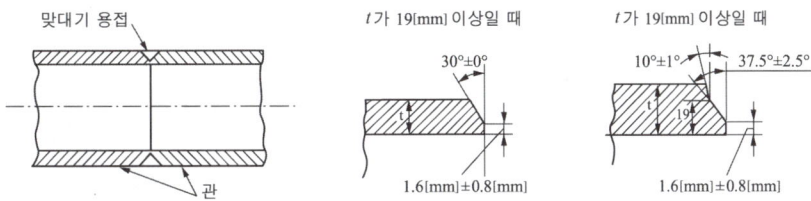

맞대기 용접

- 슬리브 용접 : 슬리브를 관의 외부에 끼우고 용접하는 것으로 누수의 염려가 없고 관의 지름의 변화가 없다.(슬리브의 길이는 관지름의 1.2 ~ 1.7배)

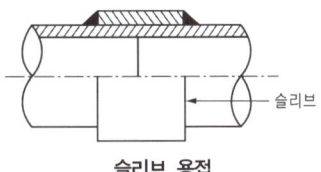

슬리브 용접

- 플랜지 접합 : 관의 해체 및 교환 시 편리하게 사용되며 나사이음과 용접이음의 두 방법이 있으나 용접이음하는 경우가 많다.
- 용접이음의 장점(나사이음과 비교) : 접합부의 강도가 강하며, 누수의 염려가 적다.
  - 가공이 용이하여 공정이 단축된다.
  - 관 내 돌출부가 없어 마찰손실이 적다.
  - 보온 피복이 용이하다.
  - 부속이 적게 들어 재료비가 절감된다.

2. 주철관 접합

소켓 접합(socket joint)

허브(hub)에 관를 삽입하여 얀(yarn)을 넣어 막고 정으로 다진 후 납을 채워 다시 정으로 다져(코킹) 접합하는 방법이다.

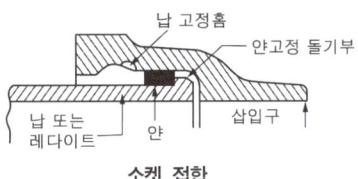

소켓 접합

기계적 접합(mechanical joint)

플랜지 접합과 소켓 접합의 장점을 취한 것으로 150[mm] 이하의 수도관에 사용된다. 다수의 굴곡에도 누수가 발생하지 않으며 스패너 하나로도 시공할 수 있고 수중작업에도 용이하게 사용된다.

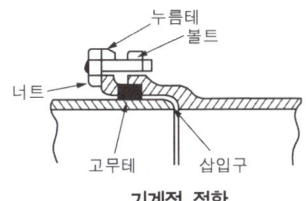

기계적 접합

플랜지 접합
플랜지가 달린 주철관을 서로 맞추어 볼트로 죄어 접합하는 것으로 사용 유체에 따라 패킹제는 고무, 마, 석면, 납, 동 등을 사용하며 그리스를 발라두면 해체 시 편리하다.

플랜지 접합

빅토리 접합
빅토리형 주철관을 고무링과 금속제 칼라를 이용해 접합한 것으로 관지름이 350[mm] 이하이면 2분, 400[mm] 이상이면 4분하여 조여준다. 특히 관 내의 압력이 증가함에 따라 고무링이 관 벽에 밀착되어 더욱 기밀이 좋아진다.

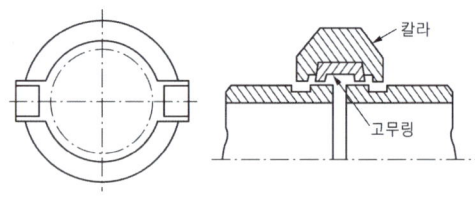

빅토리 접합

타이톤 접합
원형의 고무링 하나만으로 접합하는 방법

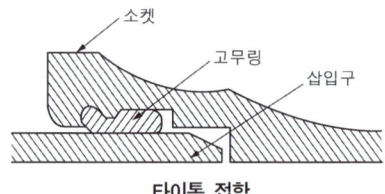

타이톤 접합

3. 동관의 접합

플레어 접합(flar joint)
동관 끝을 플레어링 툴셋으로 넓혀 압축이음쇠(플레어)로 접합하는 방식으로 일명 압축이음이라고도 한다. 관의 점검 및 보수를 위해 관의 분해가 필요한 곳에 사용한다.

납땜접합
- 연납땜 : Pb + Sn(납 + 주석) 합금으로 비교적 용융점이 낮은 황동과 동관, 연관의 접합에 쓰인다.
- 경납땜 : 은납땜, 황동납땜이 있으며 주로 은납땜이 많이 쓰인다. 은납땜 순서는 다음과 같다.
  - 관의 표면을 깨끗이 닦아내고 두관의 끝을 맞춘다.
  - 용제를 바른다.(용제 : 가열에 의한 접합면의 산화를 막고 녹은 은납이 잘 흘러 들어가게 돕는다. 용제는 염화리튬(lithium)이나 붕사를 사용한다.)

- 접합부를 700[℃] 전후로 고르게 가열한다.
- 은납땜을 한다.(은납은 용제가 가열에 의해 묽은 크림 상태로 되었을 때 붙인다.)
- 은납땜 후 젖은 천으로 냉각하고 깨끗이 닦아낸다.

플랜지 접합
끼워맞춤형, 홈형, 유압플랜지형으로 구분되며 상당한 고압배관 시 사용한다.
- 동관이음쇠
  - CM어댑터 : 한쪽은 수나사로 되어 있고 강관 부속에 나사 이음되고, 다른 한쪽은 동관이 삽입되어 용접하도록 구성된 이음쇠
  - CF어댑터 : 한쪽은 암나사로 되어 있고, 강관의 수나사와 연결되고, 다른 한쪽은 동관이 삽입되어 용접하도록 구성된 이음쇠

그 외 동엘보, 동티, 동소켓 등 여러 가지 이음용 부속이 있다.

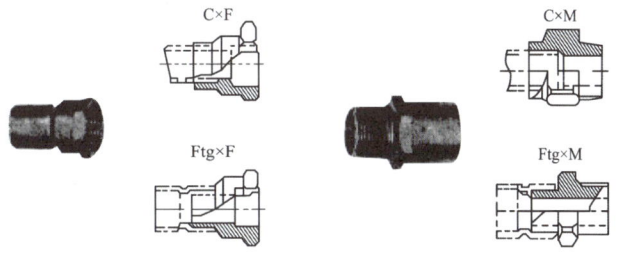

동관 접합 공구
- 토치램프 : 납땜, 벤딩 등의 부분 가열에 이용되며 가솔린을 사용하는 것과 등유를 사용하는 것이 있다.
- 플레어링 툴 : 플레어접합(압축이음)에 사용되는 툴셋
- 익스팬더 : 동관의 끝을 확관(스웨징)에 사용되는 공구
- 튜브벤더 : 동관 벤딩용 공구
- 사이징 툴 : 동관의 끝을 원형으로 되돌리는 공구

4. 연관의 접합

플라스턴 접합
플라스턴(Sn 40[%], Pb 60[%])을 녹여 접합하는 것으로 다음과 같은 접합방법이 있다. (용융온도 238[℃] 정도)
- 맞대기 접합
- 슬리브 접합
- 가지관 접합(봄볼 사용)
- 참블접합(관 끝을 오무려 폐쇄하는 작업)

살붙임납땜 접합
이음 부분에 납을 둥글게 녹여 접합하는 방식으로 다음과 같은 접합방법이 있다.
- 직접접합
- 연관의 분기점 접합

연관용 접합 공구
- 연관용 톱 : 연관 절단에 사용
- 봄 볼 : 주관에 구멍을 뚫을 때 사용
- 드레서 : 연관 표면의 산화막 제거에 사용
- 벤드 벤 : 연관 굽힘 작업에 사용
- 턴 핀 : 접합하려는 관 끝을 넓히는 데 사용
- 맬 릿 : 턴 핀을 때려 박든가 접합부 주위를 오므리는 데 사용하는 나무해머

5. 합성수지관 접합

경질염화비닐관(P.V.C)의 접합
- 냉간 접합 : 이음관을 접착제를 이용하여 접합하는 방법
- 열간 접합 : 경질염화비닐관을 가열하면 75℃ 정도에서 연화하여 변형하기 시작하는 열가소성, 복원성, 난연성의 성질을 이용하여 접합하는 방법(슬리브 이음, 용접이음)
- 고무링 접합 : 고무링 삽입에 의한 접합법
- 기계적 접합 : 플랜지 접합, 테이퍼 코어접합, 테이퍼 조인트, 나사접합(나사부속 이용)
- 나사 접합 : 나사가 편심가공 되는 것을 막기 위해 관 내에 환봉을 끼워 나사 절삭 후 접합하는 방법, 최근 이음관이 생산되어 거의 사용하지 않는 방법이다.

폴리에틸렌관(PE)의 접합
- 융착 슬리브 접합 : 관 끝의 외면과 조인트 내면을 동시에 가열하여 용융시켜 접합하는 방법
- 테이퍼 조인트 접합 : 유니온과 같은 형식의 포금제 테이퍼 조인트를 사용하여 접합하는 방법
- 인서트 조인트 접합 : 50[A] 이하의 PE관 접합으로 클램프와 인서트 소켓을 사용하여 접합한다.
- 고무링 접합 : 지름 75[mm] 이상되는 관을 접합할 때 사용한다. 변형을 방지하기 위해 폴리에틸렌관의 외측 리브를 붙이든가 접합부의 관 속에 코어를 넣는다.
- 나사접합 : 경질염화비닐관과 동일하다.(현재에는 나사이음용 부속이 나오므로 절삭없이 채결한다.)
- 폴리에틸렌관(PE) 융착법의 종류
  - 맞대기융착(버트융착) : PE관 열융착의 직선 연결방법
  - 소켓융착(전자식) : PE관 직선 연결법으로 전자 소켓을 사용하는 방법
  - 새들융착 : 주관에 가지관 분기 시 연결
  - T/F이음(Trangition Fitting) : 금속관과 PE관 이음법으로 특히 지상과 지하배관 연결 시 많이 사용된다.

대기융착
(버트융착)

소켓융착
(전자식)

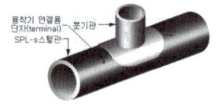
새들융착

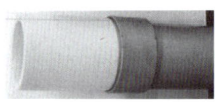
T/F이음

PB관(polybutylene pipe) 접합

PB관 이음 부속은 캡, 오링(O-ring), 와셔, 그립링의 순서로 구성되며, 용접이나 나사이음이 없이 푸시피트방식으로 시공된다. 부속에 관을 연결할 때는 절단된 관의 끝부분 속으로 서포트 슬리브를 밀어 넣어 연결한다.

PB밸브

PB정티

O-ring

제3장 배관도시법

1. 배관제도의 종류

평면도
위에서 아래로 보고 그린 그림

입면도
배관장치를 측면에서 보고 그린 그림(3각법)

입체도
입체형상을 수평면에서 120°로 선을 그어 그린 그림

부분조립도
조립도에 포함되어 있는 배관의 일부분을 작도한 그림

2. 치수기입

치수표시
치수는 [mm]단위를 기준으로 표시하되 치수선에는 단위를 생략하고 숫자만 기입한다.

높이표시
- EL : 배관의 높이를 관의 중심을 기준으로 표시한 것
- TOP : 지름이 서로 다른 관의 높이 표시방법으로 관 바깥지름의 윗면을 기준으로 표시한 것
- BOP : 지름이 서로 다른 관의 높이 표시방법으로 관 바깥지름의 아랫면까지의 높이를 기준으로 표시한 것
- GL : 포장된 지표면을 기준으로 하여 높이를 표시한 것
- FL : 각층 바닥을 기준으로 하여 높이를 표시한 것

3. 배관도의 표시법

관의 도시법
도면상 배관은 하나의 실선으로 표시한다.

유체의 종류 상태 및 목적 표시

- 유체의 종류 도시
  - 관에 흐르는 유체의 종류, 상태 및 목적을 나타낼 때는 주기 및 글자 기호로 아래의 것과 같이 나타내는 것을 원칙으로 한다.
  - 유체의 종류 중 공기, 가스, 유류, 수증기 및 물의 기호는 아래의 표를 이용한다.
- 유체의 종류 표시

유체의 종류	기호	유체의 종류	기호
공기	A	냉수	C
가스	G	오일	O
유류	O	냉매	R
수증기	S	온수	H
물	W	응결액	W'
진공	V		

유체의 흐름 방향
화살표로 나타낸다.

관의 굵기와 재질 표시
관의 굵기를 숫자로 표시한 다음, 그 뒤에 종류와 재질을 문자기호로 표시한다.(도면이 복잡할 경우 지시선을 사용할 수 있다.)

4. 배관 도시 기호 (출처 : KS)

관 이음 방법에는 나사 이음, 플랜지 이음, 턱걸이 이음, 용접 이음, 납땜 이음 등이 있으며 표시 기호는 표와 같다.

파이프 도색 상태

유체의 종류	도색	유체의 종류	도색
공기	백색	수증기	적색
가스	황색	물	청색
유류	암·황적색	증기	암적색
산·알칼리	회자색	전기	미황적색

관의 접속상태 표시

접속상태	실제모양	도시기호
접속하지 않을 때		
접속하고 있을 때		
분기하고 있을 때		

관의 입체적 표시

접속상태	실제모양	도시기호
파이프 A가 앞쪽으로 수직하게 구부러질 때	(A, 본다 ↓)	A ──●─
파이프 B가 뒤쪽으로 수직하게 구부러질 때	(B, ↓본다)	B ──○─
파이프 C가 뒤쪽으로 구부러져서 D에 접속될 때	(C, ↓본다, D)	C ──○── D

관 이음의 표시

이음 종류	연결 방법	도시 기호	예	이음 종류	연결 방법	도시 기호
판이음	나사형	─┼─	⌐	신축이음	루프형	Ω
	용접형	─✕─	⌐		슬리브형	─[□]─
	플랜지형	─╫─	⌐		벨로즈형	─[∿]─
	턱걸이형	─⊂─	⌐		스위들형	⌒⌒
	납땜형	─⊙─	⌐			

밸브 및 계기의 도시 기호

종류	기호	종류	기호
옥형변(글로브 밸브)	─▷●◁─	일반조작 밸브	─▷╳◁─
사절변(슬루스 밸브)	─▷◁─	전자 밸브	─▷Ⓢ◁─
앵글밸브 역지변(체크 밸브) 역지변(체크 밸브)	(앵글), (체크1), (체크2)	전동 밸브	─▷Ⓜ◁─
		도출 밸브	─▷⊕◁─
안전 밸브(스프링식)	─▷⋛◁─	공기빼기 밸브	◇
인진밸브(추식)	─▷○◁─	닫혀 있는 일반 밸브	─▶◀─
일반 콕	◇	닫혀 있는 일반 콕	◆
삼방 콕	┴ ┴	온도계·압력계	Ⓣ Ⓟ

배관의 말단표시 기호

막힘 플랜지	캡	플러그
─╢	─⊐	─◁

5. 보일러 종류별 도면

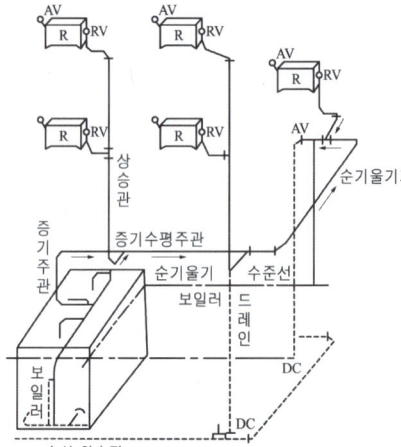

AV : 공기밸브
RV : 방열기밸브
DC : 배기밸브
T : 열동식트랩
R : 방열기
화살표는 기울기 방향을 나타낸다.

(단관식)중력순환식 증기난방

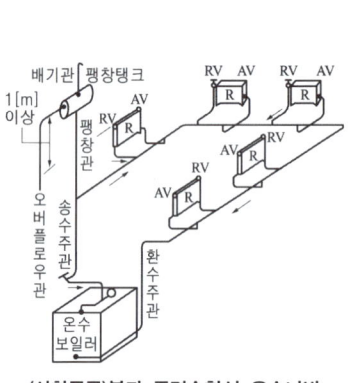

(상향공급)복관 중력순환식 온수난방

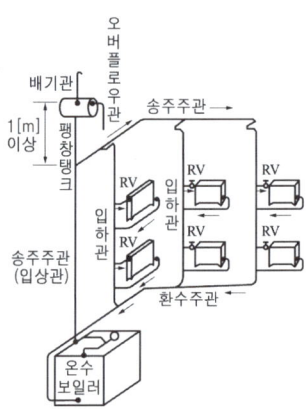

(하향공급)복관 중력순환식 온수난방

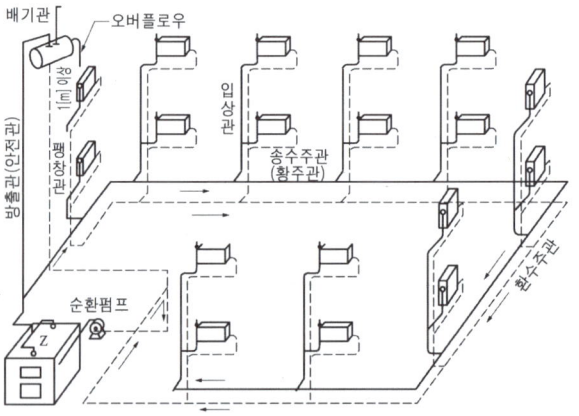

복관 강제순환식 온수난방(리버스리턴방식)

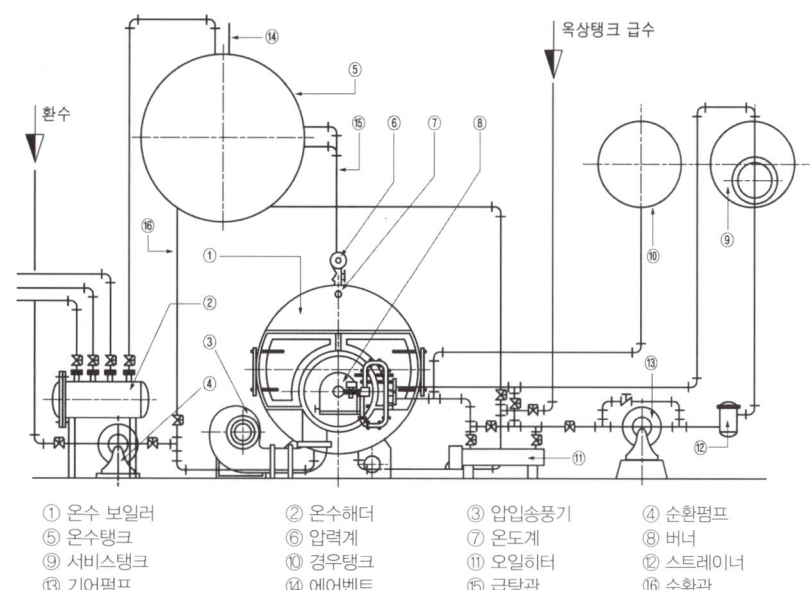

① 온수 보일러　② 온수해더　③ 압입송풍기　④ 순환펌프
⑤ 온수탱크　⑥ 압력계　⑦ 온도계　⑧ 버너
⑨ 서비스탱크　⑩ 경우탱크　⑪ 오일히터　⑫ 스트레이너
⑬ 기어펌프　⑭ 에어벤트　⑮ 급탕관　⑯ 순환관

[도면 1] 온수 보일러 배관계통도

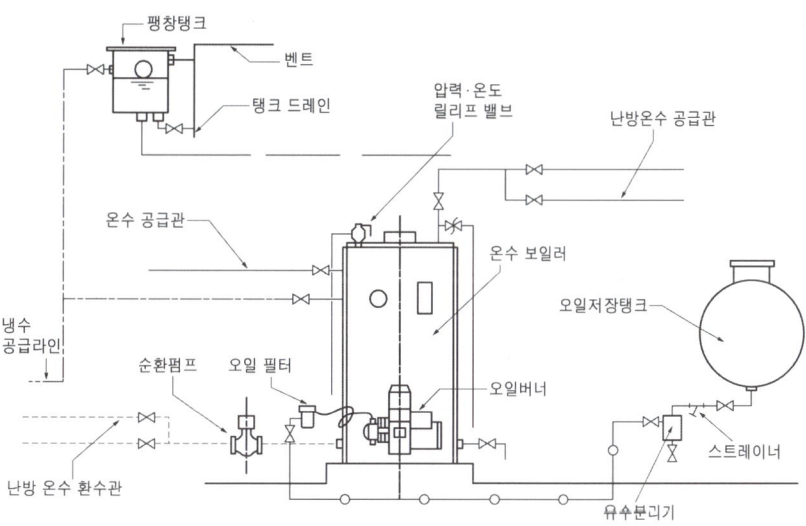

[도면 2] 온수 보일러 배관계통도

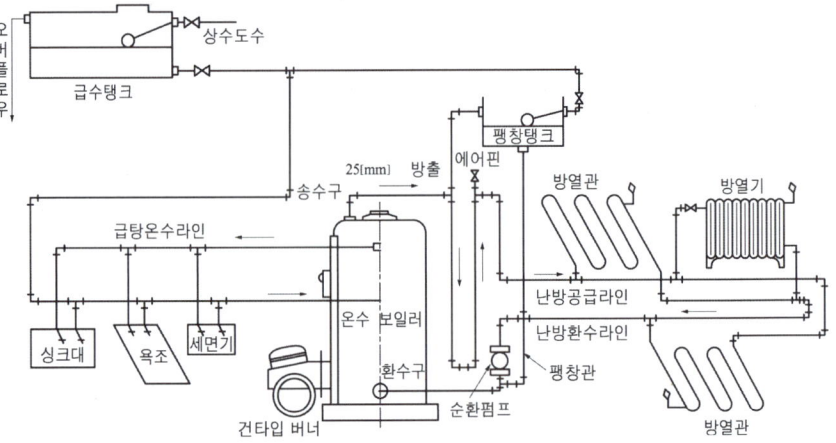

[도면 3] 온수 보일러 배관계통도

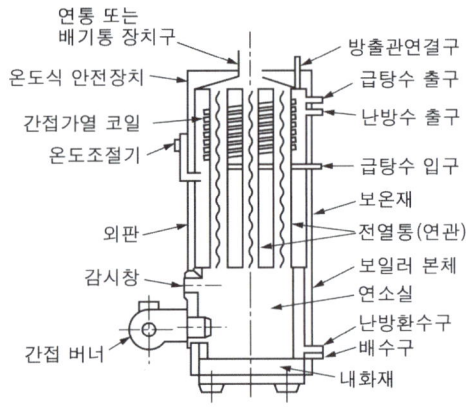

[도면 4] 온수 보일러 본체

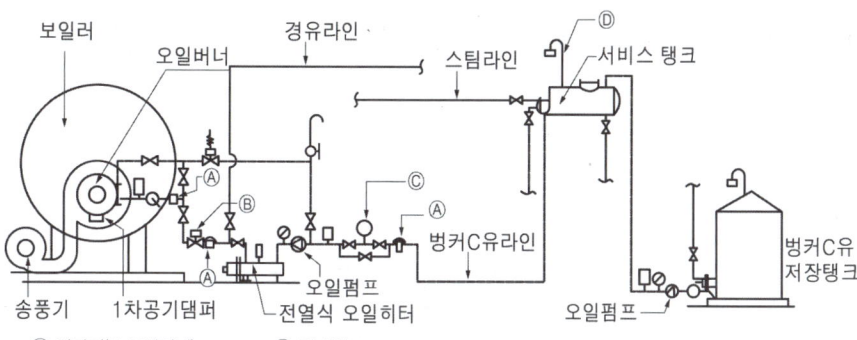

Ⓐ 여과기(스트레이너) Ⓑ 전자밸브
Ⓒ 유량계 Ⓓ 공기방출관 = 에어벤드 송기(送氣)배기(排氣)

급유장치도

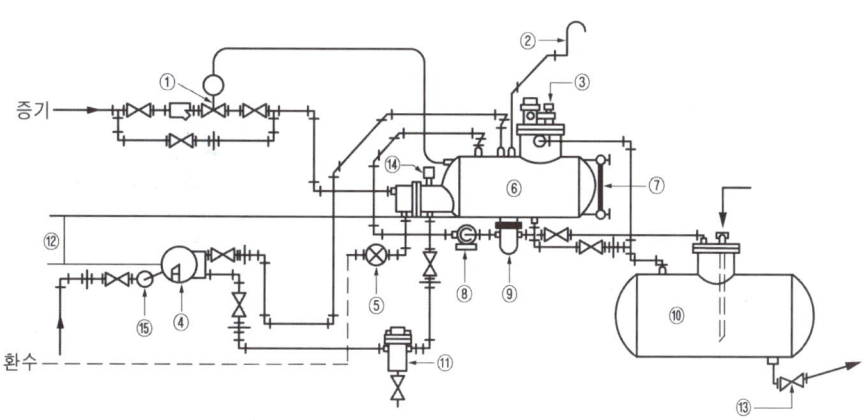

① 온도조절밸브 ② 통기관(air vent) ③ 플로토 스위치(float swich)
④ 오일버너(oil burner) ⑤ 환수트랩 ⑥ 서비스(oil service) 탱크
⑦ 유면계 ⑧ 급유펌프(oil pump) ⑨ 기름여과기(oil strainer)
⑩ 저유조(oil storage tank) ⑪ 유수분리기 ⑫ 1500[mm] 이상(1.5[m] 이상)
⑬ 드레인 밸브(drain valve) ⑭ 온도계 ⑮ 가스점화장치(착화장치)

급유장치도

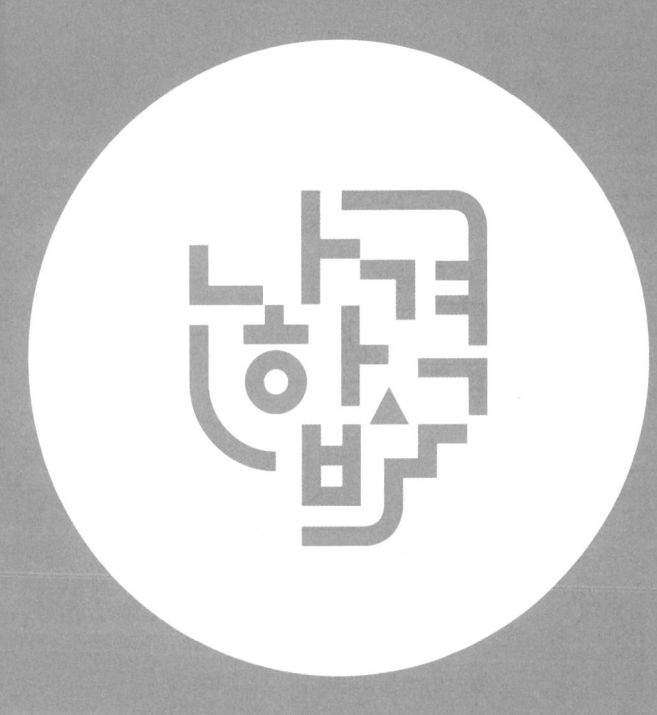

PART 09

실기[필답형] 기출문제는 최근 15개년 기출문제로 구성하였습니다.
최신 문제를 풀어보고 최신 경향을 파악해 보세요.

실기[필답형] 기출문제

제1회	실기[필답형] 기출문제	제16회	실기[필답형] 기출문제
제2회	실기[필답형] 기출문제	제17회	실기[필답형] 기출문제
제3회	실기[필답형] 기출문제	제18회	실기[필답형] 기출문제
제4회	실기[필답형] 기출문제	제19회	실기[필답형] 기출문제
제5회	실기[필답형] 기출문제	제20회	실기[필답형] 기출문제
제6회	실기[필답형] 기출문제	제21회	실기[필답형] 기출문제
제7회	실기[필답형] 기출문제	제22회	실기[필답형] 기출문제
제8회	실기[필답형] 기출문제	제23회	실기[필답형] 기출문제
제9회	실기[필답형] 기출문제	제24회	실기[필답형] 기출문제
제10회	실기[필답형] 기출문제	제25회	실기[필답형] 기출문제
제11회	실기[필답형] 기출문제	제26회	실기[필답형] 기출문제
제12회	실기[필답형] 기출문제	제27회	실기[필답형] 기출문제
제13회	실기[필답형] 기출문제	제28회	실기[필답형] 기출문제
제14회	실기[필답형] 기출문제	제29회	실기[필답형] 기출문제
제15회	실기[필답형] 기출문제	제30회	실기[필답형] 기출문제

해당 기출문제 풀이 영상은 QR코드를 스캔하시면 시청하실 수 있습니다.
[유튜브 멤버십 가입 필수]

수험자 유의사항

[작업형]

1. 수험자 지참준비물을 반드시 확인 후 준비해 오셔야 응시 가능합니다.
2. 수험자는 시험위원의 지시에 따라야 하며 시험실 출입 시 부정한 물품 소지여부 확인을 위해 시험위원의 검사를 받아야 합니다.
3. 시험시간 중 전자·통신기기를 비롯한 불허물품 소지가 적발되는 경우 퇴실조치 및 당해시험은 무효처리 됩니다.
4. 수험자는 답안 작성 시 검정색 필기구만 사용하여야 합니다.(그 외 연필류, 유색 필기구 등을 사용한 답항은 채점하지 않으며 0점 처리됩니다.)
5. 수험자는 시험시작 전에 지급된 재료의 이상 유무를 확인하고 이상이 있을 경우에는 시험위원으로부터 조치를 받아야 합니다.(시험시작 후 재료교환 및 추가지급 불가)
6. 수험자는 시험 종료 후 문제지와 작품(답안지)을 시험위원에게 제출하여야 합니다.(단, 문제지 제공 지정종목은 시험 종료 후 문제지를 회수하지 아니합니다.)
7. 복합형(필답형 + 작업형)으로 시행되는 종목은 전 과정을 응시하지 않는 경우 채점대상에서 제외됩니다.
8. 다음과 같은 경우는 득점에 관계없이 불합격 처리합니다.
    ㄱ. 시험의 일부 과정에 응시하지 아니하는 경우
    ㄴ. 문제에서 주요 직무내용이라고 고지한 사항을 전혀 해결하지 못하는 경우
    ㄷ. 시험 중 시설 장비의 조작 또는 재료의 취급이 미숙하여 위해를 일으킬 것으로 시험위원 전원이 합의하여 판단한 경우
9. 수험자는 시험 중 안전에 특히 유의하여야 하며, 시험장에서 소란을 피우거나 타인의 시험을 방해하는 자는 질서 유지를 위해 시험을 중지시키고 시험장에서 퇴장 시킵니다.

[필답형]

1. 문제지를 받는 즉시 응시 종목의 문제가 맞는지 확인하셔야 합니다.
2. 답안지 내 인적사항 및 답안작성(계산식 포함)은 검정색 필기구만을 계속 사용하여야 합니다.
3. 답안정정 시에는 두 줄(=)을 긋고 다시 기재 가능하며, 수정테이프 사용 또한 가능합니다.
4. 계산문제는 반드시 '계산과정'과 '답'란에 정확히 기재하여야 하며 계산과정이 틀리거나 없는 경우 0점 처리됩니다.
    ※ 연습이 필요시 연습란을 이용하여야 하며, 연습란은 채점대상이 아닙니다.
5. 계산문제는 최종결과 값(답)에서 소수 셋째 자리에서 반올림하여 둘째 자리까지 구하여야 하나 개별 문제에서 소수처리에 대한 별도 요구사항이 있을 경우, 그 요구사항에 따라야 합니다.
6. 답에 단위가 없으면 오답으로 처리됩니다.(단, 문제의 요구사항에 단위가 주어졌을 경우는 생략되어도 무방합니다.)
7. 문제에서 요구한 가짓수 이상을 답란에 표기한 경우, 답란기재순으로 요구한 가짓수만 채점합니다.

실기[필답형]기출문제 — 제1회

01

배관공사에서 입체도를 그리는 이유를 3가지 쓰시오.

정답
① 배관을 가공하기 위해 관 가공도(加工圖)를 그릴 때
② 계통도를 보다 구체적으로 지시할 경우
③ 손실수두 또는 유량 등을 계산할 경우
④ 배관 및 관이음쇠의 수량을 산출할 경우

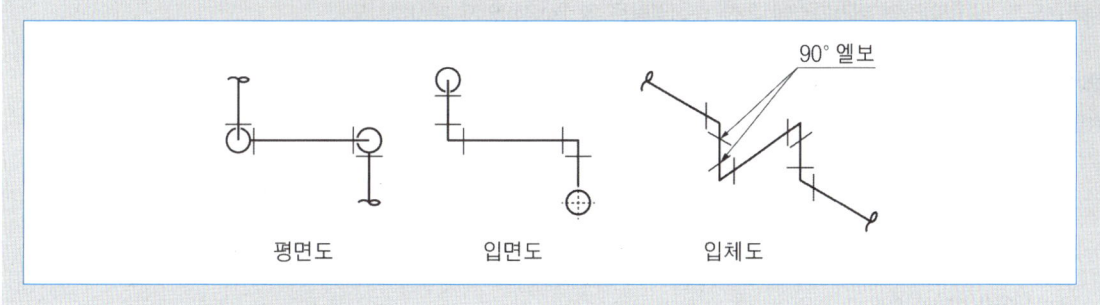

02

다음과 같은 특징을 가진 증기트랩은 무엇인지 명칭을 쓰시오.

- 부력을 이용한 기계식 트랩이다.
- 응축수를 증기압력에 의하여 밀어 올릴 수 있다.
- 고압과 중압의 증기관에 적합하다.
- 형식은 상향식과 하향식이 있다.

정답 버킷트랩

03

보일러의 연소효율을 η_c, 전열효율을 η_f라 할 때, 보일러 열효율 η는 어떻게 나타내는지 쓰시오.

정답 $\eta = \eta_c \times \eta_f$

$$\text{열효율}(\eta) = \text{연소효율}(\eta_c) \times \text{전열효율}(\eta_f) = \frac{\text{유효열}}{\text{공급열(입열)}} \times 100$$

04

보일러 연도로 배기되는 연소 가스량이 300[kgf/h]이며, 배기가스의 온도가 260[℃], 가스의 평균비열 0.35[kcal/kg·℃]이고, 외기온도가 12[℃]이라면 배기가스에 의한 손실열량은 몇 [kcal/h]인지 계산하시오.

풀이 $Q = G \cdot C \cdot \triangle T = 300 \times 0.35 \times (260 - 12) = 26040$[kcal/h]

정답 26040[kcal/h]

$Q = G \cdot C \cdot \triangle t$
- Q : 손실열량[kcal/h]
- G : 연소가스량[kgf/h]
- C : 비열[kcal/kg·℃]
- $\triangle t$: 온도차[℃]

05

파이프렌치(pipe wrench)의 규격에는 200[mm], 300[mm], 350[mm], 450[mm], 600[mm], 1200[mm] 등이 있다. 이 호칭규격은 무엇을 기준으로 하는지 쓰시오.

정답 파이프렌치의 조(jaw)를 최대로 벌리거나 최대 큰 관을 물린 상태에서의 전장

06

보일러 설치검사 기준상 안전밸브 및 압력방출장치의 크기는 호칭지름 25A 이상으로 하여야 하지만 호칭지름 20A 이상으로 할 수 있는 보일러도 있다. 20A 이상으로 할 수 있는 보일러 3가지를 쓰시오.

정답
① 최고사용압력 0.1[MPa] 이하의 보일러
② 최고사용압력 0.5[MPa] 이하의 보일러로 동체의 안지름이 500[mm] 이하이며, 동체의 길이가 1000[mm] 이하의 것
③ 최고사용압력 0.5[MPa] 이하의 보일러로 전열면적 2[m^2] 이하의 것
④ 최대증발량 5[t/h] 이하의 관류보일러
⑤ 소용량 강철제 보일러, 소용량 주철제 보일러

07

보일러 연소에서 이론공기량과 과잉공기량을 알 때 공기비는 어떻게 계산되는지 식을 쓰시오.

풀이
$$공기비 = \frac{이론공기량 + 과잉공기량}{이론공기량}$$

$A = m \cdot A_o \rightarrow$ 실제공기 = 공기비 × 이론공기량

$m = \dfrac{A}{A_o} \rightarrow$ 공기비 $= \dfrac{실제공기량}{이론공기량}$

$m = \dfrac{A_o \times B}{A_o} \rightarrow$ 공기비 $= \dfrac{이론공기량 + 과잉공기량}{이론공기량}$

(※ 힌트 : 실제공기량 = 이론공기량 + 과잉공기량)

- m : 공기비
- A : 실제공기량
- A_o : 이론공기량
- B : 과잉공기량

08

어느 보일러에서 저위발열량이 9700[kcal/kg]인 중유를 연소시킨 결과 연소실에서 발생된 열량이 9000[kcal/kg]이다. 증기 발생에 이용된 열량이 8000[kcal/kg]일 때 연소효율과 보일러 열효율을 구하시오.

풀이 ① 연소효율(η_c) = $\dfrac{9000}{9700} \times 100$ = 92.783 ≒ 92.78[%]

② 보일러 열효율(η) = $\dfrac{8000}{9700} \times 100$ = 82.474 ≒ 82.47[%]

정답 ① 연소효율 : 92.78[%]
② 보일러 열효율 : 82.47[%]

---

① 연소효율(η_C) = $\dfrac{\text{실제 발생열량(연소열)}}{\text{연료의 저위발생량(공급열)}} \times 100$

② 보일러 열효율(η) = $\dfrac{\text{유효하게 사용된 열량(유효열)}}{\text{연료의 저위발열량(공급열)}} \times 100$

09

온수난방 시 방열기 입구 온수 온도가 92[℃], 그 출구 온도가 70[℃], 실내공기 온도를 18[℃]로 하려고 할 때 주철제 방열기의 소요방열량[kcal/m²h]을 구하시오.(단, 온수난방 표준온도차는 62[℃]로 한다.)

풀이 $450 \times \dfrac{\left(\dfrac{92+70}{2} - 18\right)}{62 - 18}$ = 644.318 ≒ 644.32[kcal/m² · h]

정답 644.32[kcal/m² · h]

온수방열기 소요발열량 = $450 \times \dfrac{\Delta t_m}{\Delta t}$

Δt_m = $\dfrac{\text{방열기 입구온도 + 출구온도}}{2}$ - 실내온도

Δt = 방열기 내 표준 온도차 - 실내온도

10

보일러 연료로서 기체 연료를 사용할 경우의 장점을 3가지 쓰시오.

정답
① 연소효율이 높다.
② 회분 및 매연발생이 거의 없다.
③ 적은 공기비로 완전연소가 가능하다.
④ 저발열량의 연료도 완전연소가 용이하다.
⑤ 대기오염이 적다.

11

보일러 굴뚝의 통풍력을 측정하니 3[mmH$_2$O]일 때 이 굴뚝(연돌)의 높이는 몇 m인가?(단, 배기가스온도는 150[℃], 외기온도는 0[℃], 실제통풍력은 이론통풍력의 80[%]로 한다.)

풀이
$$H = \frac{Z}{\left(\frac{353}{T_a} - \frac{367}{T_g}\right) \times 0.8} = \frac{3}{\left(\frac{353}{273+0} - \frac{367}{273+150}\right) \times 0.8} = 8.814 ≒ 8.81[m]$$

정답 8.81[m]

$$Z = H\left(\frac{353}{T_a} - \frac{367}{T_g}\right) \times 0.8$$

$$H = \frac{Z}{\left(\frac{353}{T_a} - \frac{367}{T_g}\right) \times 0.8}$$

- Z : 통풍력[mmH$_2$O]
- H : 연돌높이[m]
- T_a : 외기공기절대온도[K]
- T_g : 배기가스절대온도[K]

※ 실제통풍력 = 이론통풍력 × 0.8

12

다음은 일반적으로 사용 중인 증기 보일러 운전작업을 종료할 때 행하는 사항이다. 가장 적합한 정지순서대로 해당 번호를 쓰시오.

[보기]
① 연소용 공기의 공급을 정지한다.
② 연료공급을 정지한다.
③ 댐퍼를 닫는다.
④ 주증기밸브를 닫고 드레인밸브를 연다.
⑤ 급수를 행한 후 증기압력을 저하시키고 급수밸브를 닫고 급수펌프를 정지시킨다.

정답 ② → ① → ⑤ → ④ → ③

13

난방, 급탕용 기름 온수보일러의 자동제어 장치로 콤비네이션 릴레이를 보일러 본체에 설치하여 사용한다. 이 장치에 적용되는 버너 주 안전 제어기능을 2가지 쓰시오.

정답
① 고온차단
② 저온점화
③ 순환펌프제어

> **온수보일러제어 장치 중 콤비네이션 릴레이의 기능**
> ① 고온차단 : 보일러 내부의 수온이 너무 높아지면 버너를 멈추고 보일러의 연소를 차단하여 고온으로 인한 안전사고를 예방한다.
> ② 저온점화 : 보일러 내부의 수위가 일정기준치 이하로 떨어져 연소되는 것을 방지하기 위해 버너의 작동 전에 수온이 충분히 낮은지 확인하여 저온점화가 용이하도록 돕는다.
> ③ 순환펌프제어 : 순환펌프를 켜고 끄는 기능으로 보일러 내부의 물이 충분히 순환 할 수 있도록 조절해준다.

14

보일러 열정산 시 보일러에서 발생하는 열손실(출열)에는 어떠한 것이 있는지 2가지 쓰시오.

정답 ① 불완전연소에 의한 손실열
② 발생증기 보유열
③ 노벽 방사손실열
④ 배기가스에 의한 손실열
⑤ 미연소분에 의한 손실열

> ※ 출열 암기법 : 불 발 방 배 미
> ① 출열 : 불완전연소에 의한 손실열, 발생증기 보유열, 노벽 방사손실열, 배기가스에 의한 손실열, 미연소분에 의한 손실열
> ② 입열 : 연료의 발열량, 연료의 현열, 연소용 공기의 현열, 노내 분입 증기에 의한 입열

15

아래에 주어진 평면도를 등각투상도로 나타내시오.

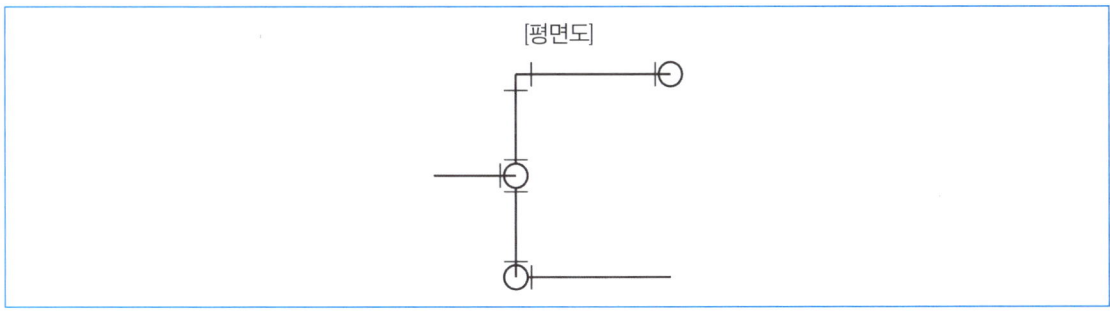

정답

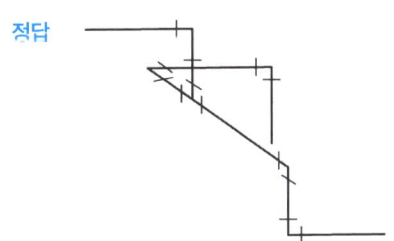

16

급수내관의 설치 시 그 이점 3가지를 쓰시오.

정답
① 보일러 동내 부동팽창 방지
② 보일러 급수의 예열
③ 보일러 수 교란방지

17

다음은 중유 버너의 공기조절장치(air register) 구성 부품을 설명한 것이다. 각각 어떤 부품인지 명칭을 쓰시오.

> 가. 착화를 원활하게 하고 화염의 안정을 도모하는 것이며, 선회기가 있어 연소용 공기에 선회운동을 주어 와류현상이 생겨 착화를 쉽게 하는 부품
> 나. 압입통풍의 경우 버너를 장치하는 벽면에 설치되는 밀폐된 상자로서 풍도(風道)에서 공기를 흡입하여 동압을 정압으로 바꾸는 역할을 하는 부품

정답
가. 보염기(스테빌라이저)
나. 윈드박스

18

캐리오버(carry over)의 방지대책을 3가지 쓰시오.

정답
① 기수분리기 및 비수방지관을 설치한다.
② 주 증기 밸브를 서서히 연다.
③ 관수 중 불순물을 제거한다.
④ 고수위 운전을 피한다.

실기[필답형]기출문제 — 제2회

01

다음과 같은 조건하에서 온수 보일러의 정격출력[kcal/h]을 계산하시오.

[조건]
- 상당방열면적 : 500[m²]
- 온수공급온도 : 70[℃]
- 예열부하 : 1.45
- 출력저하계수 : 0.69
- 온수량 : 500[kg]
- 급수온도 : 10[℃]
- 배관부하 : 0.25
- 물의 비열 : 1[kcal/kg·℃]

풀이

$$Q_t = \frac{(Q_1 + Q_2)(1+\alpha)\beta}{K}$$

$$Q_t = \frac{[(500 \times 450) + (500 \times 1 \times (70-10))] \times (1+0.25) \times 1.45}{0.69} = 669836.956 ≒ 669836.96 [kcal/h]$$

정답 669836.96[kcal/h]

$$Q_t = \frac{(Q_1 + Q_2)(1+\alpha)\beta}{K}$$

- Q_t : 보일러용량(정격출력)[kcal/h]
- Q_1 : 난방부하[kcal/h]
- Q_2 : 급탕부하[kcal/h]
- α : 배관손실계수
- β : 예열부하계수
- K : 출력저하계수

02

보일러의 부식속도 측정 방법을 3가지 쓰시오.

정답 ① Tafel 외삽법
② 선형분극법
③ 임피던스법
④ 무게감량법
⑤ 용액분석법

> **부식속도 측정방법**
> ① 전기 화학적 방법 : 자연전위 근처에서는 전위와 전류 사이에 선형적인 관계가 존재하는 분극특성을 이용해 분극량을 조정하여 전류의 크기를 측정하는 방법
>   • 종류 : Tafel 외삽법, 선형분극법, 임피던스법
> ② 비전기 화학적 방법 : 금속을 부식매체 속에 일정시간 방치 후 금속의 무게량이나 용액 속으로 용출되는 금속이온의 양을 정량하는 방법
>   • 종류 : 무게감량법, 용액분석법

03

보일러 산세관 시 산의 종류 3가지를 쓰시오.

정답 ① 염산   ② 황산   ③ 인산   ④ 설파민산   ⑤ 유산

04

보일러 청관제 중 탈산소제의 종류 3가지를 쓰시오.

정답 ① 탄닌   ② 히드라진   ③ 아황산소다

05

다음 조건을 보고 펌프의 소요동력(kW)를 계산하시오.

[조건]
- 유량 : 0.96[m³/min]
- 펌프에서 보일러까지 급수에 필요한 토출양정 : 14[m]
- 펌프의 효율 : 80[%]
- 펌프에서 수면까지 높이 : 5[m]
- 감쇠높이 : 2[m]

풀이 $kW = \dfrac{r \cdot Q \cdot H}{102 \times \eta} = \dfrac{1000 \times 0.96 \times (5 + 14 + 2)}{102 \times 0.8 \times 60} = 4.117 ≒ 4.12[kW]$

정답 4.12[kW]

$kW = \dfrac{r \cdot Q \cdot H}{102 \times \eta}$

- r : 물의 비중량[kg/m³] · Q : 유량[m³/s] · H : 양정[m] · η : 효율

06

온수 보일러의 설치 개략도를 보고 ①~⑤의 명칭을 쓰시오.

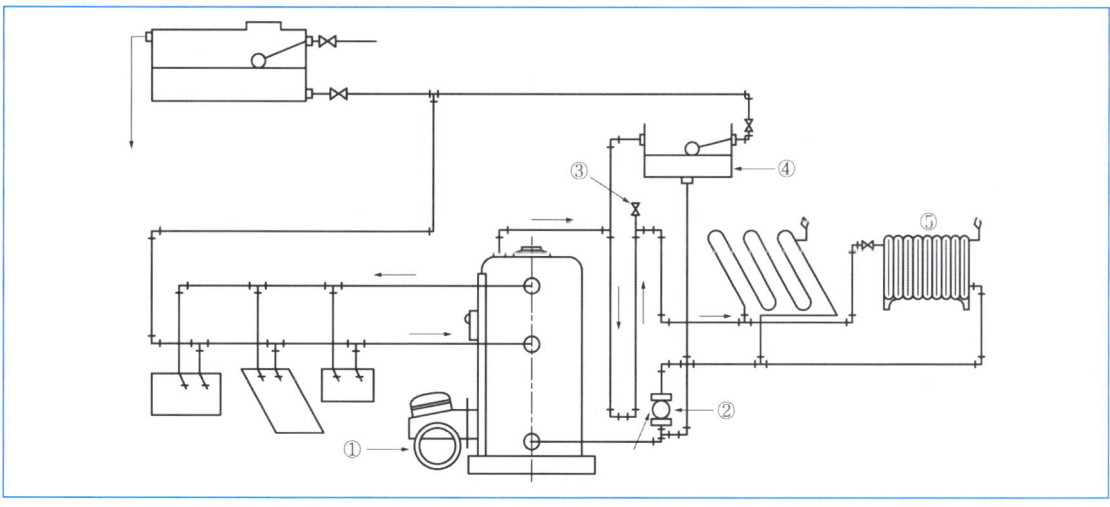

정답 ① 버너 ② 온수 순환펌프 ③ 공기빼기 밸브 ④ 팽창탱크 ⑤ 방열기

07

다음 부속품을 이용하여 바이패스 배관도를 완성하시오.

[부속품]
- 밸브 : 3개
- 유니언 : 3개
- 티 : 2개
- 엘보 : 2개
- y형 여과기 : 1개
- 유량계(OM) : 1개

정답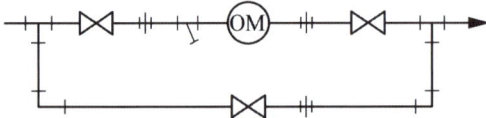

08

다음 조건을 보고 굴뚝의 이론통풍력(mmAq)을 구하시오.

[조건]
- 연돌높이 : 80[m]
- 배기가스온도 : 165[℃]
- 외기온도 : 28[℃]
- 외기비중량 : 1.29[kg/Nm³]
- 배기가스비중량 : 1.35[kg/Nm³]

풀이 $Z = 273H\left(\dfrac{r_a}{T_a} - \dfrac{r_g}{T_g}\right) = 273 \times 80 \times \left(\dfrac{1.29}{273+28} - \dfrac{1.35}{273+165}\right) = 26.284 ≒ 26.28 [\text{mmAq}]$

정답 26.28[mmAq]

$$Z = 273H\left(\dfrac{r_a}{T_a} - \dfrac{r_g}{T_g}\right)$$

- Z : 통풍력[mmH₂O]
- r_a : 외기공기 비중량[kg/m³]
- T_a : 외기공기 절대온도[K]
- H : 연돌높이[m]
- r_g : 배기가스 비중량[kg/m³]
- T_g : 배기가스 절대온도[K]

09

다음에 설명하는 화염 검출기의 명칭을 쓰시오.

> 가. 화염 중에는 양성자와 중성자가 전리되어 있음을 이용하여 버너에 그랜드로드를 부착하여 화염 중에 삽입하여 전기적 신호를 전자밸브에 보내어 화염을 검출한다.
> 나. 연소 중에 발생되는 연소가스의 열에 의해 바이메탈의 신축작용으로 전기적 신호를 만들어 화염의 유무를 검출한다.
> 다. 연소 중에 발생하는 화염의 빛을 검지부에서 전기적 신호로 바꾸어 화염의 유무를 검출한다.

정답 가. 플레임 로드 나. 스택 스위치 다. 플레임 아이

10

파이프를 굽힌 다음 굽힘 하중을 제거하면 탄성이 작용하여 원래 상태로 되돌아오려는 탄력작용으로 굽힘량이 감소되는 현상을 무엇이라고 하는지 쓰시오.

정답 스프링 백(spring back) 현상

11

다음 조건을 참고하여 보일러 상당증발량 공식을 완성하시오.

> [조건]
> - D_e : 상당증발량[kg/h]
> - D_a : 시간낭 증기발생량[kg/h]
> - h'' : 발생습증기 엔탈피[kcal/kg]
> - h' : 급수 엔탈피[kcal/kg]

정답 $D_e = \dfrac{D_a \times (h'' - h')}{539}$

12

보일러 증기압력(트랩입구 압력)이 15[kgf/cm²] 트랩의 최고 허용배압이 12[kgf/cm²]일 때 트랩의 배압 허용도는 몇 [%]인지 구하시오.

풀이 배압허용도 = $\frac{12}{15} \times 100 = 80[\%]$

정답 80[%]

$$배압허용도 = \frac{트랩의\ 최고\ 허용배압[kgf/cm^2]}{트랩의\ 입구압력[kgf/cm^2]} \times 100$$

13

다음 ( ) 안에 들어갈 알맞은 말을 써넣으시오.

> 벨로즈형 신축이음은 (①)이라고도 부르며, 벨로즈의 재료로는 스테인리스, (②)이[가] 사용되며 벨로즈가 수축 시 (③)는[은] 고정되고 슬리브는 미끄러지면서 벨로즈와의 간극을 없게 한다.

정답 ① 팩리스 신축이음   ② 인청동   ③ 본체

14

다음 조건의 강철제 보일러에서 수압시험압력을 써넣으시오.

최고 사용압력	수압시험압력
0.43[MPa] 이하	①
0.43[MPa] 초과 1.5[MPa] 이하	②
1.5[MPa] 이상	③

정답 ① 최고사용압력×2배
② 최고사용압력×1.3배 + 0.3[MPa]
③ 최고사용압력×1.5배

15

다음 공구의 사용처(용도)를 쓰시오.

> 가. 파이프 커터
> 나. 다이헤드식 나사절삭기
> 다. 링크형 파이프 커터
> 라. 사이징 툴
> 마. 봄볼

정답
가. 관을 절단할 때 사용한다.
나. 자동나사 절삭 공구로 나사절삭, 관의 절단, 거스러미 제거가 가능하다.
다. 주철관 절단용으로 사용한다.
라. 동관의 끝을 원형으로 되돌리는 데 사용한다.
마. 연관의 분기관 따내기 작업 시 구멍을 뚫는 데 사용한다.

16

증기분무식 버너를 사용하는 보일러에서 수분이 함유된 증기가 보일러에 공급 시 발생하는 현상을 3가지 쓰시오.

정답
① 무화가 불량해진다.
② 화염이 불안정해진다.
③ 화염의 분사각도가 흐트러진다.
④ 버너 노즐에 부식이 발생할 수 있다.

17

다음과 같은 조건에서 가동되는 보일러의 효율을 구하시오.

[조건]
- 연료의 발열량 : 10000[kcal/kg]
- 연료 사용량 : 2[kg/h]
- 발생증기 엔탈피 : 646.1[kcal/kg]
- 발생증기량 : 20[kg/h]
- 급수온도 : 10[℃]
- 물의 비열 : 1[kcal/kg·℃]

풀이 $\eta = \dfrac{G(h'' - h')}{Gf \times H} \times 100 = \dfrac{20 \times (646.1 - 10)}{2 \times 10000} \times 100 = 63.61[\%]$

정답 63.61[%]

$$\eta = \dfrac{G(h'' - h')}{Gf \times H}$$

- G : 실제증발량[kg/h]
- h'' : 발생증기 엔탈피[kcal/kg]
- h' : 급수 엔탈피[kcal/kg]
- Gf : 연료 사용량[kg/h]
- H : 연료의 발열량[kcal/kg]
- η : 효율

실기[필답형]기출문제   제3회

01

강관의 공작용 공구로 관접속부의 분해 및 조립 시에 사용하며 보통형, 강력형, 체인형이 있고 그 크기는 조(jaw)를 최대로 벌려놓은 전장으로 표시하며 크기로는 150[mm], 200[mm], 300[mm], 350[mm], 450[mm], 600[mm], 1200[mm] 등이 있다. 이 공구의 명칭을 쓰시오.

정답   파이프렌치

02

원심펌프의 회전수가 1500[rpm], 소요동력이 7.5[kW]이다. 이 원심펌프의 회전수를 1800[rpm]으로 변경 시 소요동력은 얼마인지 구하시오.

풀이 $L_2 = L_1 \times \left(\dfrac{N_2}{N_1}\right)^3 = 7.5 \times \left(\dfrac{1800}{1500}\right)^3 = 12.96\,[\text{kW}]$

정답   12.96[kW]

상사법칙

- $Q_2 = \left(\dfrac{N_2}{N_1}\right)\left(\dfrac{D_2}{D_1}\right)^3 Q_1$

- $P_2 = \left(\dfrac{N_2}{N_1}\right)^2 \left(\dfrac{D_2}{D_1}\right)^2 P_1$

- $L_2 = \left(\dfrac{N_2}{N_1}\right)^3 \left(\dfrac{D_2}{D_1}\right)^5 L_1$

Q : 유량, P : 양정, L : 동력, N : 회전수, D : 직경

03

방열기의 입구온도가 80[℃], 방열기 출구온도가 60[℃]이고 실내온도가 20[℃]일 때 방열기의 방열량[kcal/m²h]을 계산하시오. (단, 방열기의 방열계수는 7.5[kcal/m²h℃]이다.)

풀이 $Q = K \times \triangle t_m = 7.5 \times \left(\dfrac{80+60}{2} - 20\right) = 375[\text{kcal/m}^2\text{h}]$

정답 375[kcal/m²h]

$Q = K \times \triangle t_m$
- Q : 소요발열량[kcal/m²h]
- K : 방열계수[kcal/m²h℃]
- $\triangle t_m$: 산술평균온도차[℃]

04

급수내관의 설치 시 그 이점 3가지를 쓰시오.

정답 ① 보일러 동내 부동팽창 방지 ② 보일러 급수의 예열 ③ 보일러 수 교란방지

05

연료와 공기의 혼합을 양호하게 하고, 확실한 착화와 화염의 안정을 도모하기 위해 설치하는 보염장치 종류를 3가지 쓰시오.

정답 ① 윈드박스 ② 버너타일 ③ 콤버스터 ④ 스테빌라이저(보염기)

06

보일러 연소 중 노의 실제 연소열량과 완전 연소열량의 비를 무엇이라 하는지 쓰시오.

정답 연소효율

07

수격작용(water hammer)방지 대책 3가지를 쓰시오.

정답
① 포밍, 프라이밍, 캐리오버 발생을 방지한다.
② 주증기 밸브를 서서히 개폐한다.
③ 배관의 보온을 철저히 한다.
④ 드레인 빼기를 철저히 한다.
⑤ 송기 전 소량의 증기로 배관을 예열한다.
⑥ 증기트랩, 기수분리기, 비수방지관을 설치한다.

08

다음의 내용은 보일러 등 검사대상기기 설치검사 기준이다. ( ) 안에 알맞은 내용을 써넣으시오.

> 가. 급수장치에서 전열면적 10[m^2] 이하의 보일러에서는 급수밸브의 크기를 (①)A 이상으로 하고 전열면적 10[m^2]를 초과하는 보일러에서는 (②)A 이상이어야 한다. 다만, 급수장치에 설치하는 체크밸브는 최고사용압력 (③)[MPa] 미만의 보일러에서는 생략할 수 있다.
>
> 나. 증기보일러에서 설치하는 안전밸브 및 압력방출장치의 크기는 호칭지름 (④)A 이상으로 하여야 하나, 소용량 강철제 보일러에서는 호칭지름 (⑤)A 이상으로 할 수 있다.

정답 ① 15 ② 20 ③ 0.1 ④ 25 ⑤ 20

급수밸브와 체크밸브의 설치 및 크기
① 보일러에 인접하여 급수밸브, 이에 가까이 체크밸브를 설치한다.
② 최고사용압력이 0.1[MPa](1[kg/cm^2]) 미만일 경우 체크밸브를 생략할 수 있다.
③ 전열면적 10[m^2] 이하 : 15[A] 이상
④ 전열면적 10[m^2] 초과 : 20[A] 이상

안전밸브 및 압력방출장치의 크기
안전밸브 및 압력방출장치의 크기는 호칭지름 25[A] 이상으로 한다.(단, 다음의 보일러에서는 호칭지름 20[A] 이상으로 할 수 있다.)
① 최고사용압력 0.1[MPa](1[kg/cm^2]) 이하의 보일러
② 최고사용압력 0.5[MPa](5[kg/cm^2]) 이하이며, 동체 안지름 500[mm] 이하, 동체 길이가 1000[mm] 이하인 보일러
③ 최고사용압력 0.5[MPa](5[kg/cm^2]) 이하이며, 전열면적이 2[m^2] 이하인 보일러
④ 최대증발량 5[t/h] 이하의 관류보일러
⑤ 소용량 강철제보일러, 소용량 관류보일러

09

액화천연가스(LNG) 연소 시 산소(O_2)의 농도가 2[%]이고 배기가스 중 이산화탄소(CO_2)의 농도는 몇 [%]인지 구하시오. (단, 배기가스 중 탄산가스 최대량 CO_2max 값은 12[%]이다.)

풀이 $CO_2 = \dfrac{(21 - O_2) \times CO_2max}{21} = \dfrac{(21-2) \times 12}{21} = 10.857 ≒ 10.86[\%]$

정답 10.86[%]

공기비 구하는 공식

$m = \dfrac{CO_2max[\%]}{CO_2[\%]} = \dfrac{21}{21 - O_2[\%]}$

$CO_2 = \dfrac{(21 - O_2) \times CO_2max}{21}$

10

원심펌프의 운전 시 프라이밍 작업을 실시하는데 프라이밍 작업이란 무엇인지 간단하게 설명하시오.

정답 원심펌프를 운전하기 전 펌프 내부에 물을 채워 넣어 공기를 제거하는 작업

11

보일러의 과열원인 3가지를 쓰시오.

정답
① 이상감수로 인한 저수위 운전
② 전열면의 스케일 부착
③ 보일러수 농축으로 인한 순환 불량
④ 전열면의 국부과열
⑤ 연소실 열부하가 지나치게 큰 경우

12

보일러의 상당 증발량이 2000[kg/h], 연료의 저위발열량 10000[kcal/kg], 효율이 80[%]로 운전되는 경우 연료소비량[kg/h]를 구하시오.

풀이 $Gf = \dfrac{G_e \times 539}{\eta \times Hl} = \dfrac{2000 \times 539}{0.8 \times 10000} = 134.75\,[\text{kg/h}]$

정답 134.75[kg/h]

$$\eta = \dfrac{G(h'' - h')}{Gf \times Hl} = \dfrac{G_e \times 539}{Gf \times Hl} \rightarrow Gf = \dfrac{G_e \times 539}{\eta \times Hl}$$

13

포화수 1[kg]과 포화증기 4[kg]이 혼합되었을 때 건도는 얼마인지 구하시오.

풀이 $\dfrac{4}{1+4} \times 100 = 80\,[\%]$

정답 80[%]

$$건도 = \dfrac{포화증기}{습증기} \times 100\,[\%]$$

14

보일러 판에서 발생되는 라미네이션과 블리스터에 대해 설명하시오.

정답 ① 라미네이션 : 보일러 강판이나 관의 제작 시 속에 공기층이 들어가서 두 장의 층을 형성하고 있는 상태
② 블리스터 : 라미네이션이 발생된 강판이나 관에 보일러 제작 시 높은 열을 받아 속에 든 공기층이 부풀어 오르거나 표면이 터지는 현상

15

관류보일러에 대한 설명 중 ( ) 안에 들어갈 알맞은 용어를 쓰시오.

> 관류보일러는 긴 관의 한쪽 끝에서 (①)를 압입하여 차례로 (②), (③), (④)시켜 과열증기를 얻는 보일러이다.

정답 ① 급수 ② 가열 ③ 증발 ④ 과열

16

다음은 증기난방 방식에 따른 그림이다. 배관방법에 따라 구분할 때 각 그림은 어떠한 방식인지 쓰시오.

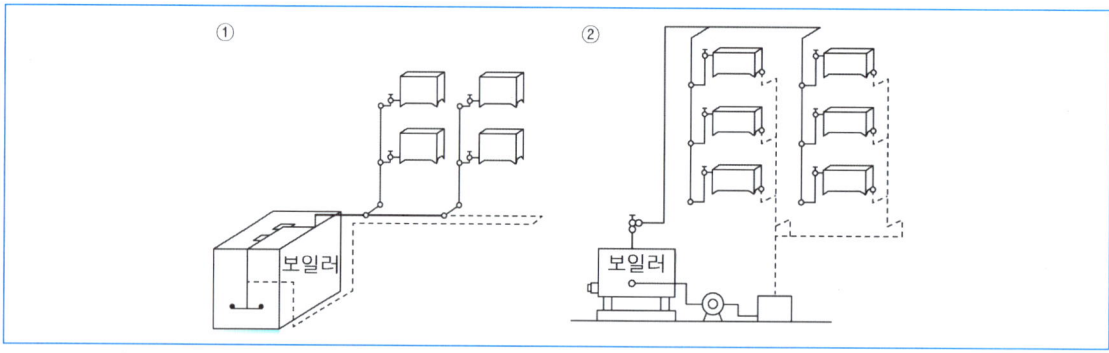

정답 ① 단관식 ② 복관식

증기난방의 분류

① 난방방법에 따른 분류 : 개별난방, 중앙난방
② 배관방식에 따른 분류 : 단관식, 복관식
③ 증기공급방식에 따른 분류 : 상향순환식, 하향순환식
④ 증기압력에 따른 분류 : 고압식, 저압식, 진공식
⑤ 응축수 환수방식에 따른 분류 : 중력환수식, 기계환수식, 진공환수식

01

보일러에서 발생하는 포밍, 프라이밍 현상에 대해 설명하시오.

정답
① 포밍 : 관수 중 용해 고형물, 유지류 등의 불순물로 인해 보일러수의 표면에 다량의 거품 층이 형성되는 것
② 프라이밍 : 급격한 증발이나 주증기 밸브 급개 및 고수위 시 수면으로부터 끊임없이 물방울이 비산되어 수위를 불안전하게 하는 현상

02

전열면의 그을음을 제거하는 장치인 수트 블로워(soot blow)의 작동 시 주의사항 3가지를 쓰시오.

정답
① 부하가 적거나(50[%] 이하) 소화 후 사용하지 말 것
② 분출 전 송풍기를 가동하여 유인통풍을 증가시킬 것
③ 장치 내 응축수를 제거한 다음 사용할 것
④ 한 곳에 집중적으로 분사하지 말 것
⑤ 연료의 종류, 분출 위치, 증기의 온도 등에 따라 분출시기를 결정할 것

03

500[℃] 이하의 온도에서 사용할 수 있는 무기질 보온재 종류를 3가지 쓰시오.

정답 ① 석면 ② 암면 ③ 규조토 ④ 글라스울(유리섬유) ⑤ 탄산마그네슘

① 석면 : 400[℃] 이하의 관, 탱크, 노벽 등의 보온재료 적당하다.
② 암면 : 식물성, 동물성, 합성수지 등의 접착제를 써서 띠, 관, 원통형으로 가공하여 400[℃] 이하의 관, 덕트, 탱크 등의 보온재로 사용된다.
③ 규조토 : 500[℃] 이하의 관, 탱크, 노벽 등의 보온에 사용된다.
④ 글라스울(유리섬유) : 300[℃] 이하의 관, 천장, 바닥, 벽 등 보온에 사용된다.
⑤ 탄산마그네슘 : 방습 가공하여 옥외 배관, 습기가 많은 지하 덕트의 배관에 사용하며 250[℃] 이하의 관, 탱크 등의 보온재로 사용된다.

04

보일러 열정산 시 보일러에서 발생하는 출열 항목을 5가지 쓰시오.

정답 ① 불완전연소에 의한 손실열
② 발생증기 보유열
③ 노벽 방사손실열
④ 배기가스에 의한 손실열
⑤ 미연소분에 의한 손실열

※ **출열 암기법 : 불 발 방 배 미**
① 출열 : 불완전연소에 의한 손실열, 발생증기 보유열, 노벽 방사손실열, 배기가스에 의한 손실열, 미연소분에 의한 손실열
② 입열 : 연료의 발열량, 연료의 현열, 연소용 공기의 현열, 노내 분입 증기에 의한 입열

05

다음과 같은 조건에서 가동되는 보일러의 효율을 구하시오.

[조건]
- 시간당 증기량 발생량 : 150[kg]
- 발생증기 엔탈피 : 600[kcal/kg]
- 급수엔탈피 : 50[kcal/kg]
- 연료의 저위 발열량 : 1000[kcal/kg]
- 시간당 연료 사용량 : 200[kg]

풀이 $\eta = \dfrac{G(h'' - h')}{Gf \times Hl} = \dfrac{150 \times (600 - 50)}{200 \times 1000} \times 100 = 41.25[\%]$

정답 41.25[%]

$$\eta = \dfrac{G(h'' - h')}{Gf \times Hl}$$

- G : 실제 증발량[kg/h]
- h'' : 발생증기 엔탈피[kcal/kg]
- h' : 급수 엔탈피[kcal/kg]
- Gf : 연료 사용량[kg/h]
- Hl : 저위발열량[kcal/kg]
- η : 효율

06

다음 파이프 벤딩 머신에 대한 설명을 읽고 그 내용에 알맞은 벤딩 머신의 형식을 쓰시오.

가. 유압 또는 전동기를 이용한 관 굽힘 기계로 현장에서 주로 사용
나. 보일러 공장 등에서 주로 동일 모양의 벤딩 제품을 다량으로 생산하는데 사용
다. 32A 이하 관 굽힘 시 롤러와 포머 사이에 관을 삽입 후 핸들을 돌려 180°까지 자유롭게 벤딩하는 형식

정답 가. 램식 벤딩머신
나. 로터리식 벤딩머신
다. 수동롤러식 벤딩머신

07

다음 방열기의 도시기호를 보고 아래 물음에 답하시오.(단, 다음은 베이스보드히터 표시 형식이다.)

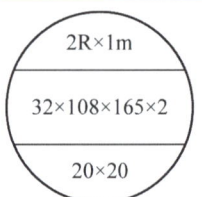

가. 엘리멘트의 수 :
나. 엘리멘트의 길이 :
다. 핀의 크기 :
라. 단수 :
마. 1[m]당 부착된 핀의 개수 :
바. 유입관경×유출관경 :

정답 가. 2열   나. 1[m]   다. 108   라. 2   마. 165   바. 20×20

08

수관식 보일러 중 관류보일러의 특징 3가지를 쓰시오.

정답
① 순환비가 1 이므로 드럼이 필요 없다.
② 고압 보일러에 적합하다.
③ 완벽한 급수처리를 해야 한다.
④ 콤팩트한 구조로 청소 및 검사 수리가 어렵다.
⑤ 전열면적에 비해 보유수량이 적어 가동시간이 짧다.

09

보일러의 운전 중 온도계의 부착위치 4개소를 쓰시오.

정답
① 급수입구 급수온도계
② 버너입구 급유온도계
③ 절탄기·공기예열기의 전후 온도계
④ 과열기·재열기 출구 온도계
⑤ 보일러 본체 배기가스 온도계

10

보일러 자동제어에서 미리 정해진 순서에 따라 순차적으로 제어의 각 단계가 진행되는 제어방식으로 작동 명령이 타이머나 릴레이에 의해 행해지는 제어의 명칭을 쓰시오.

정답 시퀀스 제어

11

신설보일러 설치 시 내부에 부착된 유지분, 페인트, 녹 등을 제거하기 위하여 실시하는 작업을 무엇이라고 하는지 쓰시오.

정답 소다 보링(소다 끓임)

> **소다보링 사용약액**
> 탄산소다(탄산나트륨), 가성소다(수산화나트륨), 제3인산소다(제3인산나트륨), 아황산소다(아황산나드륨)

12

가성취화에 대하여 설명하시오.

정답 주로 고온·고압 리벳 보일러에서 일어나는 부식으로 보일러 수중에 분해되어 생긴 가성소다(NaOH)가 과도하게 농축되면 수산화이온(OH)이 많아져 보일러수가 강알칼리성을 띄게 되며 이것이 강재의 결정입계를 침해하여 재질을 열화, 취화시키는 것

13

보일러의 정격출력[kcal/h] 계산 시 필요한 부하를 4가지 쓰시오.

정답 ① 난방부하 ② 급탕부하 ③ 배관부하 ④ 예열부하

14

강철제 보일러의 수압시험압력을 구하시오.

> 가. 최고 사용압력이 0.35[MPa]인 보일러 :
> 나. 최고 사용압력이 0.6[MPa]인 보일러 :
> 다. 최고 사용압력이 1.8[MPa]인 보일러 :

풀이 가. $0.35 \times 2 = 0.7$[MPa]

나. $(0.6 \times 1.3) + 0.3 = 1.08$[MPa]

다. $1.8 \times 1.5 = 2.7$[MPa]

정답 가. 0.7[MPa]

나. 1.08[MPa]

다. 2.7[MPa]

최고 사용압력	수압시험압력
0.43[MPa] 이하	최고사용압력×2배
0.43[MPa] 초과 1.5[MPa] 이하	최고사용압력×1.3배 + 0.3[MPa]
1.5[MPa] 이상	최고사용압력×1.5배

15

유니언부터 유니언까지의 방열관의 길이는 얼마인지 구하시오.(단, 방열관 피치는 200[mm]이고, π는 3.14로 계산한다.)

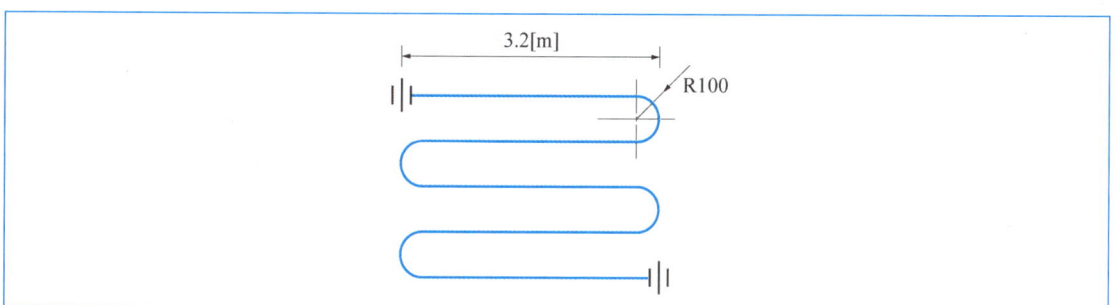

풀이 ① 방열관 직선길이 계산 : 해당 도면에서 가로직선 길이 3.2[m]로 원호가 양쪽으로 포함된 구간이 l_1이 3개가 존재하고 원호가 한쪽 유니언이 한쪽 포함된 구간 l_2가 2개가 존재한다. 그러므로 l_1과 l_2를 구하면 아래와 같다.

$l_1 = (3.2 - 0.2) \times 3 = 9$[m]

$l_2 = (3.2 - 0.1) \times 2 = 6.2$[m]

② 방열관 양끝 원호부분 계산 : 원호부분 l_3은 양쪽 모두 합쳐 4곳이 존재한다.(원둘레 : $2\pi r$)

$l_3 = \dfrac{2 \times 3.14 \times 0.1}{2} \times 4 = 1.256 ≒ 1.26$[m]

③ 전체 배관의 길이

$l = l_1 + l_2 + l_3 = 9 + 6.2 + 1.26 = 16.46$[m]

정답 16.46[m]

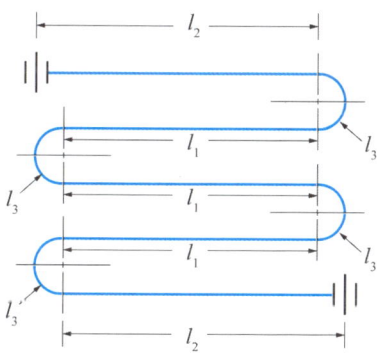

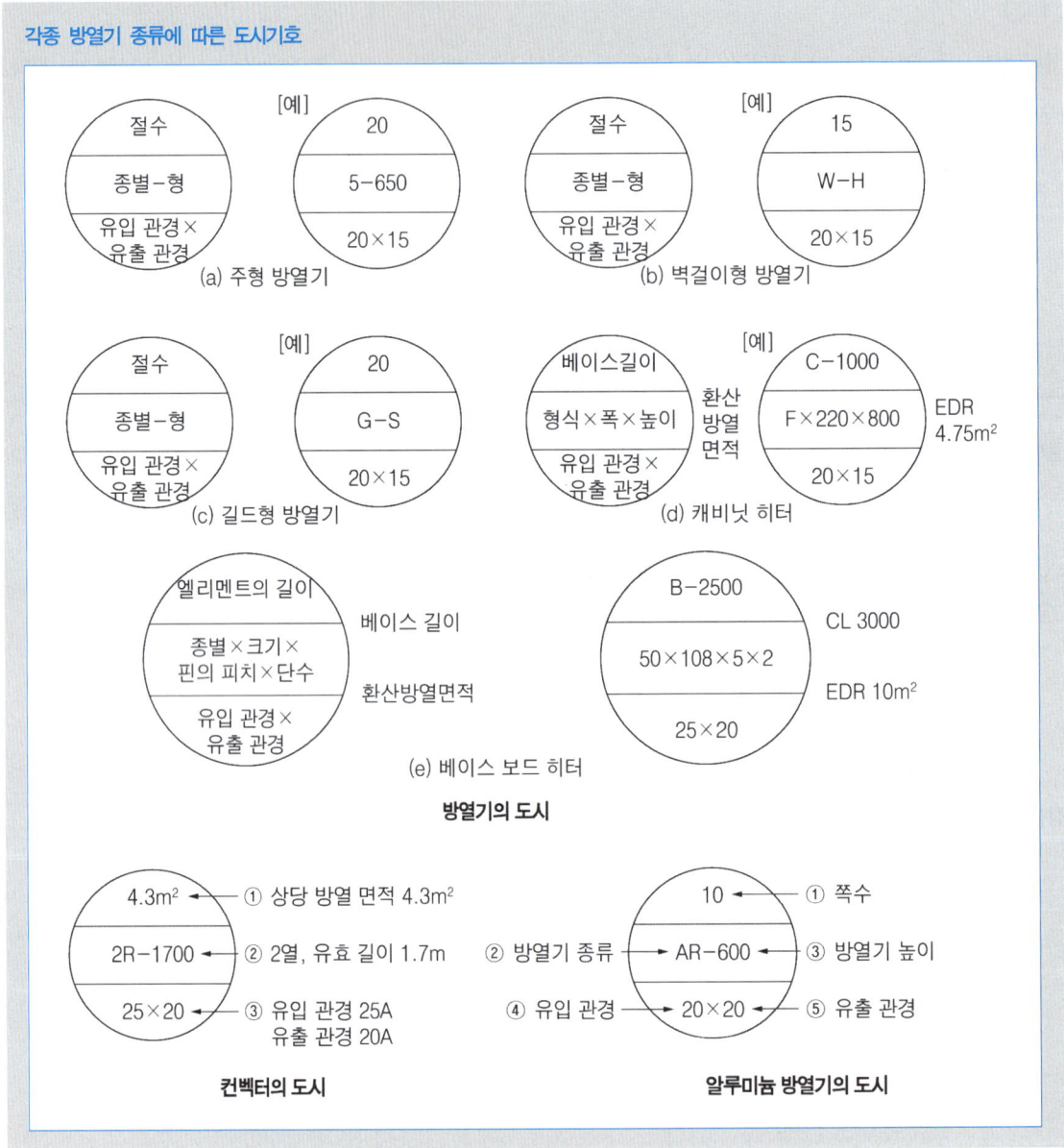

실기[필답형]기출문제 — 제5회

01

어떤 주택의 난방부하가 60000[kcal/h]이다. 이 경우 난방에 필요한 방열기의 쪽수는 몇 개인지 구하시오.
(단, 5세주 650[mm] 주철제 방열기로 온수난방용이며 쪽당 방열면적은 0.26[m^2]로 한다.)

풀이 $n = \dfrac{Q}{q \times A} = \dfrac{60000}{450 \times 0.26} = 512.82 \fallingdotseq 513$개

정답 513개

$Q = q \times a \times n \rightarrow n = \dfrac{Q}{q \times a}$

- Q : 난방부하[kcal/h]
- q : 표준발열량[kcal/m^2h]
- a : 쪽당 방열면적[m^2/쪽(개)]
- n : 쪽수[쪽(개)]

02

보일러의 연소효율을 η_c, 전열효율을 η_f라 할 때, 보일러 열효율 η는 어떻게 나타내는지 쓰시오.

정답 $\eta = \eta_c \times \eta_f$

열효율(η) = 연소효율(η_c) × 전열효율(η_f) = $\dfrac{\text{유효열}}{\text{공급열(입열)}} \times 100$

03

보일러 장치를 구성하는 3대 요소를 쓰시오.

정답 ① 보일러 본체 ② 연소장치 ③ 부속장치

04

보일러 설치검사 기준상 안전밸브 및 압력방출장치의 크기는 호칭지름 25A 이상으로 하여야 하지만 호칭지름 20A 이상으로 할 수 있는 보일러도 있다. 20A 이상으로 할 수 있는 보일러 중 다음 (   ) 안에 알맞은 값을 쓰시오.

> 가. 최고사용압력 (①)[MPa] 이하의 보일러
> 나. 최고사용압력 (②)[MPa] 이하의 보일러로 동체의 안지름이 (③)[mm] 이하이며, 동체의 길이가 1000[mm] 이하의 것
> 다. 최고사용압력 (④)[MPa] 이하의 보일러로 전열면적 2m² 이하의 것
> 라. 최대증발량 (⑤)[t/h] 이하의 관류보일러
> 마. 소용량 강철제 보일러, 소용량 주철제 보일러

정답   ① 0.1   ② 0.5   ③ 500   ④ 0.5   ⑤ 5

05

보일러 외부청소 작업의 종류 4가지를 쓰시오.

정답   ① 스팀 소킹법(steam socking)   ② 워터 소킹법(water socking)
③ 수세법(washing)   ④ 샌드 블로우(sand blow)
⑤ 스틸 쇼트 클리닝(steel shot cleaning)

06

보일러 노내 연소과정 중 카본이 발생하는 요인을 3가지 쓰시오.

정답   ① 연료의 점도가 과대하여 무화가 불량한 경우
② 연료의 분무가 불량한 경우
③ 연료의 예열온도가 높은 경우
④ 연소용 공기가 부족한 경우
⑤ 오일 중 카본성분이 과대 포함된 경우

07

다음은 보일러의 자동제어에 대한 기호이다. 각각 어떤 제어를 의미하는지 쓰시오.

가. A.B.C :
나. F.W.C :
다. S.T.C :
라. A.C.C :

정답 가. 보일러 자동제어   나. 자동급수제어   다. 증기온도제어   라. 자동연소제어

보일러 자동제어(A.B.C)

종류	제어량	조작량
증기온도제어(S.T.C)	증기온도	전열량
급수자동제어(F.W.C)	보일러수위	급수량
자동연소제어(A.C.C)	증기압력	연료량, 공기량
	노내압력	연소가스량

08

다음 내용을 읽고 각 항목에 알맞은 현상을 쓰시오.

① 주증기 밸브 급개 시, 고수위 시 수면으로부터 끊임없이 물방울이 비산하며 수위를 불안전하게 하는 현상
② 관수 중 용존 고형물로 인한 관수농축, 유지분, 부유물에 의해 증기발생 시 거품이 발생하는 현상으로 심하면 수위가 판별되지 않고 프라이밍으로 이어질 수 있다.
③ 포밍과 프라이밍현상 발생 시 습증기가 보일러 외부 증기관으로 배출되어 관내에 드레인이 고여서 심하며 수격작용 등을 일으키게 하는 현상
④ 보일러 운전 중 저수위 사고로 인하여 고저수위 경보기가 작동하는 현상
⑤ 증기관 내 드레인이 고여서 증기이송 시 심한 경우 관이나 밸브에 타격을 가하는 현상

정답 ① 프라이밍(비수) 현상   ② 포밍현상   ③ 캐리오버(기수공발)   ④ 이상감수   ⑤ 워터해머(수격작용)

09

보일러의 급수처리는 보일러 운전관리 중 하나로 보일러의 수명을 늘리고 열효율을 높이는 효과가 있는데 운전자가 급수처리를 제대로 하지 않고 보일러를 운전하는 경우 발생할 수 있는 장애를 4가지 쓰시오.

정답 ① 관수 농축   ② 가성취화 발생   ③ 스케일 및 슬러지 생성
① 포밍, 프라이밍의 발생   ⑤ 캐리오버 발생   ⑥ 부식 발생

10

연돌의 높이가 20[m], 배기가스 온도가 300[℃](배기가스 비중량 1.34[kg/Nm³]), 외기의 온도가 10[℃](외기의 비중량 1.29[kg/Nm³])인 경우 이론통풍력은 몇 [mmAq]인지 계산하시오.

풀이 $Z = 273 \times 20 \times \left(\dfrac{1.29}{273+10} - \dfrac{1.34}{273+300} \right) = 12.119 \fallingdotseq 12.12 \text{[mmAq]}$

정답 12.12[mmAq]

$$Z = 273 H \left(\dfrac{r_a}{T_a} - \dfrac{r_g}{T_g} \right)$$

- Z : 통풍력[mmH₂O]
- H : 연돌높이[m]
- r_a : 외기공기 비중량[kg/m³]
- r_g : 배기가스 비중량[kg/m³]
- T_a : 외기공기 절대온도[K]
- T_g : 배기가스 절대온도[K]

11

동관 작업 시 필요한 공구 3가지를 쓰시오.(단, 측정공구는 제외한다.)

정답 ① 플레어링 툴 세트   ② 익스팬더   ③ 튜브벤더   ④ 사이징 툴   ⑤ 튜브커터

12

다음은 보온재의 특성에 관련된 내용이다. 밀도, 습도, 온도가 크거나 상승하면 열전도율은 증가 또는 감소하는지 쓰시오.

> 가. 밀도가 크면 열전도율은?
> 나. 습도가 증가하면 열전도율은?
> 다. 온도가 상승하면 열전도율은?

정답 가. 증가 나. 증가 다. 증가

보온재의 열전도율
① 밀도 : 밀도가 클수록 열전도율이 증가한다.
② 흡습성 : 흡습성이 클수록 열전도율이 증가한다.
③ 온도 : 온도가 상승하면 열전도율이 증가한다.
④ 기공 : 기공의 크기가 작고 균일할수록 열전도율이 감소한다.

13

배관의 사용압력이 [40kg/cm²](4MPa), 관의 인장강도가 20[kg/mm²]일 때 관의 스케줄 번호($Sch.\,No$)는 얼마인지 구하시오. (단, 안전율은 4로 한다.)

풀이 ① 허용응력(S) = $\frac{20}{4}$ = 5

② $Sch.\,No = 10 \times \frac{40}{5} = 80$

정답 $Sch.\,No = 5$

$Sch.\,No = 10 \times \frac{P}{S}$

- P : 사용압력[kg/cm²]
- S : 허용응력[kg/mm²]

허용응력(S) = $\frac{\text{인장강도[kg/mm²]}}{\text{안전율}}$

14

보일러 압력 15[kg/cm²], 건도가 0.98인 포화증기를 만드는 경우 급수온도를 절탄기에 의해 20[℃]로부터 95[℃]까지 상승시킨다면 연료는 몇 [%]가 절감 되는지 계산하시오.(단, 15[kg/cm²]에서 포화수 엔탈피는 197[kcal/kg], 증발잠열은 466 [kcal/kg]이다.)

풀이   ① 습증기(h'') 엔탈피

h'' = 포화수 엔탈피 + (증발잠열×건도)

　　= 197 + (466×0.98)

　　= 653.68[kcal/kg]

② 연료 소비량(G_f) 계산

$$G_f = \frac{G(h'' - h')}{H_l \times \eta}$$ 에서

급수온도 20[℃] 상태의 연료소비량을 Gf_1

급수온도 95[℃] 상태의 연료소비량을 Gf_2로 가정하여 연료 절감비율을 구한다.

$$\frac{Gf_2}{Gf_1} = \frac{\dfrac{G_2(653.68 - 95)}{Hl_2 \cdot \eta_2}}{\dfrac{G_1(653.68 - 20)}{Hl_1 \cdot \eta_1}} = \frac{653.68 - 95}{653.68 - 20}$$

(※ $G_1 = G_2$, $Hl_1 = Hl_2$, $\eta_1 = \eta_2$)

③ 연료 절감률[%]

연료 절감률 = $\dfrac{Gf_1 - Gf_2}{Gf_1} \times 100 = \left(1 - \dfrac{Gf_2}{Gf_1}\right) \times 100 = \left(1 - \dfrac{653.68 - 95}{653.68 - 20}\right) \times 100 = 11.835 ≒ 11.84[\%]$

정답　11.84[%]

15

아래에 주어진 평면도를 등각투상도로 나타내시오.

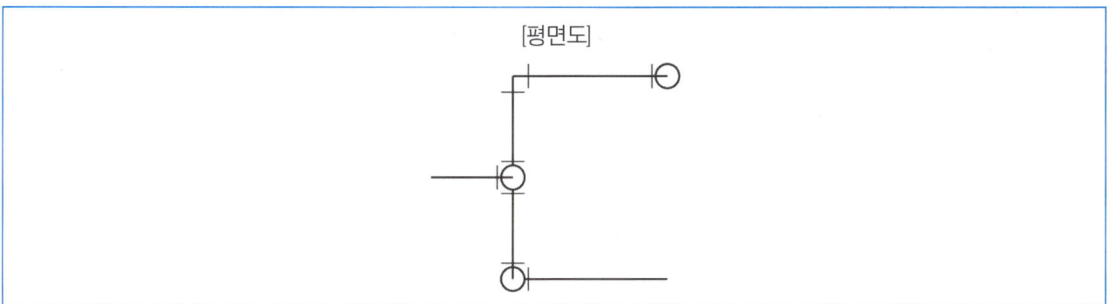

정답

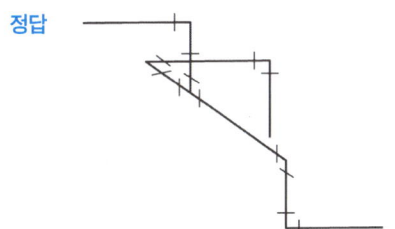

실기[필답형]기출문제 — 제6회

01
보일러 급수펌프의 구비조건 4가지를 쓰시오.

정답
① 고온, 고압에 잘 견딜 것
② 병렬운전이 가능할 것
③ 저부하 시에도 효율이 좋을 것
④ 구조가 간단하고 부하변동에 대응성이 좋을 것
⑤ 회전식일 경우 고속회전에 적합할 것
⑥ 작동이 확실하고 내구성이 좋을 것

02
보일러 자동급수제어(F.W.C)에서 수위 검출 방식의 종류 4가지를 쓰시오.

정답 ① 플로트식(맥도널식) ② 전극식 ③ 차압식 ④ 열팽창식(코프식)

03
보일러 운전 중 수시로 감시하여야 할 사항 2가지를 쓰시오.

정답 ① 수위 ② 압력

04

보일러 운전 중 발생하는 이상 현상 중 캐리오버(carry over)가 발생하였을 때 장애 4가지를 쓰시오.

정답
① 수면의 약동으로 수위판단 곤란
② 배관 내 수격작용 발생
③ 배관 및 설비 계통의 부식 발생
④ 계기류 연락관의 막힘
⑤ 증기 이송 시 저항 증가
⑥ 증기의 열량 감소

05

보일러수의 급수처리 목적을 4가지 쓰시오.

정답
① 스케일 및 슬러지 생성 방지
② 포밍, 프라이밍 발생 방지
③ 보일러수의 농축 방지
④ 가성취화 방지
⑤ 캐리오버 발생 방지

06

내화물의 스폴링(spalling) 현상에 대하여 설명하시오.

정답 박락현상이라고도 하며 내화물이 사용 도중에 온도의 급격한 변화나 가열, 냉각에 의해 갈라지거나 떨어져 나가는 현상

스폴링 현상의 종류와 원인
① 열적 스폴링 : 내화물이 가열 또는 냉각될 때의 온도급변으로 인해 변형이 생기고 표면에 균열이 일어나는 현상
② 기계적 스폴링 : 온도의 상승에 따른 팽창에 의해 내화물 간 압력이 작용하고 이 압력 등이 고르지 않아 기계적 강도가 낮아져 내화물이 파쇄되는 현상
③ 조직적 스폴링 : 내화물에 화학적 슬래그 등의 침투에 의해 조직의 변화가 일어나고 이로 인해 균열이 일어나는 현상

07

연소가스의 온도가 210[℃]이고, 외기(대기)의 온도가 17[℃]일 때 통풍력을 9[mmH₂O]로 유지하여 연소가스를 배출하려면 연돌의 높이는 몇 [m] 이상이어야 하는지 구하시오.(단, 대기의 비중량은 1.29[kg/m³], 연소가스의 비중량은 1.35[kg/m³]이며, 소수점 첫째 자리에서 반올림하여 계산하시오.)

풀이

$$9 = 273 \times H \times \left(\frac{1.29}{273+17} - \frac{1.35}{273+210} \right) \times 0.8$$

$$\rightarrow H = \frac{9}{273 \times \left(\frac{1.29}{273+17} - \frac{1.35}{273+210} \right) \times 0.8} = 24.9 \fallingdotseq 25[m]$$

정답 25[m]

$$Z = 273H \left(\frac{r_a}{T_a} - \frac{r_g}{T_g} \right) \times 0.8 \rightarrow H = \frac{Z}{273 \times \left(\frac{r_a}{T_a} - \frac{r_g}{T_g} \right) \times 0.8}$$

- Z : 통풍력[mmH₂O]
- H : 연돌높이[m]
- r_a : 외기공기 비중량[kg/m³]
- r_g : 배기가스 비중량[kg/m³]
- T_a : 외기공기 절대온도[K]
- T_g : 배기가스 절대온도[K]
- ※ 실제통풍력 = 이론통풍력×0.8

08

착화를 원활하게 하고 화염의 안정을 도모하는 장치로 선회기를 설치하여 연소용 공기에 선회력을 주어 원추상으로 분사시켜 내측에 저압부분의 형성으로 저속영역을 만들어 착화를 쉽게 하는 공기조절장치의 명칭을 쓰시오.

정답 보염기(스테빌라이저)

09

다음 조건을 보고 대류방열기(convector)를 도시기호로 표시하시오.

[조건]
- 열수 : 2열
- 상당방열 면적 4.3[m²]
- 유효길이 : 1700[mm]
- 유입관 지름 : 25[A]
- 유출관 지름 : 20[A]

정답

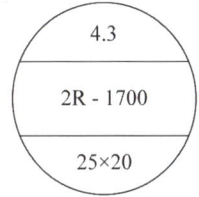

대류형방열기(convector)의 도시기호

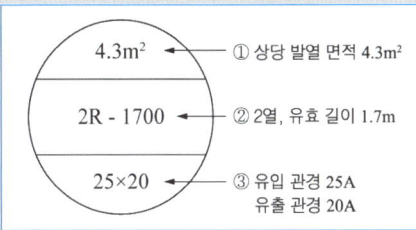

① 상당 발열 면적 4.3m²
② 2열, 유효 길이 1.7m
③ 유입 관경 25A
　유출 관경 20A

10

다음 ( ) 안에 알맞은 용어 또는 단어를 써넣으시오.

안전밸브는 쉽게 검사할 수 있는 장소에 밸브 축을 (①)으로 하여 가능한 보일러의 (②)에 (③)부착시켜야 하며 안전밸브와 (④)가 부착된 보일러 동체 사이에는 어떠한 (⑤)도 있어서는 안 된다.

정답 ① 수직 ② 동체 ③ 직접 ④ 안전밸브 ⑤ 차단밸브

11

증기 보일러의 환산증발량(상당증발량)이 5[ton/h]이고, 효율이 85[%]로 운전되는 가스버너의 용량[Nm³/h]은 얼마인지 구하시오.(단, 가스의 발열량은 22000[kcal/Nm³]이다.)

풀이 $Gf = \dfrac{G_e \times 539}{\eta \times H} = \dfrac{5000 \times 539}{0.85 \times 22000} = 144.117 ≒ 144.12 [Nm^3/h]$

정답 144.12[Nm³/h]

$\eta = \dfrac{G(h''-h')}{Gf \times H} = \dfrac{G_e \times 539}{Gf \times H} \rightarrow Gf = \dfrac{G_e \times 539}{\eta \times H}$

- G : 실제증발량[kg/h]
- h'' : 발생증기 엔탈피[kcal/kg]
- h' : 급수 엔탈피[kcal/kg]
- Gf : 연료 사용량[kg/h]
- H : 발열량[kcal/kg]
- η : 효율
- G_e : 상당증발량[kg/h]

12

연돌 상부 최소 단면적이 3200[cm²]이고, 연돌로 배출되는 배기가스량이 4000[Nm³/h]일 때 배기가스의 유속[m/s]은 얼마인지 구하시오.(단, 배기가스 온도는 220[℃]이다.)

풀이 $W = \dfrac{G(1+0.0037t)}{3600F} = \dfrac{4000 \times (1+0.0037 \times 220)}{3600 \times 0.32} = 6.298 ≒ 6.30[m/s]$

정답 6.30[m/s]

- 상부단면적 $(F) = \dfrac{G(1+0.0037t)\left(\dfrac{760}{P_g}\right)}{3600\,W}$

- 배기가스유속 $(W) = \dfrac{G(1+0.0037t)}{3600 \times F}$

압력에 관한 언급이 없으므로 노내압과 대기압이 같다고 보아 P_g는 무시한다.

13

난방부하가 10000[kcal/h]일 때 온수를 열매체로 사용하는 5세주형 650[mm]의 주철제 방열기를 설치할 때 필요한 방열면적 [m²]과 방열기 소요쪽수를 계산하시오.(단, 방열기 방열량은 표준 방열량으로 하고 5세주형 650[mm]의 1쪽당 표면적은 0.26[m²]로 한다.)

풀이 ① 방열면적

$$A = \frac{Q}{q} = \frac{10000}{450} = 22.2222 ≒ 22.22[m^2]$$

② 방열기의 쪽수

$$n = \frac{Q}{q \times a} = \frac{10000}{450 \times 0.26} = 85.47 ≒ 86개$$

정답 ① 22.22[m²] ② 86개

$Q = q \times A \rightarrow A = \frac{Q}{q}$

$Q = q \times a \times n \rightarrow n = \frac{Q}{q \times a}$

- Q : 난방부하[kcal/h]
- q : 표준방열량[kcal/m²h]
- A : 방열면적[m²]
- a : 쪽당 방열면적[m²/쪽(개)]
- n : 쪽수[쪽(개)]

14

다음 배관의 높이 표시법을 간단히 설명하시오.(단, ㄴ은 기순선으로 그 지방의 해수면높이를 의미한다.)

가. EL + 750 :
나. EL BOP + 300 :
나. EL TOP - 600 :

정답 가. 기준면으로부터 배관 중심부까지 높이가 750[mm] 상부에 위치해 있다.
나. 파이프 밑면이 기준면보다 300[mm] 높게 위치해 있다.
다. 파이프의 윗면이 기준면보다 600[mm] 낮게 위치해 있다.

15

저위발열량이 10500[kcal/kg]인 연료를 연소시키는 보일러에서 연소가스량이 12[Nm³/kg], 연소가스의 비열이 0.33[kcal/Nm³·℃], 외기온도 5[℃], 배기가스 온도 300[℃]일 때 이 보일러의 효율은 몇 [%]인지 구하시오.(단, 기타 입열 및 출열은 없고 연료는 완전 연소하였다.)

풀이 $\eta = \left(1 - \dfrac{손실열}{입열}\right) \times 100 = \left(1 - \dfrac{12 \times 0.33 \times (300-5)}{10500}\right) \times 100 = 88.874 ≒ 88.87[\%]$

정답 88.87[%]

손실열법

열효율(η) = $\dfrac{입열 - 손실열}{입열} \times 100[\%]$ → $\eta = \left(1 - \dfrac{손실열}{입열}\right) \times 100[\%]$

16

보일러 열정산 시 다음의 물음에 답하시오.

> 가. 보일러 열정산 시 원칙적으로 정격부하 이승에서 정상상태로 적어도 몇 시간 이상 운전 후 열정산을 하여야 하는가?
> 나. 연료의 발열량은 저위발열량, 고위발열량 중 어느 것을 기준으로 하는가?
> 다. 열정산의 시험 시 기준온도는 어느 온도를 기준으로 하는가?

정답 가. 2시간 이상
   나. 고위발열량(총 발열량)
   다. 외기온도

실기[필답형]기출문제 — 제7회

01

수관식 보일러 중 관류보일러의 특징 5가지를 쓰시오.

정답
① 순환비가 1 이므로 드럼이 필요 없다.
② 고압 보일러에 적합하다.
③ 완벽한 급수처리를 해야 한다.
④ 콤팩트한 구조로 청소 및 검사 수리가 어렵다.
⑤ 전열면적에 비해 보유수량이 적어 가동시간이 짧다.
⑥ 정확한 자동제어 장치를 설치해야 한다.

02

가정용 온수보일러에 설치하는 팽창탱크의 설치목적 2가지를 쓰시오.

정답
① 온수의 체적팽창 및 이상팽창 압력을 흡수할 수 있다.
② 장치 내 공기빼기가 가능하다.
③ 장치 내 일정압력 유지가 가능하다.
④ 보일러수 부족 시 보충수를 공급할 수 있다.
⑤ 팽창된 온수의 넘침으로 인한 열손실을 방지할 수 있다.

03

난방부하가 100000[kcal/h], 급탕부하 30000[kcal/h], 배관부하율 25[%], 예열부하 20[%]인 온수보일러의 정격출력[kcal/h]을 구하시오.(단, 출력저하계수는 1이다.)

풀이

$$Q_t = \frac{(Q_1 + Q_2)(1+\alpha)\beta}{K}$$

$$Q_t = \frac{(100000 + 30000) \times (1 + 0.25) \times 1.2}{1} = 195000[kcal/h]$$

정답 195000[kcal/h]

$$Q_t = \frac{(Q_1 + Q_2)(1+\alpha)\beta}{K}$$

- Q_t : 보일러용량(정격출력)[kcal/h]
- Q_1 : 난방부하[kcal/h]
- Q_2 : 급탕부하[kcal/h]
- α : 배관손실계수
- β : 예열부하계수
- K : 출력저하계수

04

보일러 연료로 사용하고 있는 도시가스가 LNG이고, 이 LNG의 주성분은 메탄(CH_4)으로 구성되어 있을 때 1[Nm^3] 연소에 필요한 이론공기량[Nm^3]은 얼마인지 구하시오.

풀이

① 메탄(CH_4)의 완전연소반응식

$CH_4 + 2O_2 \rightarrow CO_2 + 2H_2O$

② 계산 : 1[kmol]의 메탄(CH_4)이 연소할 때 2[kmol]의 산소(O_2)가 필요하므로

(※ 힌트 : 아보가드로 법칙에 의해 1[kmol] = 22.4[m^3]과 같다.)

22.4[Nm^3] : 2×22.4[Nm^3] = 1[Nm^3] : $x(O_o)$[Nm^3]

O_o(이론산소량) = $\frac{2 \times 22.4 \times 1}{22.4}$ = 2[Nm^3]

A_o(이론공기량) = $\frac{O_o}{0.21}$ = $\frac{2}{0.21}$ = 9.523 ≒ 9.52[Nm^3]

정답 9.52[Nm^3]

A_o(이론공기량) = $\frac{O_o(이론산소량)}{0.21}$

05

보일러 자동제어에서 미리 정해진 순서에 따라 순차적으로 제어의 각 단계가 진행되는 제어방식으로 작동 명령이 타이머나 릴레이에 의해 행해지는 제어의 명칭을 쓰시오.

정답   시퀀스 제어

06

보일러설치 검사기준 중 가스용 보일러의 연료배관에 관한 내용이다. (   ) 안에 알맞은 내용을 쓰시오.

> 배관의 이음부(용접이음매를 제외한다.)와 전기계량기 및 전기개폐기와의 거리는 (①)[cm] 이상, 굴뚝, 전기점멸기, 전기접속와의 거리는 (②)[cm] 이상, 절연전선과의 거리는 (③)[cm] 이상, 절연조치를 하지 아니한 전선과의 거리는 (④)[cm] 이상의 거리를 유지하여야 한다.

정답   ① 60   ② 30   ③ 10   ④ 30

> **가스배관과 전기 장치들의 이격 거리**
> ① 절연전선과 10[cm] 이상의 이격거리를 둘 것
> ② 절연조치하지 않은 전선과 30[cm] 이상의 이격거리를 둘 것
> ③ 굴뚝, 전기점멸기, 전기접속기와 30[cm] 이상의 이격거리를 둘 것
> ④ 전기계량기 및 전기개폐기와 60[cm] 이상의 이격거리를 둘 것
> ⑤ 전기 콘센트와 30[cm] 이상의 이격거리를 둘 것
> ⑥ 전기 계량기 및 전기안전기와 60[cm] 이상의 이격거리를 둘 것

07

다음 방열기 도시기호를 보고 물음에 답하시오.

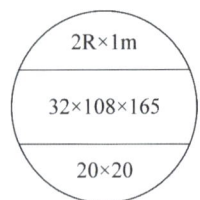

가. 엘리멘트의 관지름은 얼마인가?
나. 핀(fin)의 크기(치수)는 얼마인가?
다. 엘리멘트의 핀은 몇 개인가?

정답 가. 32[A]   나. 108[mm]   다. 165[개]

08

동관 작업 시 사용하는 공구의 용도를 쓰시오.

가. 플레어링 툴 세트 :
나. 사이징 툴 :
다. 익스팬더 :

정답 가. 플레어링 툴 세트 : 압축이음을 하기 위해 동관 끝을 나팔모양으로 만드는 데 사용하는 공구
나. 사이징 툴 : 동관의 끝부분을 원형으로 정형하는 공구
다. 익스팬더 : 동관의 끝을 확대(스웨징)하는 공구

09

다음에 설명하는 패킹재의 종류별 명칭을 쓰시오.

> 가. 탄성이 크고 흡수성이 없으나 열과 기름에 약하며 산, 알칼리에 침식이 어렵다.
> 나. 고무패킹의 일종으로 합성고무 제품이며 천연고무의 성질을 개선시켜 내산성화성, 내열성, 내유성이 좋고, 기계적 성질이 양호하다.
> 다. 합성수지 패킹의 대표적인 것으로 내열범위가 -260 ~ 260[℃]이며 약품, 기름에도 침식이 되지 않는다.
> 라. 석면을 꼬아서 만든 것으로 소형 밸브, 수면계의 콕(cock) 등 주로 소형 밸브 글랜드로 사용한다.
> 마. 내열범위가 -30 ~ 130[℃] 정도로 약품에 강하고 내유성이 강해 증기, 기름, 약품배관에 사용된다.

정답 가. 천연고무   나. 네오프렌(neoprene)
다. 테프론   라. 석면 얀   마. 액상합성수지

10

시간당 증기발생량이 2000[kg]인 보일러가 5시간 동안 중유를 800[kg] 사용했을 때 이 보일러의 증발배수는 얼마인지 구하시오.(단, 보일러 급수온도는 20[℃]이다.)

풀이 증발배수 $= \dfrac{G}{Gf} = \dfrac{2000}{\dfrac{800}{5}} = 12.5[kg/kg]$

정답 12.5[kg/kg]

증발배수 $= \dfrac{\text{실제증발량}}{\text{사용연료량}} = \dfrac{G}{Gf}[kg/kg]$

11

기름을 사용하는 보일러에서 연소 중 화염이 지속적으로 꺼졌다 켜졌다 하는 점멸(단속)연소 또는 연소 중 갑자기 소화되는 실화의 원인을 각각 4가지 쓰시오.

정답
① 연료 중 수분이 혼입된 경우
② 연료 중 슬러지 및 불순물이 혼입된 경우
③ 1차 공기의 공급량이 부족하거나 과대한 경우
④ 연료의 예열 온도가 너무 높은 경우
⑤ 연료 배관 중 스트레이너가 막힌 경우

점멸(단속)연소의 원인
① 연료 중 수분이 혼입된 경우
② 1차 공기의 공급량이 부족한 경우
③ 유압이 너무 높은 경우
④ 연료 중 슬러지 및 불순물이 혼입된 경우
⑤ 분무용 증기 및 공기에 응축수가 함유된 경우

실화의 원인
① 연료 중 수분 및 공기가 많이 혼입된 경우
② 연료 분사용 증기 및 공기 공급량이 연료에 비해 과다하거나 과소할 때
③ 연료를 과다하게 가열하여 연료가 배관이나 가열기 내에서 가스화하여 중유 공급이 중단될 때
④ 연료 배관 중 스트레이너가 막힌 경우
⑤ 급유펌프의 고장

12

배관이음 도시기호는 관이음 방법에 따라 각기 다른 기호가 사용된다. 다음 물음에 알맞은 도시기호를 그리시오.

가. 턱걸이 이음 :
나. 플랜지 이음 :
다. 나사 이음 :

정답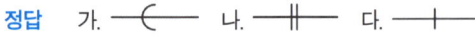

13

보일러에서 발생하는 프라이밍(priming) 현상에 대해 설명하시오.

정답 프라이밍 : 급격한 증발이나 주 증기 밸브 급개 및 고수위 시 수면으로부터 끊임없이 물방울이 비산되어 수위를 불안전하게 하는 현상

14

보일러의 최대 연속 증발량에 대한 실제 증발량과의 비율을 무엇이라고 하는지 아래 (   ) 안에 들어갈 알맞은 답을 쓰시오.

$$(\quad) = \frac{실제\ 증발량}{최대\ 연속\ 증발량} \times 100[\%]$$

정답 보일러 부하율[%]

15

아래의 [보기]를 이용해 보일러 운전 정지 순서를 알맞게 쓰시오.

[보기]
① 주 증기 밸브를 닫고 드레인밸브를 연다.
② 댐퍼를 닫는다.
③ 연소용 공기의 공급을 정지한다.
④ 급수를 하여 수위를 유지하고 증기압력을 저하시켜 급수밸브를 닫는다.
⑤ 연료 공급을 중지한다.

정답 ⑤ → ③ → ④ → ① → ②

보일러 정지 시 취급사항

일반정지순서 : 연료차단 → 공기차단 → 급수차단 → 증기밸브 차단 → 드레인 밸브를 연다. → 댐퍼를 닫는다.

16

다음 조건을 이용하여 증기보일러를 열정산 할 경우 발생증기의 흡수열[kcal/kg - 연료]을 구하시오.

[조건]
- 발생증기 엔탈피 : 660[kcal/kg]
- 급수 엔탈피 : 60[kcal/kg]
- 급수량 : 5000[kg/h]
- 연료소비량 : 400[kg/h]

풀이 $Q = W_2 \times (h'' - h') = \dfrac{G}{Gf} \times (h'' - h') = \dfrac{5000}{400} \times (660 - 60) = 7500$[kcal/kg - 연료]

정답 7500[kcal/kg - 연료]

$$Q = W_2 \times (h'' - h') = \dfrac{G}{Gf} \times (h'' - h')$$

- Q : 흡수열[kcal/kg - 연료]
- W_2 : 연료 1[kg]당 발생증기량[kg/h]
- G : 급수량[kg/h]
- Gf : 연료소비량[kg/h]
- h'' : 증기엔탈피[kcal/kg]
- h' : 급수엔탈피[kcal/kg]

# 실기[필답형]기출문제 — 제8회

01

보일러 열정산 시 입열에 해당하는 항목 3가지를 쓰시오.

정답
① 연료의 발열량
② 연료의 현열
③ 공기의 현열
④ 급수의 현열(절탄기 사용 시)
⑤ 노내분입 증기의 현열

> **입열항목 암기법 : 연료, 공기, 물, 증기(노내분입)**
> ① 출열 : 불완전연소에 의한 손실열, 발생증기 보유열, 노벽 방사손실열, 배기가스에 의한 손실열, 미연소분에 의한 손실열
> ② 입열 : 연료의 발열량, 연료의 현열, 연소용 공기의 현열, 노내분입 증기에 의한 입열

02

탄소(C) 10[kg]을 완전연소했을 때 CO_2 발생량은 표준상태에서 몇 [Nm^3]인지 구하시오.

풀이
① 탄소(C)의 완전연소반응식
   $C + O_2 \rightarrow CO_2$
② 계산 : 1[kmol]의 탄소[C]가 연소할 때 1[kmol]의 이산화탄소(CO_2)가 발생하므로
   (※ 힌트 : 아보가드로 법칙에 의해 1[kmol] = 22.4[m^3]과 같다.)
   12[kg] : 22.4[Nm^3] = 10[kg] : x[Nm]

   $x = \dfrac{22.4 \times 10}{12} = 18.66 ≒ 18.67[Nm^3]$

정답 18.67[Nm^3]

03

석유계 기체연료의 종류를 3가지 쓰시오.

정답　① 프로판　② 부탄　③ 부틸렌
　　　　④ 프로필렌　⑤ 부타디엔

04

다음 배관용 탄소강관 기호를 보고 알맞은 명칭을 쓰시오.

> 가. SPHT :
> 나. SPLT :
> 다. STHB :

정답　가. SPHT : 고온 배관용 탄소강관
　　　　나. SPLT : 저온 배관용 탄소강관
　　　　다. STHA : 보일러 열교환기용 합금강관

① SPHT(Carbon Steel Pipe High Temperature) : 고온 배관용 탄소강관
② SPLT(Carbon Steel Pipe Low Temperature) : 저온 배관용 탄소강관
③ STHA(Alloy Steel Tube Boiler Heat exchanger) : 보일러 열교환기용 합금강관

05

동관 작업 시 필요한 공구 3가지를 쓰시오.(단, 측정공구는 제외한다.)

정답　① 플레어링 툴 세트　② 익스팬더　③ 튜브벤더　④ 사이징 툴　⑤ 튜브커터

06

보일러의 자동제어 중 자동연소제어(A.C.C)의 제어량 2가지와 조작량 3가지를 쓰시오.

정답 ① 제어량 : 증기압력, 노내압력
② 조작량 : 연료량, 공기량, 연소가스량

종류	제어량	조작량
증기온도제어(S.T.C)	증기온도	전열량
급수자동제어(F.W.C)	보일러수위	급수량
자동연소제어(A.C.C)	증기압력	연료량, 공기량
	노내압력	연소가스량

07

보일러의 연료를 연소할 때 화염의 형태 및 불빛으로 연소공기의 과부족을 판단할 수 있다. 다음의 공기량별 불빛색(화염의 색)을 쓰시오.

가. 공기량이 많은 경우 :
나. 공기량이 적은 경우 :
다. 공기량이 적당한 경우 :

정답 가. 회백색
나. 암적색
다. 엷은 주황색(오렌지색)

08

보일러 급수 내처리제로 사용되는 히드라진(N_2H_4)의 용도와 반응식을 쓰시오.

> 가. 용도 :
> 나. 반응식 :

정답 가. 탈산소제

나. $N_2H_4 + O_2 \rightarrow N_2 + 2H_2O$

09

캐리오버(carry over)에 대하여 설명하시오.

정답 보일러수 농축, 포밍, 프라이밍 등으로 인해 발생된 불순물과 수분이 증기와 함께 보일러 본체 밖으로 배출되는 현상으로 기수공발이라고도 하며 선택적 캐리오버와 기계적 캐리오버로 구분된다.

> ① 선택적 캐리오버 : 증기 속에 용해되어 있던 실리카(무수규산) 성분이 증기와 함께 송출되는 현상
> ② 기계적 캐리오버 : 물방울(액적)과 거품 등이 증기와 함께 송출되는 현상

10

보일러의 상당 증발량이 2000[kg/h], 연료의 저위발열량 10000[kcal/kg], 효율이 80[%]로 운전되는 경우 연료소비량[kg/h]를 구하시오.(단, 소수 첫째자리에서 반올림하여 정수로 나타내시오.)

풀이 $Gf = \dfrac{G_e \times 539}{\eta \times Hl} = \dfrac{2000 \times 539}{0.8 \times 10000} = 134.75[\text{kg/h}]$

정답 135[kg/h]

$$\eta = \frac{G(h'' - h')}{Gf \times Hl} = \frac{G_e \times 539}{Gf \times Hl} \rightarrow Gf = \frac{G_e \times 539}{\eta \times Hl}$$

11

호칭지름이 20A 강관의 반지름이 100[mm]이고 굽힘 각도를 90°로 벤딩하고자 할 때 필요한 곡선부의 길이[mm]는 얼마인지 구하시오.

풀이 $l = 2\pi r \times \dfrac{\vartheta}{360} = 2 \times \pi \times 100 \times \dfrac{90}{360} = 157.079 \fallingdotseq 157.08[mm]$

정답 157.08[mm]

$l = 2\pi r \times \dfrac{\vartheta}{360}$

- l : 곡관부 길이[mm]
- r : 반지름[mm]
- ϑ : 굽힘각도

12

다음 개방식 팽창탱크에서 ①~④번의 배관 명칭을 쓰시오.

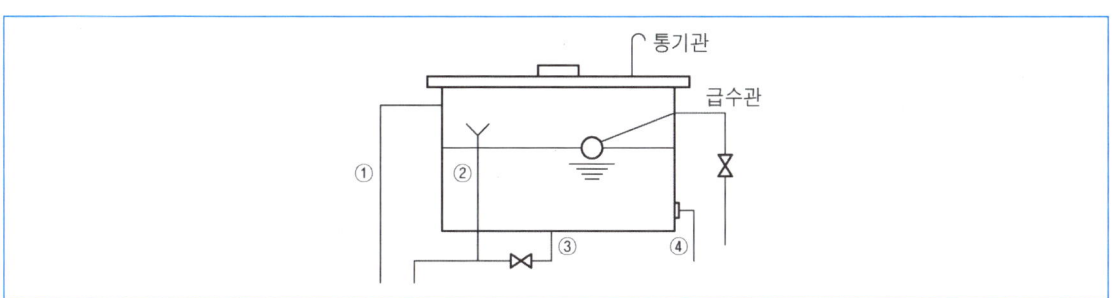

정답 ① 안전관(방출관) ② 오버플로우관 ③ 배수관(드레인배관) ④ 팽창관

13

보일러 급수장치 중 하나인 인젝터의 작동불능 원인에 대해 4가지를 쓰시오.

정답
① 급수온도가 너무 높을 때(50[℃] 이상)
② 증기압이 너무 낮거나(0.2[MPa] 이하), 높을 때(1[MPa] 이상)
③ 노즐 마모 시
④ 체크밸브 고장 시
⑤ 증기 속에 수분이 많을 때
⑥ 인젝터 과열 시

14

증기 방열기에 4[kg/cm^2]의 압력으로 공급되는 포화증기의 엔탈피가 654.92[kcal/kg]이고, 포화수 엔탈피가 162.32[kcal/kg]이다. 이때 증기의 건조도가 0.98이고 방열기 1[m^2]당 발생하는 응축수량은 얼마인지 구하시오.(단, 방열기 방열량은 표준방열량으로 계산한다.)

풀이 $G = \dfrac{Q}{r} = \dfrac{q \times A}{x(h'' - h')} = \dfrac{650}{0.98 \times (654.92 - 162.32)} = 1.346 ≒ 1.35\text{[kg/m}^2\text{h]}$

정답 1.35[kg/m^{2}h]

$G = \dfrac{Q}{r} = \dfrac{q \times A}{x(h'' - h')}$

- G : 응축수량[kg/h]
- Q : 난방부하[kcal/h]
- r : 잠열[kcal/kg]
- q : 표준방열량[kca/m^{2}h]
- A : 면적[m^2]
- h'' : 발생증기 엔탈피[kcal/kg]
- h' : 급수 엔탈피[kcal/kg]
- x : 건조도

15

아래 보일러의 옥내 설치 기준에 관한 사항 중 ( ) 안에 알맞은 내용을 써넣으시오.

> 가. 불연성 격벽으로 구분된 장소에 설치할 것. 단, 소용량 강철제 보일러, 소용량 주철제 보일러, 가스용 온수 보일러, 소형 관류 보일러는 반격벽으로 구분된 장소에 설치할 수 있다.
> 나. 보일러 상부와 천장까지 거리는 (①)[m] 이상으로 한다. 단, 소형 보일러 및 주철제 보일러의 경우에는 0.6[m] 이상으로 할 수 있다.
> 다. 보일러 동체에서 벽, 배관, 기타 보일러의 측부에 있는 구조물과의 거리는 (②)[m] 이상이어야 한다. 단, 소형 보일러는 (③)[m] 이상으로 할 수 있다.
> 라. 연료를 저장할 때에는 보일러 외측으로부터 (④)[m] 이상 거리를 두거나 방화격벽을 설치하여야 한다. 단, 소형 보일러의 경우 (⑤)[m] 이상 거리를 두거나 반격벽으로 할 수 있다.

정답 ① 1.2   ② 0.45   ③ 0.3   ④ 2   ⑤ 1

16

로터리식 벤딩 머신으로 관굽힘 작업을 할 때 관이 파손되는 원인을 3가지 쓰시오.

정답
① 압력조정이 강하고 저항이 큰 경우
② 받침쇠가 너무 나와 있는 경우
③ 굽힘 반지름이 너무 작은 경우
④ 재료에 결함이 있는 경우

실기[필답형]기출문제   제9회

01

급수처리에서 수질 분석 시 1°dH(독일경도)에 대하여 설명하시오.

정답   물 100[cc] 중 산화칼슘(CaO)가 1[mg] 함유된 상태를 1°dH라고 한다.

> **독일경도(1°dH)**
> 수중에 칼슘(Ca)과 마그네슘(Mg) 이온의 양을 산화칼슘(CaO)의 양으로 환산해서 나타내는 값으로 물 100[cc] 중 산화칼슘(CaO)이 1[mg] 포함된 것을 1°dH라고 한다.

02

보일러의 내부 스케일 및 이물질을 제거하기 위해 수작업으로 청소하는 경우 필요한 공구 2가지를 쓰시오.

정답   ① 스크레퍼   ② 스케일 해머   ③ 와이어 브러쉬

> **보일러 내부 스케일 청소작업 공구**
> 스크레퍼(scraper), 스케일 해머(scale hammer), 와이어 브러쉬(wire brush)

03

보일러 열정산 시 배기가스 온도를 측정하는 위치를 쓰시오.

정답   보일러의 최종 가열기 출구

04

아래 설명은 보일러 종류별 수면계 부착위치를 나타낸 것이다. ( ) 안에 알맞은 값을 쓰시오.

> 가. 입형(직립) 보일러 : 화실 천장판 최고부 위 ( )[mm]
> 나. 수평연관 보일러 : 연관 최고부 위 ( )[mm]
> 다. 노통 보일러 : 노통 최고부(플랜지부 제외) 위 ( )[mm]
> 라. 노통 연관보일러 :
>   ① 노통이 위일 때 - 노통 최고부 위 ( )[mm]
>   ② 연관이 위일 때 - 연관 최고부 위 ( )[mm]

정답   가. 75
　　　　나. 75
　　　　다. 100
　　　　라. ① 100, ② 75

보일러 종류	안전저수위(수면계 하단부와 일치)
입형(직립)횡관 보일러	• 화실(연소실) 천장판 최고부 위 75[mm] 상단
입형(직립)연관 보일러	• 화실(연소실) 천장판 최고부 위에서 연관길이의 1/3 지점
수평연관 보일러	• 연관 최고부 위 75[mm] 상단
노통 보일러	• 노통 최고부 위 100[mm] 상단
노통 연관 보일러	• 노통이 위일 때 : 노통 최고부 위 100[mm] 상방 • 연관이 위일 때 : 연관 최고부 위 75[mm] 상방

05

동관 작업 시 필요한 공구 5가지를 쓰시오.(단, 측정공구는 제외한다.)

정답   ① 플레어링 툴 세트   ② 익스팬더   ③ 튜브벤더   ④ 사이징 툴   ⑤ 튜브커터

06

보일러 수중에서 분해되어 생긴 가성소다(NaOH)가 과도하게 농축되면 수산화이온(OH⁻)이 많아져 보일러수가 강알칼리성을 띄게 되며 이것이 강재와 작용하여 생기는 나트륨(Na)이 강재의 결정입계를 침해하여 재질을 열화, 취화시키는 것으로 주로 수면과 접촉한 수면의 하단부나 리벳이음부에서 발생하는 부식 현상을 무엇이라고 하는지 쓰시오.

정답   가성취화

07

보일러 연료로서 기체 연료를 사용할 경우의 장점을 3가지 쓰시오.

정답   ① 연소효율이 높다.
② 회분 및 매연발생이 거의 없다.
③ 적은 공기비로 완전연소가 가능하다.
④ 저발열량의 연료도 완전연소가 용이하다.
⑤ 대기오염이 적다.

기체연료 사용 시 장점
① 연소효율이 높다.
② 회분 및 매연발생이 거의 없다.
③ 적은 공기비로 완전연소가 가능하다.
④ 저발열량의 연료도 완전연소가 용이하다.
⑤ 대기오염이 적다.

기체연료 사용 시 단점
① 저장 및 운반에 어려움이 있다.
② 가격이 비싸고 시설비가 많이 든다.
③ 가스누출에 따른 폭발 위험성이 크다.

08

역화의 원인으로 알맞은 것을 보기에서 골라 쓰시오.

> [보기]
> 과대, 부족, 많은, 늦은, 빠른, 과잉

가. 프리퍼지 (　　)
나. 점화 시 착화가 (　　)
다. 연료의 (　　) 공급
라. 흡입통풍의 (　　)
마. 압입통풍의 (　　)

정답　가. 부족　나. 늦은　다. 과잉　라. 부족　마. 과대

09

유량이 0.43[m³/s]로 흐르고 있는 관의 안지름이 0.4[m]에서 0.2[m]로 축소될 때 발생되는 손실수두[m]를 구하시오. (단, 저항계수 k = 0.681이다.)

풀이　① 축소관의 유속

$$V_2 = \frac{Q}{A_2} = \frac{0.43}{\frac{\pi \times 0.2^2}{4}} = 13.687 ≒ 13.69[m/s]$$

② 축소관 손실수두

$$h_L = k\frac{V_2^2}{2g} = 0.681 \times \frac{13.69^2}{2 \times 9.8} = 6.511 ≒ 6.51[m]$$

정답　6.51[m]

$Q = A \cdot V$

- Q : 유량[m³/s]　• A : 면적[m²]　• V : 유속[m/s]

$h_L = k\dfrac{V^2}{2g}$

- h_L : 손실수두[mH₂O]　• V : 유속[m/s]　• k : 저항계수　• g : 중력가속도[m/s²]

10

아래 보기를 이용하여 보일러의 점화 시 조작순서를 알맞게 나열하시오.

[보기]		
① 통풍 및 환기	② 주 버너 연료분사	③ 착화
④ 점화용 불꽃 점화	⑤ 점화용 불꽃 제거	⑥ 연소조절 및 조작

정답 ① → ④ → ② → ③ → ⑤ → ⑥

11

보온 시공된 어떤 온수 공급관의 열손실이 3000[kcal/h]이다. 보온효율이 80[%]라면 보온을 하기 전 나관상태에서의 손실 열량[kcal/h]은 얼마인지 계산하시오.

풀이 $Q_1 = \dfrac{Q_2}{1-\eta} = \dfrac{3000}{1-0.8} = 15000$[kcal/h]

정답   15000[kcal/h]

$$\eta = \frac{Q_1 - Q_2}{Q_1} = 1 - \frac{Q_2}{Q_1} \rightarrow (Q_1 \text{을 구하면}) \; Q_1 = \frac{Q_2}{1-\eta}$$

- η : 보온효율
- Q_1 : 보온 전 열손실[kcal/h]
- Q_2 : 보온 후 열손실[kcal/h]

12

보일러의 용량표시 방법을 3가지 쓰시오.

정답
① 정격출력
② 보일러 마력
③ 전열면적
④ 상당방열면적(EDR)
⑤ 상당증발량
⑥ 최대 연속 증발량

13

다음 온수보일러의 설치 개략도에서 미완성된 부분의 배관을 연결하여 완성하고 유체의 흐름방향을 화살표로 표시하시오.

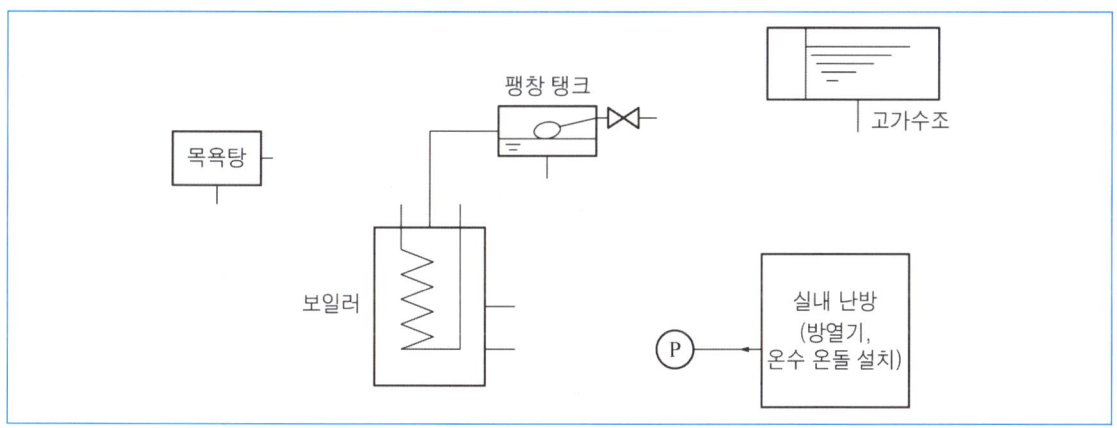

정답

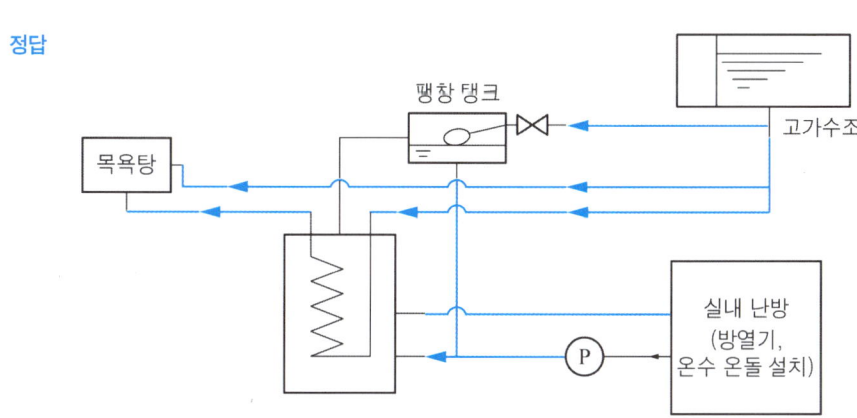

실기[필답형] 기출문제   제10회

01
보일러 운전 중 수면계의 점검시기를 3가지 쓰시오.

정답
① 보일러를 가동하기 전
② 2개의 수면계 수위가 서로 다를 때
③ 포밍, 프라이밍 현상 발생 시
④ 연락관에 이상이 발견된 때
⑤ 보일러 운전 전이나 송기 전 압력이 오를 때
⑥ 수면계의 수위가 의심스러울 때

02
보일러수(水)의 내처리 방법 중 청관제의 역할을 4가지 쓰시오.

정답
① 보일러수의 pH 조정
② 보일러수의 탈산소
③ 보일러수의 연화
④ 가성취화 방지
⑤ 포밍(forming) 방지
⑥ 슬러지의 조정

03

증기축열기(steam accumulator) 설치 시 장점을 3가지 쓰시오.

정답
① 보일러 용량 부족을 해소할 수 있다.
② 연료 소비량을 감소시킬 수 있다.
③ 부하변동에 따른 압력변동이 적다.
④ 저부하 시 남은 잉여증기를 과부하 시 이용할 수 있다.

> **증기축열기(Steam Accumulator)**
> 보일러에서 발생한 증기량이 소비량에 대해 과잉했을 때, 증기를 저장하고, 발생량보다 소비량이 많아졌을 때, 저장한 증기를 방출하여 증기의 부족량을 보충하는 장치이다. 이 증기축열기는 여분의 증기를 물로 바꾸어 저장하는 것이며, 방식은 변압식과 정압식으로 나뉜다.

04

아래 설명은 보일러 종류별 수면계 부착위치를 나타낸 것이다. ( ) 안에 알맞은 값을 쓰시오.

> 가. 입형(직립) 보일러 : 연소실 천장판 최고부 위 ( )[mm]
> 나. 입현(직립) 연관보일러 : 연소실 천장판 최고부 위에서 연관길이의 ( )지점
> 다. 노통 보일러 : 노통 최고부(플랜지부 제외) 위 ( )[mm]
> 라. 노통 연관보일러 :
>   ① 노통이 위일 때 - 노통 최고부 위 ( )[mm]
>   ② 연관이 위일 때 - 연관 최고부 위 ( )[mm]

정답 가. 75 나. 1/3 다. 100 라. ① 100, ② 75

보일러 종류	안전저수위(수면계 하단부와 일치)
입형(직립)횡관 보일러	• 화실(연소실) 천장판 최고부 위 75[mm] 상단
입형(직립)연관 보일러	• 화실(연소실) 천장판 최고부 위에서 연관길이의 1/3 지점
수평연관 보일러	• 연관 최고부 위 75[mm] 상단
노통 보일러	• 노통 최고부 위 100[mm] 상단
노통 연관 보일러	• 노통이 위일 때 : 노통 최고부 위 100[mm] 상방 • 연관이 위일 때 : 연관 최고부 위 75[mm] 상방

05

다음 빈칸에 알맞은 내용을 쓰시오.

> 보일러 용량은 최대 연속부하(정격부하)의 상태에서 단위 시간당 (①)으로 표시하며, 표준대기압 상태에서 100[℃] 물을 (②)[kg]을 1시간 동안 같은 온도의 증기로 변화시킬 수 있는 능력을 보일러 마력이라 한다. 또한 보일러에서 증기발생에 소요되는 열량을 539로 나눈 값을 (③)이라고 한다.

정답 ① 증발량   ② 15.65   ③ 상당증발량

06

다른 환수방식과 비교한 진공환수식 증기난방의 장점을 3가지 쓰시오.

정답
① 중력, 기계 환수식에 비해 증기의 순환이 빠르다.
② 배관의 기울기(구배)에 큰 제한이 없다.
③ 방열량을 광범위하게 조절할 수 있다.
④ 환수관의 지름을 작게 할 수 있다.
⑤ 방열기 설치 장소에 제한이 없다.

07

온수발생 보일러에서 전열면적에 따른 방출관의 안지름을 각각 써넣으시오.

전열면적[m²]	방출관 안지름[mm]
10 미만	①
10 이상 15 미만	②
15 이상 20 미만	③
20 이상	④

정답   ① 25 이상   ② 30 이상   ③ 40 이상   ④ 50 이상

08

수평(탁상) 바이스와 파이프 바이스가 있을 때 크기는 각각 어떻게 표시하는지 쓰시오.

> 가. 수평(탁상) 바이스 :
>
> 나. 파이프 바이스 :

정답   가. 죠(jaw)의 최대 폭으로 표시
　　　　나. 최대로 고정할 수 있는 관의 지름 크기로 표시

09

액체연료의 성분이 C : 85[w%], H : 8[w%], O : 2[w%]일 때, 이 연료를 10[kg] 연소시키는 데 필요한 실제공기량[Nm^3]은 얼마인지 구하시오.(단, 공기비는 1.250이다.)

풀이   ① 연료의 성분비를 주었으므로 질량비율을 계산하면

$$\text{공식) 성분함유율[\%]} = \frac{\text{주어진 성분 함유율}}{\text{성분 함유율 합계}} \times 100[\%]$$

㉠ 탄소(C) 함유율 $= \frac{85}{85+8+2} \times 100 = 89.473 ≒ 89.47[\%]$

㉡ 수소(H) 함유율 $= \frac{8}{85+8+2} \times 100 = 8.421 ≒ 8.42[\%]$

㉢ 산소(O) 함유율 $= \frac{2}{85+8+2} \times 100 = 2.110 ≒ 2.11[\%]$

② 액체연료 1[kg]에 대한 이론공기량[Nm^3]을 계산하면

$$A_o = \frac{O_2}{0.21} = \frac{1.867C + 5.6\left(H - \frac{O}{8}\right) + 0.7S}{0.21} = \frac{1.867 \times 0.8947 + 5.6 \times \left(0.0842 - \frac{0.0211}{8}\right)}{0.21} = 10.129[Nm^3]$$

③ 10[kg]에 대한 이론공기량 : $A_o = 10.129 \times 10 = 101.293 ≒ 101.29[Nm^3]$

④ 실제 공기량 계산 : $A = m \times A_o = 1.25 \times 101.29 = 126.612 ≒ 126.61[Nm^3]$

정답   126.61[Nm^3]

공기비$(m) = \dfrac{\text{실제공기량}(A)}{\text{이론공기량}(A_o)}$

$m = \dfrac{A}{A_o} \to A = m \times A_o$

10

액화천연가스(LNG)의 고위발열량이 10500[kcal/m³], 저위발열량이 9800[kcal/m³]이다. 이 경우 저위발열량 기준으로 열효율을 구하면 얼마인지 계산하시오.

풀이 $\eta_L = \dfrac{10500 - 9800}{9800} \times 100 = 7.142 ≒ 7.14[\%]$

$\eta = 100 + \eta_L = 100 + 7.14 = 107.14[\%]$

정답 107.14[%]

> 고위발열량이 10500[kcal/m³]일 때 열효율을 100[%]로 가정한다. 이때 저위발열량 9800[kcal/m³]을 기준으로 다시 계산을 하게 되면 고위발열량과 저위발열량의 비율만큼 효율은 증가하게 된다.

11

보일러의 연료사용량이 1시간당 600[kg]이고, 보일러의 효율이 80[%]에서 90[%]로 높아진 경우 1개월 동안 절약되는 연료의 양이 몇 [kg]인지 계산하시오.(단, 1일 가동시간은 12시간, 1개월은 30일로 기준한다.)

풀이 ① 30일간 총 연료 사용량 = 1시간 연료사용량×1일 사용시간×1개월 사용일수

$600 \times 12 \times 30 = 216000[kg]$

② 절약되는 연료의 양 = 총 연료 사용량×연료절감률

$216000 \times \dfrac{90 - 80}{90} = 24000[kg]$

정답 24000[kg]

12

배관의 호칭이 100[A]이고 옥내에 200[m], 옥외에 300[m]로 설치되었다. 이때 할증률을 적용하여 최대 배관길이를 구하면 몇 [m]인지 구하시오.

풀이 (200 + 300) × 1.1 = 550[m]
정답 550[m]

옥내 배관과 옥외 배관의 할증률은 모두 10[%]로 적용한다.

13

유류용 온수보일러의 설치 개략도이다. ②, ④, ⑤, ⑫의 명칭을 쓰시오.

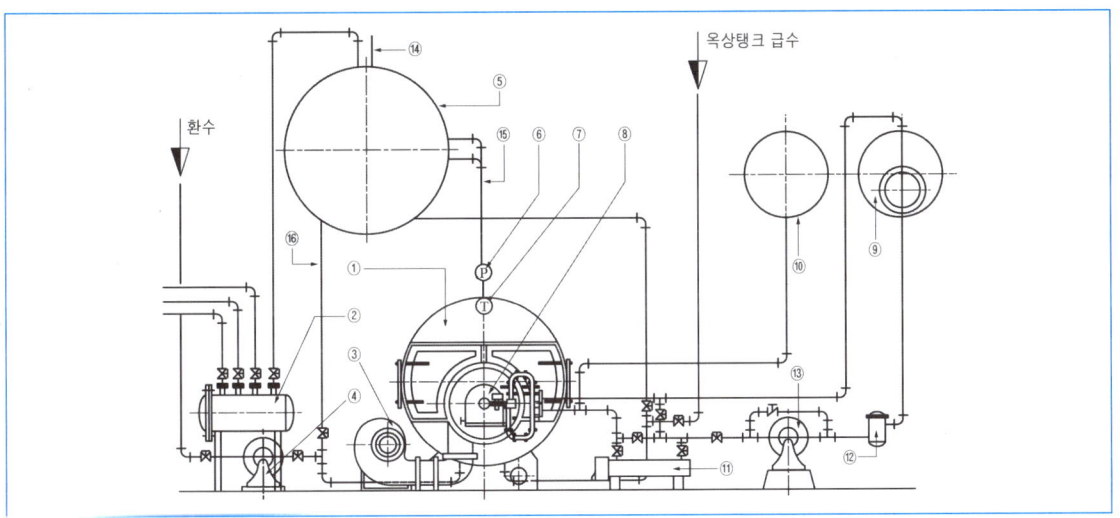

정답 ② 온수 헤더 ④ 순환펌프 ⑤ 온수탱크 ⑫ 스트레이너

① 온수보일러	② 온수 헤더	③ 압입 송풍기	④ 순환펌프	⑤ 온수탱크
⑥ 압력계	⑦ 온도계	⑧ 버너	⑨ 서비스탱크	⑩ 유류탱크
⑪ 오일히터	⑫ 스트레이너	⑬ 기어펌프	⑭ 에어벤트	⑮ 급탕관
⑯ 순환수관				

14

다음 보일러의 동작부터 정지까지의 시퀀스 제어 순서를 정리한 것이다. ( ) 안에 알맞은 내용을 보기에서 찾아 번호로 쓰시오.

버너작동 → (①) → 노내 압력조정 → 파일럿 버너 점화 → (②) → 전자밸브 작동 → 주 버너 점화 → (③) → 연소량 제어 → (④) → 노내 배기 및 통풍중지

[보기]
가. 노내 환기
나. 점화용 불꽃 제거
다. 화염검출기 작동
라. 연료분사 정지

정답　① 가　② 다　③ 나　④ 라

실기[필답형]기출문제 — 제11회

01

보일러 자동제어의 신호전달 방식 중 인터록제어의 종류를 4가지 쓰시오.

정답
① 압력초과 인터록
② 저수위 인터록
③ 프리퍼지 인터록
④ 저연소 인터록
⑤ 불착화 인터록

인터록제어의 종류(암기법 : 압, 저, 프, 저, 불)
① 압력초과 인터록 : 증기압력제한기와 연결하여 설정압력 초과 시 연료차단
② 저수위 인터록 : 고수위 경보기와 연결하여 안전저수위 이하로 감수 시 연료차단
③ 프리퍼지 인터록 : 송풍기와 연결하여 노내 환기가 되지 않을 때 연료차단
④ 저연소 인터록 : 연료조절밸브와 연결하여 저연소로 전환되지 않을 경우 연료차단
⑤ 불착화 인터록 : 화염검출기와 연결하여 불착화 및 실화 시 연료 차단

02

증기방열기의 방열면적이 539[m²]이고, 포화온도에서 증기의 증발잠열이 539[kcal/kg]일 때, 해당 방열기에서 응축수량의 3배가 되는 펌프를 설치하려면 응축수 펌프의 용량[kg/min]은 어떻게 되는지 계산하시오.(단, 증기방열기에서 방열량은 표준방열량으로 하고, 증기 배관 내에서 발생하는 응축수량은 무시한다.)

풀이 ① 방열기의 응축수량[kg/h] 계산(배관 내에서 발생한 응축수량을 제외한 응축수량)

$$G = \frac{Q}{r} = \frac{q \times A}{r} = \frac{650 \times 539}{539} = 650 [kg/h]$$

② 응축수 펌프 용량[kg/min] 계산

$$G_p = \frac{650}{60} \times 3 = 32.5 [kg/min]$$

정답 32.5[kg/min]

$$G = \frac{Q}{r} = \frac{q \times A}{r}$$

- G : 응축수량[kg/h]
- Q : 난방부하[kcal/h]
- r : 잠열[kcal/kg]
- q : 표준방열량[kcal/m²h]
- A : 면적[m²]

구분	공학단위[kcal/m²h]	SI단위[kJ/m²h]
온수방열기	450	1890
증기방열기	650	2730

03

파이프 렌치(pipe wrench)의 규격에는 200[mm], 300[mm], 350[mm], 450[mm], 600[mm], 1200[mm] 등이 있다. 이 호칭규격은 무엇을 기준으로 하는지 쓰시오.

정답 파이프 렌치의 조(jaw)를 최대로 벌리거나 최대 큰 관을 물린 상태에서의 전장

04

보일러의 급수유량이 시간당 420[m³], 전양정이 10[m], 펌프효율이 80[%]일 때 필요한 급수펌프의 축동력은 몇 [kW]인지 구하시오.

풀이 $kW = \dfrac{r \cdot Q \cdot H}{102 \times \eta} = \dfrac{1000 \times 420 \times 10}{102 \times 0.8 \times 3600} = 14.297 ≒ 14.30[kW]$

정답 14.30[kW]

$kW = \dfrac{r \cdot Q \cdot H}{102 \times \eta}$

- r : 물의 비중량[kg/m³]
- Q : 유량[m³/s]
- H : 양정[m]
- η : 효율

05

보일러 열정산 시 입열에 해당하는 항목 3가지를 쓰시오.

정답
① 연료의 발열량
② 연료의 현열
③ 공기의 현열
④ 급수의 현열(절탄기 사용 시)
⑤ 노내분입 증기의 현열

입열항목 암기법 : 연료, 공기, 물, 증기(노내분입)
① 출열 : 불완전연소에 의한 손실열, 발생증기 보유열, 노벽 방사손실열, 배기가스에 의한 손실열, 미연소분에 의한 손실열
② 입열 : 연료의 발열량, 연료의 현열, 연소용 공기의 현열, 노내분입 증기에 의한 입열

06

메탄(CH_4), 프로판(C_3H_8)이 완전 연소할 때 생성되는 물질 2가지를 쓰시오.

정답 ① 이산화탄소(CO_2)
② 수증기(H_2O)

---

① 완전연소 반응식
- 메탄 : $CH_4 + 2O_2 \rightarrow CO_2 + 2H_2O$
- 프로판 : $C_3H_8 + 5O_2 \rightarrow 3CO_2 + 4H_2O$

② 완전연소 반응 유도공식
- $C_mH_n + \left(m + \dfrac{n}{4}\right)O_2 \rightarrow mCO_2 + \dfrac{n}{2}H_2O$

07

시간당 5000[L]의 온수를 압력 1.5[kg/cm²]의 증기를 이용해 40[℃]에서 70[℃]로 승온시키는 향류 열교환기를 설치하려고 할 때 열교환기의 전열면적은 몇 [m²]인지 구하시오.(단, 1.5[kg/cm²]의 증기 평균온도는 118[℃], 열관류율은 340[kcal/m²h·℃], 물의 비중 1, 비열은 1[kcal/kg·℃]이다.)

풀이 ① 온수에 전달되는 전열량

$Q = G \cdot C \cdot \triangle T = 5000 \times 1 \times (70 - 40) = 150000 [kcal/h]$

② 대수평균온도차 계산

$\triangle T_1$ = 평균온도 - 유체출구온도 = 118 - 70 = 48[℃]

$\triangle T_2$ = 평균온도 - 유체입구온도 = 118 - 40 = 78[℃]

$LMTD = \dfrac{\triangle T_1 - \triangle T_2}{\ln \dfrac{\triangle T_1}{\triangle T_2}} = \dfrac{78 - 48}{\ln \dfrac{78}{48}} = 61.790 ≒ 61.79[℃]$

③ 전열면적

$F = \dfrac{Q}{K \triangle T_m} = \dfrac{150000}{340 \times 61.79} = 7.139 ≒ 7.14[m^2]$

정답 7.14[m²]

08

보일러 설치검사 기준상 안전밸브 및 압력방출장치의 크기는 호칭지름 25A 이상으로 하여야 하지만 아래 호칭지름 20A 이상으로 할 수 있는 경우에 대한 내용 중 (   ) 안에 알맞은 숫자를 써넣으시오.

> 가. 최고사용압력 (①)[MPa] 이하의 보일러
> 나. 최고사용압력 0.5[MPa] 이하의 보일러로 동체의 안지름이 500[mm] 이하이며, 동체의 길이가 (②)[mm] 이하의 것
> 다. 최고사용압력 (③)[MPa] 이하의 보일러로 전열면적 (④)[m^2] 이하의 것
> 라. 최대증발량 (⑤)[t/h] 이하의 관류보일러
> 마. 소용량 강철제 보일러, 소용량 (⑥) 보일러

정답   ① 0.1   ② 1000   ③ 0.5   ④ 2   ⑤ 5   ⑥ 주철제

09

고체연료의 연료비(fuel - ratio)의 계산식을 쓰시오.

정답   연료비 = $\dfrac{고정탄소}{휘발분}$

10

기체 연료 및 기화하기 쉬운 액체 연료의 발열량 측정에 사용되는 열량계의 명칭을 쓰시오.

정답   융커스(Junker)식 열량계

11

아래 주어진 조건을 이용해 보일러 효율[%]을 구하는 공식을 완성하시오.

[조건]
- 연료사용량 : X[kg/h]
- 연료의 저위발열량 : H_l[kcal/kg]
- 상당증발량 : G_e[kg/h]
- 실제증발량 : G_a[kg/h]

정답 보일러 효율(η) = $\dfrac{G_e \times 539}{X \times H_l} \times 100$[%]

12

터빈에서 증기의 일부를 배출하여 급수를 가열하는 증기사이클의 명칭을 쓰시오.

정답 재생사이클

> **재생사이클**
> 랭킨사이클의 한 종류로 터빈에서 일부 증기를 추출하여 급수가열용으로 사용하는 사이클로 일반 랭킨사이클에 비해 효율이 증가하게 된다.

13

보일러의 정격출력은 난방부하(H_1), 급탕부하(H_2), 배관부하(H_3), 예열부하(H_4) 등을 고려하여 구하게 되는데 이때 위 기호를 이용해 보일러의 상용출력을 구하는 공식을 쓰시오.

정답 $H_1 + H_2 + H_3$

14

다음 도면을 보고 아래 물음에 답하시오.

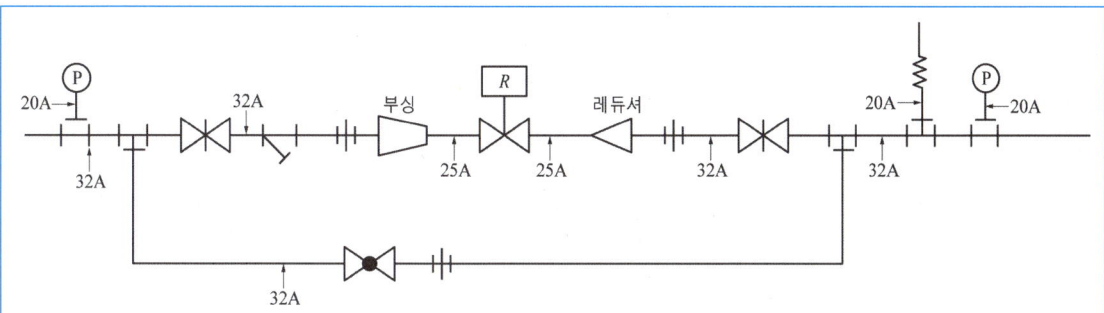

가. 압력계 개수 :

나. 감압밸브 개수 :

다. 이경티 개수 :

라. 32A 티 개수 :

마. 유니온 개수 :

바. 게이트밸브 개수 :

사. 부싱의 치수 :

아. 레듀셔 치수 :

자. 스프링식 안전밸브 개수 :

정답
　가. 압력계 개수 : 2개
　나. 감압밸브 개수 : 1개
　다. 이경티 개수 : 3개
　라. 32A 티 개수 : 2개
　마. 유니온 개수 : 2개
　바. 게이트밸브 개수 : 2개
　사. 부싱의 치수 : 32A×25A
　아. 레듀셔 치수 : 32A×25A
　자. 스프링식 안전밸브 개수 : 1개

15

캐리오버(carry over)의 종류는 선택적 캐리오버와 기계적 캐리오버로 구분할 수 있다. 이 중 선택적 캐리오버에 대해 설명하시오.

정답 증기 속에 용해되어 있던 실리카(무수규산) 성분이 증기와 함께 송출되는 현상

① 선택적 캐리오버 : 증기 속에 용해되어 있던 실리카(무수규산) 성분이 증기와 함께 송출되는 현상
② 기계적 캐리오버 : 물방울(액적)과 거품 등이 증기와 함께 송출되는 현상

16

다음 주어진 배관 평면도를 제시된 방위에 맞도록 등각투상도로 그리시오.

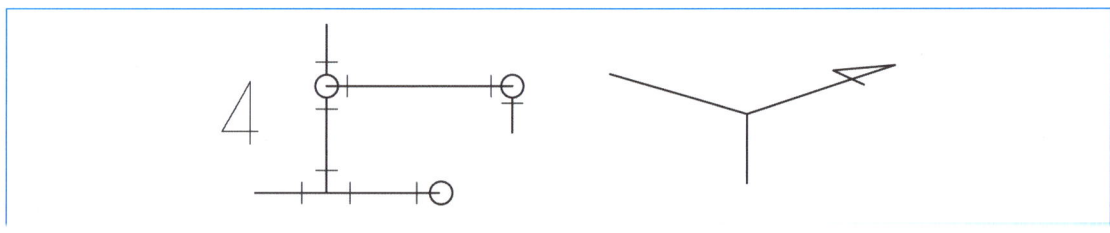

정답

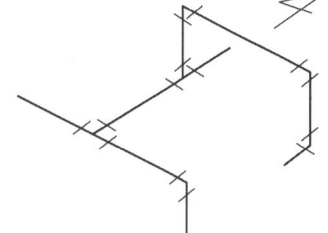

실기[필답형]기출문제 — 제12회

01

온수보일러의 연소가스 통로에 배플 플레이트(baffle plate)를 설치하는 이유를 3가지 쓰시오.

정답
① 고온의 열가스를 확산시켜 전열량을 증가시킬 수 있다.
② 노내 압력의 증가로 연소효율을 향상시킬 수 있다.
③ 열가스의 회전으로 전열면 그을음 부착이 감소된다.

02

아래에 화염검출기에 대한 물음에 답하시오.

> 가. 화염이 발광체임을 이용한 화염검출기의 종류 4가지를 쓰시오.
> 나. 화염의 이온화현상에 의한 전기전도성을 이용한 화염검출기의 명칭을 쓰시오.

정답
가. 적외선 광전관, 자외선 광전관, 황화카드뮴(CdS)셀, 황화납(PbS)셀
나. 플레임 로드

03

캐리오버(carry over)의 종류는 선택적 캐리오버와 기계적 캐리오버로 구분할 수 있다. 각각의 특징을 설명하시오.

정답
① 선택적 캐리오버 : 증기 속에 용해되어 있던 실리카(무수규산) 성분이 증기와 함께 송출되는 현상
② 기계적 캐리오버 : 물방울(액적)과 거품 등이 증기와 함께 송출되는 현상

04

포스트 퍼지(post purge)가 무엇인지 설명하시오.

정답 보일러 운전이 끝난 후, 노내와 연도에 체류하고 있는 가연성 가스를 송풍기를 이용해 배출시키는 작업

05

보일러 설치 시공기준 중 급수장치의 종류에 대한 내용이다. (   ) 안에 알맞은 내용을 보기에서 찾아 쓰시오.

> 15, 0.1, 12, 100, 14
>
> 가. 주 펌프 세트(인젝터 포함) + 보조 펌프 세트로 2세트 이상으로 설치하여야 한다. 다만, 아래와 같은 경우 보조 펌프 세트를 생략할 수 있다.
>   ㉠ 전열면적 (①)[m^2] 이하인 증기 보일러
>   ㉡ 전열면적 (②)[m^2] 이하인 가스용 온수 보일러
>   ㉢ 전열면적이 (③)[m^2] 이하인 관류보일러
> 나. 보일러 급수관에는 보일러에 인접하여 급수밸브와 체크밸브를 설치하여야 한다. 다만, 최고사용압력이 (④)[MPa] 미만일 경우 보일러에는 체크밸브를 생략할 수 있다.
> 다. 급수밸브의 크기는 전열면적 10[m^2] 이하의 보일러에서는 호칭 (⑤)[A] 이상의 것으로 한다.

정답　① 12　② 14　③ 100　④ 0.1　⑤ 15

06

급수내관의 설치목적을 3가지를 쓰시오.

정답　① 보일러 동내 부동팽창 방지
　　　② 보일러 급수의 예열
　　　③ 보일러수 교란방지
　　　④ 관 내 온도의 급격한 변화 방지

07

증기난방 방식에 대한 설명 중 아래 물음에 답하시오.

> 가. 저압증기난방의 습식환수방식에 있어 보일러의 수위가 환수관의 접속부로의 누설로 인한 저수위사고가 일어날 것을 방지하기 위해 증기관과 환수관 사이에 표준수면에서 50[mm] 아래로 균형관을 설치하는 배관방식을 무엇이라고 하는가?
>
> 나. 진공 환수방식에서 저압증기 환수관이 진공펌프의 흡입구보다 낮은 위치에 있을 때 응축수를 원활히 환수시키기 위해 설치하는 방식으로 환수주관보다 1 ~ 2[mm] 정도 작은 크기의 배관으로 하여 1단의 높이를 1.5[m] 이내로 설치하는 배관방식을 무엇이라고 하는가?

정답 가. 하트포드 접속방식(hartford connection)
　　　　나. 리프트 피팅 이음방식(lift fitting)

08

보일러 열정산 시 보일러에서 발생하는 출열 항목을 5가지 쓰시오.

정답
① 불완전연소에 의한 손실열
② 발생증기 보유열
③ 노벽 방사손실열
④ 배기가스에 의한 손실열
⑤ 미연소분에 의한 손실열

출열 암기법 : 불 발 방 배 미
① 출열 : 불완전연소에 의한 손실열, 발생증기 보유열, 노벽 방사손실열, 배기가스에 의한 손실열, 미연소분에 의한 손실열
② 입열 : 연료의 발열량, 연료의 현열, 연소용 공기의 현열, 노내 분입 증기에 의한 입열

09

보일러의 연료가 저장탱크로부터 버너까지 이송되는 과정을 나타낸 것으로 ( ) 안에 알맞은 명칭을 쓰시오.

> 저장탱크 → (①) → 연료 이송펌프 → 서비스탱크 → 유수분리기 → (②) → 급유펌프 → 급유온도계 → 유량계 → (③) → 버너

정답 ① 여과기 ② 유예열기 ③ 전자밸브

10

메탄(CH_4) 7[Nm^3]을 완전연소시킬 경우 필요한 이론공기량[Nm^3]을 구하시오.

풀이 ① 메탄(CH_4)의 완전연소반응식

$$CH_4 + 2O_2 \rightarrow CO_2 + 2H_2O$$

② 계산 : 1[kmol]의 메탄(CH_4)이 연소할 때 2[kmol]의 산소(O_2)가 필요하므로

(※ 힌트 : 아보가드로 법칙에 의해 1[kmol] = 22.4[m^3]과 같다.)

22.4[Nm^3] : 2×22.4[Nm^3] = 1[Nm^3] : $x(O_o)$[Nm^3]

$$O_o(\text{이론산소량}) = \frac{2 \times 22.4 \times 7}{22.4} = 14[Nm^3]$$

$$A_o(\text{이론공기량}) = \frac{O_o}{0.21} = \frac{14}{0.21} = 66.666 ≒ 66.67[Nm^3]$$

정답 66.67[Nm^3]

$$A_o(\text{이론공기량}) = \frac{O_o(\text{이론산소량})}{0.21}$$

11

동관 작업 시 사용하는 공구의 용도를 쓰시오.

> 가. 플레어링 툴 세트 :
> 나. 사이징 툴 :
> 다. 익스팬더 :

정답 가. 플레어링 툴 세트 : 압축이음을 하기 위해 동관 끝을 나팔모양으로 만드는 데 사용하는 공구
　　　　나. 사이징 툴 : 동관의 끝부분을 원형으로 정형하는 공구
　　　　다. 익스팬더 : 동관의 끝을 확대(스웨징)하는 공구

12

방열기 입구온도 80[℃], 방열기 출구온도 60[℃], 실내온도 20[℃]일 때, 방열기의 방열량은 몇 [kcal/m²·h]인지 계산하시오. (단, 방열기 방열계수는 7.0[kcal/m²·h·℃]이다.)

풀이 $Q = K \cdot \triangle t_m = 7.0 \times \left(\dfrac{80 + 60}{2} - 20 \right) = 350 [\text{kcal/m}^2 \cdot \text{h}]$

정답 350[kcal/m²·h]

> $\triangle t_m = \dfrac{\text{방열기 입구온도} + \text{출구온도}}{2} - \text{실내온도}$

13

다음 각 배관 도시기호에 알맞은 명칭을 쓰시오.

> 가. ─┼─　　나. ─●─　　다. ─┤├─

정답 가. 나사이음　　나. 납땜이음　　다. 플랜지이음

14

다음 배관의 높이 표시법을 간단히 설명하시오.(단, EL은 기준선으로 그 지방의 해수면 높이를 의미한다.)

> 가. EL + 750 :
> 나. EL BOP + 350 :
> 다. EL TOP - 500 :

정답 가. 기준면으로부터 배관 중심부까지 높이가 750[mm] 상부에 위치해 있다.
　　　　나. 파이프 밑면이 기준면보다 350[mm] 높게 위치해 있다.
　　　　다. 파이프의 윗면이 기준면보다 500[mm] 낮게 위치해 있다.

15

바닥의 면적이 30[m²]이고, 창문 문을 포함한 벽체 면적은 난방 면적의 1.5배로 하고, 천장 면적은 바닥 면적과 같다고 할 때 난방부하는 몇 [kcal/h]인지 구하시오.(단, 외기온도 -5[℃], 실내온도 15[℃], 벽체의 열관류율 5[kcal/m²·h·℃], 방위에 따른 부하계수는 1.1이다.)

풀이　$Q = K \cdot F \Delta t \cdot Z = 5 \times (30 + 30 \times 1.5 + 30) \times (15 - (-5)) \times 1.1 = 11550 [kcal/h]$
정답　11550[kcal/h]

실기[필답형] 기출문제 — 제13회

01

다음 ( ) 안에 알맞은 내용을 쓰시오.

보일러 운전 중 외부부식에서 고온부식이란 중유를 연료로 하는 보일러에서 중유에 포함되어 있는 (①)이 연소용 공기 중 산소와 반응하여 산화된 후 (②)으로 되어 고온 전열면에 부착되어 (③)[℃] 이상의 온도에서 그 부분을 부식시키게 된다.

정답   ① 바나듐(V)   ② 오산화바나듐(V_2O_5)   ③ 500

02

아래 물음에 답하시오.

가. 연료의 발열량을 측정하는 방법 3가지를 쓰시오.
나. 고체 및 액체연료의 발열량 측정에 사용되는 기기의 명칭을 쓰시오.
다. 기체연료의 발열량 측정 시 사용되는 기기의 명칭을 2가지 쓰시오.

정답   가. ① 열량계에 의한 방법 : 봄브식 열량계, 융커스식 열량계
　　　　② 공업분석에 의한 방법
　　　　③ 원소분석에 의한 방법
　　나. 봄브식 열량계
　　다. 융커스식 열량계, 시그마 열량계

03

보일러 압력 10[kg/cm²], 온도가 400[℃]의 과열증기 100[kg]에 20[℃]의 물 20[kg]을 넣었을 때 같은 압력에서 179[℃]의 습증기가 되었다면 이 증기의 건조도는 얼마인지 구하시오.(단, 10[kg/cm²], 400[℃]의 과열증기 엔탈피는 780[kcal/kg], 증발잠열 480[kcal/kg], 물의 비열 1[kcal/kg℃]이며, 외부로의 열손실은 없다.)

풀이   열평형 법칙에 의해 400[℃] 과열증기(G_v) 엔탈피(h_2)와 20[℃]의 물(G_w)의 엔탈피(h_1)의 합은 과열증기와 물이 혼합된 후의 습증기 엔탈피(h'')와 같다.

공식) $G_v h_2 + G_w h_1 = (G_v + G_w)h''$ 이며 $h'' = h' + r \times x$ 와 같으므로 아래와 같이 바꾸어 쓴다.
$G_v h_2 + G_w h_1 = (G_v + G_w) \times (h' + r \times x)$ 해당 공식에서 x(건조도)를 구하면

$$h' + r \times x = \frac{G_v h_2 + G_w h_1}{G_v + G_w} \rightarrow r \times x = \frac{G_v h_2 + G_w h_1}{G_v + G_w} - h' \rightarrow x = \frac{\frac{G_v h_2 + G_w h_1}{G_v + G_w} - h'}{r}$$

$$x = \frac{\frac{(100 \times 780) + (20 \times 20)}{100 + 20} - 179}{480} = 0.988 ≒ 0.99$$

※ 포화수 엔탈피는 별도로 주어지지 않아 179[℃] 습증기 온도를 포화온도로 간주하여 풀이한다.

정답   0.99

기호설명

- G_v : 과열증기량[kg]
- G_w : 20[℃] 물의 양[kg]
- h_2 : 과열증기 엔탈피[kcal/kg]
- h_1 : 20[℃] 물의 엔탈피[kcal/kg]
- h'' : 179[℃] 습증기 엔탈피
- h' : 179[℃] 포화수 엔탈피
- r : 증발잠열[kcal/kg]
- x : 건조도

04

메탄(CH_4) 10[Nm^3]을 완전연소시킬 경우 필요한 이론산소량[Nm^3]과 이론공기량[Nm^3]을 각각 구하시오.

풀이 ① 메탄(CH_4)의 완전연소반응식

$$CH_4 + 2O_2 \rightarrow CO_2 + 2H_2O$$

② 계산 : 1[kmol]의 메탄(CH_4)이 연소할 때 2[kmol]의 산소(O_2)가 필요하므로

(※ 힌트 : 아보가드로 법칙에 의해 1[kmol] = 22.4[m^3]과 같다.)

22.4[Nm^3] : 2×22.4[Nm^3] = 10[Nm^3] : $x(O_o)$[Nm^3]

$$O_o(\text{이론산소량}) = \frac{2 \times 22.4 \times 10}{22.4} = 20[Nm^3]$$

$$A_o(\text{이론공기량}) = \frac{O_o}{0.21} = \frac{20}{0.21} = 95.238 ≒ 95.24[Nm^3]$$

정답 가. 이론산소량 : 20[Nm^3]
나. 이론공기량 : 95.24[Nm^3]

$$A_o(\text{이론공기량}) = \frac{O_o(\text{이론산소량})}{0.21}$$

05

다음 동관(구리관)에 대한 물음에 답하시오.

> 가. 재질에 의한 분류로 연질, 반연질, 반경질, 경질의 기호를 쓰시오.
> 나. 두께에 의한 분류 3가지를 두께가 두꺼운 것부터 차례대로 쓰시오.

정답 가. ① 연질 : O ② 반연질 : OL ③ 반경질 : $\frac{1}{2}$H ④ 경질 : H

나. K형 > L형 > M형

동관의 두께별 구분
① K형 : 가장 두껍다.
② L형 : 두껍다.
③ M형 : 보통 두께이다.
④ N형 : 얇다.(KS규격에는 없다.)

06

보일러 자동제어의 신호전달 방식 중 인터록제어의 종류를 4가지 쓰시오.

정답 ① 압력초과 인터록
② 저수위 인터록
③ 프리퍼지 인터록
④ 저연소 인터록
⑤ 불착화 인터록

인터록제어의 종류(암기법 : 압, 저, 프, 저, 불)
① 압력초과 인터록 : 증기압력제한기와 연결하여 설정압력 초과 시 연료차단
② 저수위 인터록 : 고수위 경보기와 연결하여 안전저수위 이하로 감수 시 연료차단
③ 프리퍼지 인터록 : 송풍기와 연결하여 노내 환기가 되지 않을 때 연료차단
④ 저연소 인터록 : 연료조절밸브와 연결하여 저연소로 전환되지 않을 경우 연료차단
⑤ 불착화 인터록 : 화염검출기와 연결하여 불착화 및 실화 시 연료 차단

07

주철제 방열기의 형식이 5세주형이며 높이 650[mm], 쪽수 20개, 유입관 지름 25[mm], 유출관 지름 20[mm]인 방열기의 도시기호를 그리시오.

정답

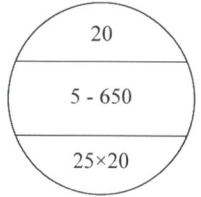

08

보일러의 운전 중 온도계의 부착위치 4개소를 쓰시오.

정답
① 급수입구 급수온도계
② 버너입구 급유온도계
③ 절탄기·공기예열기의 전후 온도계
④ 과열기·재열기 출구 온도계
⑤ 보일러 본체 배기가스 온도계

09

보일러의 운전 중 그루빙(grooving)이 발생하기 쉬운 곳 3가지를 쓰시오.

정답
① 리벳 이음부의 판이 겹치는 가장자리
② 평경판의 거싯(gusset) 스테이 부분
③ 접시형 경판 모퉁이의 만곡부
④ 경판에 뚫린 급수구멍
⑤ 노통 하단의 아담손 조인트의 플랜지 부분

10

증기발생 보일러에서 사용하는 증기트랩의 설치 시 장점을 3가지 쓰시오.

정답
① 수격작용 방지
② 장치 내부 부식 방지
③ 관 내 마찰저항 감소
④ 관 내 응축수의 연속 배출
⑤ 열손실 방지 및 이용효율 증대

11

배관작업 시 강관을 절단하는 방법 3가지를 쓰시오.

정답
① 파이프 커터 ② 쇠톱 ③ 다이헤드형 동력나사 절삭기
④ 가스 절단 ⑤ 기계톱 ⑥ 연삭 절단

12

보염장치의 설치목적과 보염장치의 종류 3가지를 쓰시오.

가. 보염장치의 설치목적 :
나. 보염장치의 종류 :

정답
가. 보염장치의 설치목적 : 연료의 분무를 돕고 공기와의 혼합을 양호하게 하여 안정된 착화를 도모하고 화염의 형상을 조절한다.
나. 보염장치의 종류
① 윈드박스
② 버너타일
③ 콤버스터
④ 스테빌라이저(보염기)

13

유니언부터 유니언까지의 방열관의 길이는 얼마인지 구하시오.(단, 방열관 피치는 200[mm]이고, π는 3.14로 계산한다.)

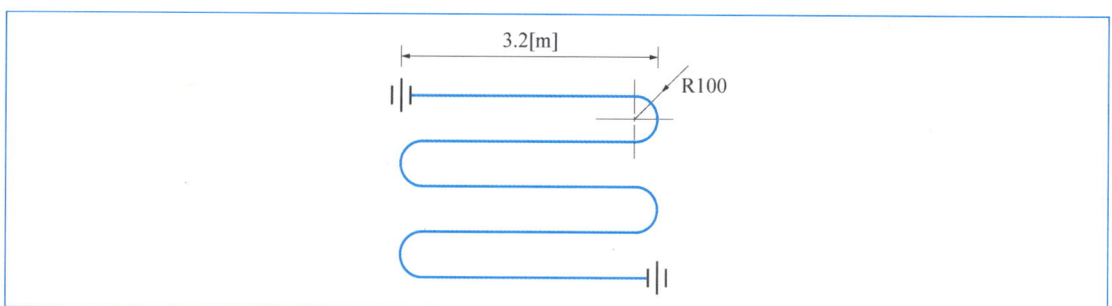

풀이 ① 방열관 직선길이 계산 : 해당 도면에서 가로직선 길이 3.2[m]로 원호가 양쪽으로 포함된 구간이 l_1이 3개가 존재하고 원호가 한쪽 유니언이 한쪽 포함된 구간 l_2가 2개가 존재한다. 그러므로 l_1과 l_2를 구하면 아래와 같다.

$l_1 = (3.2 - 0.2) \times 3 = 9$[m]

$l_2 = (3.2 - 0.1) \times 2 = 6.2$[m]

② 방열관 양끝 원호부분 계산 : 원호부분 l_3은 양쪽 모두 합쳐 4곳이 존재한다.(원 둘레 : $2\pi r$)

$l_3 = \dfrac{2 \times 3.14 \times 0.1}{2} \times 4 = 1.256 \fallingdotseq 1.26$[m]

③ 전체 배관의 길이

$l = l_1 + l_2 + l_3 = 9 + 6.2 + 1.26 = 16.46$[m]

정답 16.46[m]

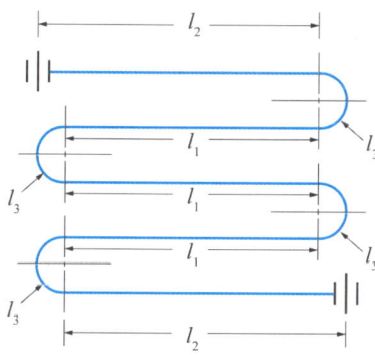

14

증기보일러의 압력 상승에 따라 증기밸브를 처음 열 때 수격작용(워터해머)의 발생을 방지하기 위한 조작순서를 아래 [조건]을 보고 번호를 순서대로 나열하시오.

[조건]
① 주 증기관 내에 소량의 증기를 보내어 관을 따뜻하게 한다.
② 주 증기 밸브를 단계적으로 천천히 연다.
③ 증기를 보내는 측의 주 증기관이나 헤더 등에 부착된 드레인 밸브를 열어 응축수를 배출시킨다.

정답 ③ → ① → ②

01

보일러 부속장치 중 급수내관을 설치했을 때 장점을 3가지 쓰시오.

정답 ① 보일러 급수가 예열된다.
② 부동팽창을 방지할 수 있다.
③ 안전 저수위 이하에서 급수하므로 수격작용을 방지할 수 있다.

02

다음 조건을 참고하여 보일러 상당증발량 공식을 완성하시오.

[조건]
- G_e : 상당증발량[kg/h]
- G_a : 실제증발량[kg/h]
- h_2 : 습포화 증기 엔탈피[kcal/kg]
- h_1 : 급수엔탈피[kcal/kg]

정답 $G_e = \dfrac{G_a \times (h_2 - h_1)}{539}$

03

파이프 바이스 호칭번호가 1번(#1)이고 호칭치수 80일 때 사용가능한 관 호칭지름은 얼마인지 쓰시오.

정답 6A ~ 65A

파이프 바이스의 크기 표시

호칭번호	호칭치수	사용 관지름
#0	50	6A ~ 50A
#1	80	6A ~ 65A
#2	105	6A ~ 90A
#3	130	6A ~ 115A
#4	170	15A ~ 150A

04

동관 작업 시 필요한 공구 3가지를 쓰시오.(단, 측정공구는 제외한다.)

정답 ① 플레어링 툴 세트   ② 익스팬더   ③ 튜브벤더   ④ 사이징 툴   ⑤ 튜브커터

05

보일러 설치검사 기준상 안전밸브 및 압력방출장치의 크기는 호칭지름 25A 이상으로 하여야 하지만 호칭지름 20A 이상으로 할 수 있는 보일러도 있다. 20A 이상으로 할 수 있는 보일러 3가지를 쓰시오.

정답 ① 최고사용압력 0.1[MPa] 이하의 보일러
② 최고사용압력 0.5[MPa] 이하의 보일러로 동체의 안지름이 500[mm] 이하이며, 동체의 길이가 1000[mm] 이하의 것
③ 최고사용압력 0.5[MPa] 이하의 보일러로 전열면적 2[m^2] 이하의 것
④ 최대증발량 5[t/h] 이하의 관류보일러
⑤ 소용량 강철제 보일러, 소용량 주철제 보일러

06

가성취화에 대하여 설명하시오.

정답 주로 고온·고압 리벳 보일러에서 일어나는 부식으로 보일러 수중에 분해되어 생긴 가성소다(NaOH)가 과도하게 농축되면 수산화이온(OH)이 많아져 보일러수가 강알칼리성을 띠게 되며 이것이 강재의 결정입계를 침해하여 재질을 열화, 취화시키는 것

07

보일러 안전밸브의 증기누설 원인 4가지를 쓰시오.

정답
① 밸브와 시트의 가공이 불량한 경우
② 시트와 밸브 축이 이완된 경우
③ 스프링 장력의 감소
④ 조정압력이 너무 낮은 경우
⑤ 밸브디스크와 밸브시트 사이에 이물질이 끼인 경우

08

보일러 내부부식 중 점식의 방지대책 3가지를 쓰시오.

정답
① 보일러수 중 용존산소를 제거한다.
② 보일러 내면을 방청도장(방청피막) 한다.
③ 보일러수 중 아연판을 매단다.(희생양극법)
④ 약한 전류를 통전시킨다.

09

아래 보기에 주어진 프로판의 완전연소반응식의 빈칸에 알맞은 숫자를 넣고, 프로판 1[kg]당, 방열량을 계산하시오.

[보기]
$C_3H_8 + (\text{①})O_2 \rightarrow (\text{②})CO_2 + (\text{③})H_2O + 488750[cal/mol]$

풀이 ① 프로판(C_3H_8)의 완전연소반응식

$C_3H_8 + 5O_2 \rightarrow 3CO_2 + 4H_2O + 488750[cal/mol]$

② 계산 : 프로판 1[mol]의 질량은 44[g]이며 발열량은 488750[cal]와 같다. 또한 프로판 1[kmol]의 질량은 44[kg]이며 발열량은 488750[kcal]와 같다.

44[kg] : 488750[kcal] = 1[kg] : x[kcal]

$x = \dfrac{488750 \times 1}{44} = 11107.954 ≒ 11107.95[kcal/kg]$

정답 가. ① 5 ② 3 ③ 4   나. 11107.95[kcal/kg]

10

보일러 증발량이 4[t/h], 전열면적이 42[m²], 연료사용량이 24[kg/h], 발생증기 엔탈피가 620[kcal/kg], 급수 엔탈피가 42[kcal/kg]일 때 아래 항목을 계산하시오.

가. 전열면 증발률[kg/m²h]
나. 전열면 열부하[kcal/m²h]

풀이 가. 전열면 증발률 = $\dfrac{G}{H_A} = \dfrac{4000}{42} = 95.238 ≒ 95.24[kg/m^2 h]$

나. 전열면 열부하 = $\dfrac{G(h'' - h')}{H_A} = \dfrac{4000 \times (620 - 42)}{42} = 55047.619 ≒ 55047.62[kcal/m^2 h]$

정답 가. 95.24[kg/m²h]
  나. 55047.62[kcal/m²h]

- 전열면 증발률 = $\dfrac{\text{실제 증발량[kg/h]}}{\text{전열면적[m}^2\text{]}} = \dfrac{G}{H_A}$ [kg/m²h]

- 전열면 열부하 = $\dfrac{\text{유효열[kcal/h]}}{\text{전열면적[m}^2\text{]}} = \dfrac{G(h'' - h')}{H_A}$ [kcal/m²h]

11

캐리오버(carry over)의 방지대책을 3가지 쓰시오.

정답 ① 기수분리기 및 비수방지관을 설치한다.
② 주 증기 밸브를 서서히 연다.
③ 관수 중 불순물을 제거한다.
④ 고수위 운전을 피한다.

12

건물 내부 하수관 및 배수관에 설치하는 배수트랩의 구비조건 4가지를 쓰시오.

정답 ① 구조가 간단할 것
② 봉수가 안정할 것
③ 수리 및 청소가 쉬울 것
④ 내식성 및 내구성이 있을 것
⑤ 오수가 정체하지 않을 것

13

수관식 보일러의 기수 드럼에 부착하여 승수관을 통해 상승하는 증기 중에 혼입된 수분을 분리하여 캐리오버를 방지하는 장치의 명칭과 그 종류를 4가지 쓰시오.

가. 장치의 명칭 :
나. 종류 :

정답 가. 기수분리기
나. ① 사이클론형
② 스크레버형
③ 건조스크린형
④ 배플형

14

아래 바이패스 배관이음에서 ①~④의 부품 명칭을 보기에서 찾아 쓰시오.

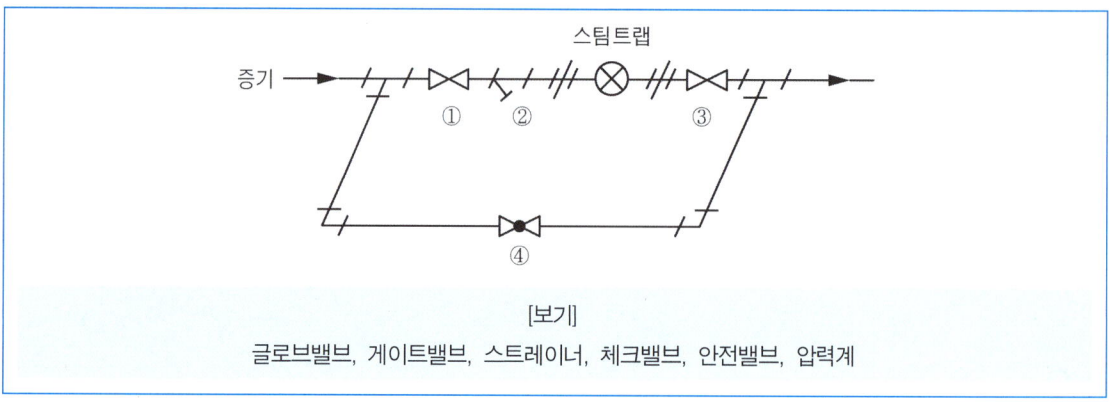

[보기]
글로브밸브, 게이트밸브, 스트레이너, 체크밸브, 안전밸브, 압력계

정답 ① 게이트밸브 ② 스트레이너 ③ 게이트밸브 ④ 글로브밸브

15

나관의 길이가 100[m]이고, 관 1[m]당 표면적이 0.1[m²]이다. 이 나관을 규조토 보온재로 보온하였을 때 보온 효율이 65[%]였다면, 보온관의 열손실은 몇 [kcal/h]인지 구하시오.(단, 나관 내부 유체온도 120[℃], 외부공기온도 20[℃], 나관의 열관류율이 5[kcal/m²h℃]이다.)

풀이 $Q_2 = Q_1(1-\eta) \rightarrow Q_2 = KF\triangle t(1-\eta)$

$Q_2 = 5 \times (100 \times 0.1) \times (120-20) \times (1-0.65) = 1750[kcal/h]$

정답 1750[kcal/h]

$\eta = \dfrac{Q_1 - Q_2}{Q_1} = 1 - \dfrac{Q_2}{Q_1} \rightarrow (Q_2$를 구하면$)\ Q_2 = Q_1(1-\eta)$

- η : 보온효율
- Q_1 : 보온 전 열손실[kcal/h]
- Q_2 : 보온 후 열손실[kcal/h]

위 계산과정의 공식은 $Q_1 = KF\triangle t$로 반영하여 풀이하게 된다.

01

다음 보일러의 동작부터 정지까지의 시퀀스 제어 순서를 정리한 것이다. (   ) 안에 알맞은 내용을 보기에서 찾아 번호로 쓰시오.

버너 작동 → (가) → 노내 압력조정 → 파일럿 버너 점화 → (나) → 전자밸브 작동 → 주 버너 점화 → (다) → 연소량 제어 → (라) → 노내 배기 및 통풍 중지

[보기]
① 노내환기
② 점화용 불꽃 제거
③ 화염검출기 작동
④ 연료분사 정지

정답 가. ①   나. ③   다. ②   라. ④

02

연료와 공기의 혼합을 양호하게 하고, 확실한 착화와 화염의 안정을 도모하기 위해 설치하는 보염장치 종류를 3가지 쓰시오.

정답 ① 윈드박스
② 버너타일
③ 콤버스터
④ 스테빌라이저(보염기)

03

탄소(C) 6[kg]을 완전연소시킬 경우 필요한 이론공기량[Nm³]을 구하시오.

풀이 ① 탄소(C)의 완전연소반응식

$$C + O_2 \rightarrow CO_2$$

② 계산 : 1[kmol]의 탄소(C)가 연소할 때 1[kmol]의 산소(O_2)가 필요하므로

(※ 힌트 : 아보가드로 법칙에 의해 1[kmol] = 22.4[m³]과 같다.)

12[kg] : 22.4[Nm³] = 6[Nm³] : $x(O_o)$[Nm³]

$$O_o (\text{이론산소량}) = \frac{22.4 \times 6}{12} = 11.2 [Nm^3]$$

$$A_o (\text{이론공기량}) = \frac{O_o}{0.21} = \frac{11.2}{0.21} = 53.333 \fallingdotseq 53.33 [Nm^3]$$

정답 53.33[Nm³]

$$A_o (\text{이론공기량}) = \frac{O_o (\text{이론산소량})}{0.21}$$

04

보일러수 중에서 발생되는 스케일 성분을 4가지 쓰시오.

정답
① 탄산칼슘 ② 규산칼슘
③ 중탄산칼슘 ④ 중탄산마그네슘
⑤ 황산칼슘 ⑥ 황산마그네슘
⑦ 염화칼슘 ⑧ 염화마그네슘

스케일 생성 성분

칼슘(Ca), 마그네슘(Mg)

① 탄산칼슘($CaCO_3$)   ② 규산칼슘($CaSiO_2$)
③ 중탄산칼슘($Ca(HCO_3)_2$)   ④ 중탄산마그네슘($MgCl_2$)
⑤ 황산칼슘($CaSO_4$)   ⑥ 황산마그네슘($MgSO_4$)
⑦ 염화칼슘($CaCl_2$)   ⑧ 염화마그네슘($MgCl_2$)

05

보일러의 최대 연속 증발량에 대한 실제 증발량과의 비율을 무엇이라고 하는지 아래 (   ) 안에 들어갈 알맞은 답을 쓰시오.

$$(\quad) = \frac{실제\ 증발량}{최대\ 연속\ 증발량} \times 100 [\%]$$

정답 보일러 부하율[%]

> **보일러 부하율[%]**
> 연료의 연소가 이루어질 때 시간당 실제증발량에 대한 시간당 최대 연속 증발량과의 비

06

로터리식 벤딩 머신으로 관굽힘 작업을 할 때 관이 파손되는 원인을 3가지 쓰시오.

정답
① 압력조정이 강하고 저항이 큰 경우
② 받침쇠가 너무 나와 있는 경우
③ 굽힘 반지름이 너무 작은 경우
④ 재료에 결함이 있는 경우

07

보일러 급수처리 중 내처리 시 사용하는 히드라진(N_2H_4)의 용도와 화학반응식을 쓰시오.

가. 용도 :
나. 반응식 :

정답
가. 탈산소제
나. $N_2H_4 + O_2 \rightarrow N_2 + 2H_2O$

08

다음 조건을 이용하여 증기보일러를 열정산 할 경우 발생증기의 흡수열[kcal/kg - 연료]을 구하시오.

[조건]
- 발생증기 엔탈피 : 660[kcal/kg]
- 급수 엔탈피 : 60[kcal/kg]
- 급수량 : 5000[kg/h]
- 연료소비량 : 400[kg/h]

풀이 $Q = W_2 \times (h'' - h') = \dfrac{G}{Gf} \times (h'' - h') = \dfrac{5000}{400} \times (660 - 60) = 7500$[kcal/kg - 연료]

정답 7500[kcal/kg - 연료]

$$Q = W_2 \times (h'' - h') = \dfrac{G}{Gf} \times (h'' - h')$$

- Q : 흡수열[kcal/kg - 연료]
- W_2 : 연료 1kg당 발생증기량[kg/h]
- G : 급수량[kg/h]
- Gf : 연료소비량[kg/h]
- h'' : 증기엔탈피[kcal/kg]
- h' : 급수엔탈피[kcal/kg]

09

보일러 열정산 시 출열항목 중 유효출열에 대해 설명하고, 열손실이 가장 많은 것을 쓰시오.

가. 유효출열
나. 열손실이 가장 많은 것

정답 가. 온수 및 증기의 발생에 이용된 열로 실제 난방에 사용되는 열의 의미로 유효출열이라고 한다.
나. 배기가스의 보유열

10

아래 보기는 보일러의 열효율을 향상시키는 방법을 설명한 것이다. 이중 잘못된 항목의 번호를 모두 골라 쓰시오.

> [보기]
> ① 장치에 맞는 설계 조건과 운전 조건을 선택한다.
> ② 단속운전보다 연속운전을 실시한다.
> ③ 수면 분출장치로 연속 블로다운을 많이 한다.
> ④ 장치에 적당한 연료와 작동법을 채택한다.
> ⑤ 과잉공기량을 최대한으로 증가시킨다.
> ⑥ 손실열을 최대한 줄인다.

정답 ③, ⑤

11

어떤 주택의 난방부하가 60000[kcal/h]이다. 이 경우 난방에 필요한 방열기의 쪽수는 얼마인지 구하시오.
(단, 5세주 650[mm] 주철제 방열기로 온수난방용이며 쪽당 방열면적은 0.26[m²]로 한다.)

풀이 $n = \dfrac{Q}{q \times A} = \dfrac{60000}{450 \times 0.26} = 512.82 ≒ 513$쪽

정답 513쪽

$Q = q \times a \times n \rightarrow n = \dfrac{Q}{q \times a}$

- Q : 난방부하[kcal/h]
- q : 표준방열량[kcal/m²h]
- a : 쪽당방열면적[m²/쪽(개)]
- n : 쪽수[쪽(개)]

12

보일러 운전 중 수면계의 점검시기를 3가지 쓰시오.

정답
① 보일러를 가동하기 전
② 2개의 수면계 수위가 서로 다를 때
③ 포밍, 프라이밍 현상 발생 시
④ 연락관에 이상이 발견된 때
⑤ 보일러 운전 전이나 송기 전 압력이 오를 때
⑥ 수면계의 수위가 의심스러울 때

13

보일러에서 발생된 증기의 양이 3000[kg/h]이고, 급수온도가 10[℃], 발생증기의 엔탈피가 653[kcal/kg]일 때 상당증발량 [kg/h]은 얼마인지 구하시오.

풀이 $G_e = \dfrac{G(h'' - h')}{539} = \dfrac{3000 \times (653 - 10)}{539} = 3578.849 ≒ 3578.85[kg/h]$

정답 3578.85[kg/h]

$$G_e = \frac{G(h'' - h')}{539}$$

- G_e : 상당증발량[kg/h]
- G : 실제증발량[kg/h]
- h'' : 증기엔탈피[kcal/kg]
- h' : 급수엔탈피[kcal/kg]

14

보일러 운전 중 수시로 감시하여야 할 사항 2가지를 쓰시오.

정답 ① 수위 ② 압력 ③ 연소상태

15

다음 빈칸에 알맞은 내용을 쓰시오.

> 신축이음쇠에서 벨로즈형 신축이음은 (①)이라고도 부르며, 벨로즈의 재료는 스테인리스, (②)이[가] 사용되며 벨로즈가 수축 시 (③)는[은] 고정되고 슬리브는 미끄러지면서 벨로즈와의 간극을 없게 한다.

정답 ① 팩리스 신축이음   ② 인청동   ③ 본체

16

다음과 같은 조건하에서 온수 보일러의 정격출력[kcal/h]을 계산하시오.

[조건]
- 상당방열면적 : 500[m²]
- 온수공급온도 : 70[℃]
- 예열부하 : 1.45
- 출력저하계수 : 0.69
- 온수량 : 500[kg]
- 급수온도 : 10[℃]
- 배관부하 : 0.25
- 물의 비열 : 1[kcal/kg·℃]

풀이
$$Q_t = \frac{(Q_1 + Q_2)(1+\alpha)\beta}{K}$$

$$Q = \frac{[(500 \times 450) + \{500 \times 1 \times (70 - 10)\}] \times (1 + 0.25) \times 1.45}{0.69} = 669836.956 \fallingdotseq 669836.96 [kcal/h]$$

정답 669836.96[kcal/h]

$$Q_t = \frac{(Q_1 + Q_2)(1+\alpha)\beta}{K}$$

- Q_t : 보일러 용량(정격출력)[kcal/h]
- Q_1 : 난방부하[kcal/h]
- Q_2 : 급탕부하[kcal/h]
- α : 배관손실계수
- β : 예열부하계수
- K : 출력저하계수

실기[필답형]기출문제 — 제16회

01

보일러 건조보존 시에 흡습제(건조제)의 종류를 3가지 쓰시오.

정답
① 생석회
② 실리카겔
③ 염화칼슘
④ 활성알루미나
⑤ 오산화인

02

오르자트 가스 분석기는 배기가스 중 함유되어 있는 CO_2, O_2, CO 3가지 성분을 순서대로 분석하게 되는데 이때 사용되는 흡수제의 명칭을 쓰시오.

가. CO_2 :
나. O_2 :
다. CO :

정답
가. 수산화칼륨 용액 30[%](KOH 30[%])
나. 알칼리성 피로갈롤 용액
다. 암모니아성 염화 제1구리 용액

03

보일러에서 발생하는 프라이밍(priming) 현상에 대해 설명하시오.

정답 프라이밍 : 급격한 증발이나 주 증기 밸브 급개 및 고수위 시 수면으로부터 끊임없이 물방울이 비산되어 수위를 불안전하게 하는 현상

04

어떤 건물의 난방부하가 22500[kcal/h]이다. 이 경우 난방에 필요한 방열기의 쪽수는 얼마인지 구하시오. (단, 5세주 650[mm] 주철제 방열기로 온수난방용이며 쪽당 방열면적은 0.25[m²]로 한다.)

풀이 $n = \dfrac{Q}{q \times A} = \dfrac{22500}{450 \times 0.25} = 200쪽$

정답 200쪽

$Q = q \times a \times n \rightarrow n = \dfrac{Q}{q \times a}$

- Q : 난방부하[kcal/h]
- q : 표준방열량[kcal/m²h]
- a : 쪽당방열면적[m²/쪽(개)]
- n : 쪽수[쪽(개)]

05

보일러 고·저수위 경보장치의 종류 4가지를 쓰시오.

정답 ① 플로트식(맥도널식)
② 전극식
③ 차압식
④ 열팽창식(코프식)

06

보일러 설치검사 기준상 안전밸브 및 압력방출장치의 크기는 호칭지름 25A 이상으로 하여야 하지만 호칭지름 20A 이상으로 할 수 있는 보일러도 있다. 20A 이상으로 할 수 있는 보일러 중 다음 (   ) 안에 알맞은 값을 쓰시오.

> 가. 최고사용압력 (①)[MPa] 이하의 보일러
> 나. 최고사용압력 0.5[MPa] 이하의 보일러로 동체의 안지름이 500[mm] 이하이며, 동체의 길이가 (②)[mm] 이하의 것
> 다. 최고사용압력 0.5[MPa] 이하의 보일러로 전열면적 (③)m^2 이하의 것
> 라. 최대증발량 (④)[t/h] 이하의 관류보일러
> 마. 소용량 강철제 보일러, 소용량 (⑤) 보일러

정답   ① 0.1   ② 1000   ③ 2   ④ 5   ⑤ 주철제

07

보일러 외부청소 작업의 종류 4가지를 쓰시오.

정답   ① 스팀 소킹법(steam socking)
② 워터 소킹법(water socking)
③ 수세법(washing)
④ 샌드 블로우(sand blow)
⑤ 스틸 쇼트 클리닝(steel shot cleaning)

08

보일러 수중에서 분해되어 생긴 가성소다(NaOH)가 과도하게 농축되면 수산화이온(OH^-)이 많아져 보일러수가 강알칼리성을 띄게 되며 이것이 강재와 작용하여 생기는 나트륨(Na)이 강재의 결정입계를 침해하여 재질을 열화, 취화시키는 것으로 주로 수면과 접촉한 수면의 하단부나 리벳이음부에서 발생하는 부식 현상을 무엇이라고 하는지 쓰시오.

정답   가성취화

09

보일러 운전 중 과열을 방지하기 위한 대책을 3가지 쓰시오.

정답
① 보일러 내부 스케일 생성을 방지한다.
② 다량의 불순물로 인한 보일러수 농축을 피한다.
③ 적정 보일러 수위를 유지하여 저수위 운전을 피한다.
④ 전열면의 국부과열을 피한다.
⑤ 연소실 열부하가 너무 높지 않게 한다.

10

아래 보기는 보일러에서 어떠한 현상이 발생하였을 때 일어날 수 있는 장애에 대한 설명이다. 어떠한 현상을 설명한 것인지 쓰시오.

[보기]
① 보일러수 전체가 현저하게 요동치고 수면계의 수위확인이 어렵다.
② 증기과열기에 보일러수가 들어가 증기온도와 과열도가 저하하고 동시에 과열기를 오염시킨다.
③ 수격작용을 유발하고 배관이음 및 기기에 손상을 입힌다.
④ 안전밸브 오염, 압력계 연락구멍이 스케일과 이물질로 막히고 수면계의 통기관에 보일러수가 들어가기도 하여 성능을 저하시킨다.
⑤ 프라이밍, 포밍 현상이 급격히 일어나며 보일러 내의 수위가 급격하게 저하하여 저수위사고를 일으킬 수 있다.

정답 캐리오버(carry over) 현상

11

증기난방 방식에서 응축수 환수 방법에 의한 분류 3가지를 쓰시오.

정답 ① 중력환수식 ② 진공환수식 ③ 기계환수식

12

보일러 운전 중 보일러수 분출작업의 목적 3가지를 쓰시오.

정답
① 관수 농축방지
② 프라이밍, 포밍방지
③ 관수순환 촉진
④ 관수 pH 조절
⑤ 스케일 생성 방지

13

아래 그림과 같이 20[A] 강관을 벤딩하여 배관하고자 할 때 "B ~ C"구간의 실제 배관길이는 몇 [mm]인지 구하시오. (단, 엘보 부속중심선에서 끝 면까지 20[mm], 나사산 삽입길이 13[mm], $\pi = 3.14$로 계산하시오.)

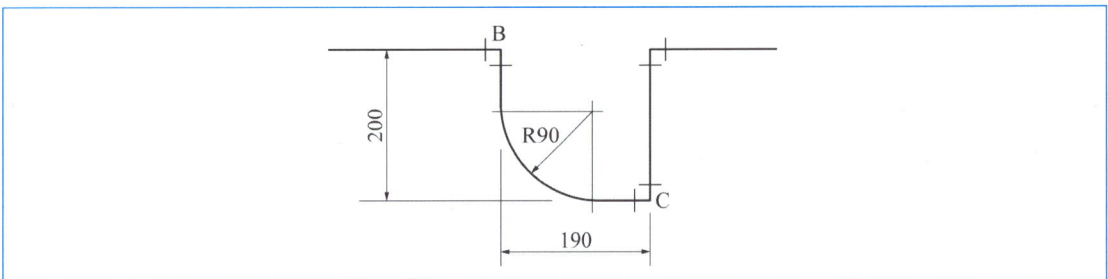

풀이
① 곡선부 길이
$$L_1 = 2\pi r \times \frac{\vartheta}{360} = 2 \times 3.14 \times 90 \times \frac{90}{360} = 141.3 [mm]$$

② B 부분 직선배관 길이
L_2 = 직선배관 길이 - 부속공간 길이 = (200 - 90) - (20 - 13) = 103[mm]

③ C 부분 직선배관 길이
L_3 = 직선배관 길이 - 부속공간 길이 = (190 - 90) - (20 - 13) = 93[mm]

④ B ~ C 부분 전체 배관의 실제길이
$L = L_1 + L_2 + L_3 = 141.3 + 103 + 93 = 337.3 [mm]$

정답 337.3[mm]

14

어떤 보일러의 연료사용량이 300[kg/h]이고 이 보일러의 게이지압력이 0.6[MPa] 상태에서 3800[kg/h]의 증기를 발생시킬 때 아래 증기표를 기준하여 해당 보일러의 효율을 구하시오.(단, 연료의 저위발열량 9850[kcal/kg], 급수온도 20[℃], 발생증기의 건조도 85[%]이다.)

절대압력[MPa]	포화온도[℃]	포화수 엔탈피[kcal/kg]	포화증기 엔탈피[kcal/kg]
0.5	151.11	152.04	656.1
0.6	158.08	159.25	658.1
0.7	164.17	165.60	659.7

풀이

① 습증기(h'') 엔탈피 : 0.6[MPa]는 게이지 압력이다. 따라서 0.1[MPa]를 더한 0.7[MPa]의 절대압력을 기준으로 계산한다.

$$h'' = h_1 + (h_2 - h_1)x = 165.60 + (659.7 - 165.60) \times 0.85 = 585.585 ≒ 585.59[kcal/kg]$$

② 효율

$$\eta = \frac{G(h'' - h')}{G_f \times H_l} \times 100 = \frac{3800 \times (585.59 - 20)}{300 \times 9850} \times 100 = 72.732 ≒ 72.73[\%]$$

정답 72.73[%]

$$h'' = h_1 + (h_2 - h_1)x$$

- h'' : 습증기 엔탈피[kcal/kg]
- h_1 : 포화수 엔탈피[kcal/kg]
- h_2 : 포화증기 엔탈피[kcal/kg]
- x : 건조도

$$\eta = \frac{G(h'' - h')}{G_f \times H_l} \times 100$$

- η : 효율
- G : 증기발생량[kg/h]
- G_f : 사용연료량[kg/h]
- h_l : 연료의 저위발생량[kg/h]
- h'' : 습증기 엔탈피[kcal/kg]
- h' : 급수 엔탈피[kcal/kg]

15

아래 보기는 공기조화의 부하 종류를 나타내고 있다. 이 중에서 현열과 잠열이 함께 발생되는 것의 해당 번호를 모두 골라 쓰시오.

> [보기]
> ① 틈새바람에 의한 열부하
> ② 외기도입부하
> ③ 벽 유리창 등 구조체를 통한 관류열부하
> ④ 사람의 몸과 같은 인체로부터 발생된 부하
> ⑤ 송풍기, 덕트로부터 발생되는 장치부하
> ⑥ 형광등에서 발생되는 기기부하

정답 ①, ②, ④

> ① 현열 + 잠열 ② 현열 + 잠열 ③ 현열 ④ 현열 + 잠열 ⑤ 현열 ⑥ 현열

16

아래 설명은 결로(結露)현상에 대한 설명이다. 다음 ( ) 안에 알맞은 용어를 선택하여 동그라미 하시오.

> 겨울철 벽이나 유리창 표면에 이슬이 맺히는 현상은 ① (건구온도, 습구온도)가 ② (높아, 낮아, 같아)서 실내의 ③ (건구온도, 습구온도)와 차이가 ④ (높아, 낮아) 이슬이 맺히는 현상으로 이는 유리창 밖 외기온도의 ⑤ (노점온도, 빙점온도)로 인하여 발생하는 현상이다.

정답 ① 습구온도 ② 낮아 ③ 건구온도 ④ 높아 ⑤ 노점온도

17

아래 계통도를 참고하여 온수난방 배관 시 유량 평균성을 보존하기 위해 사용되는 역환수방식(reverse return system)의 환수배관을 점선으로 그려 완성하시오.

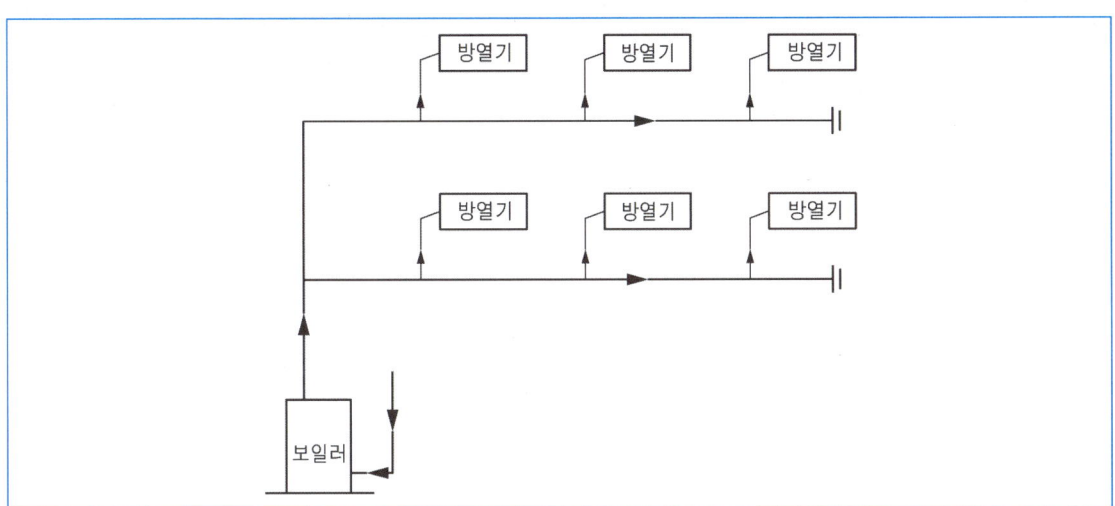

정답

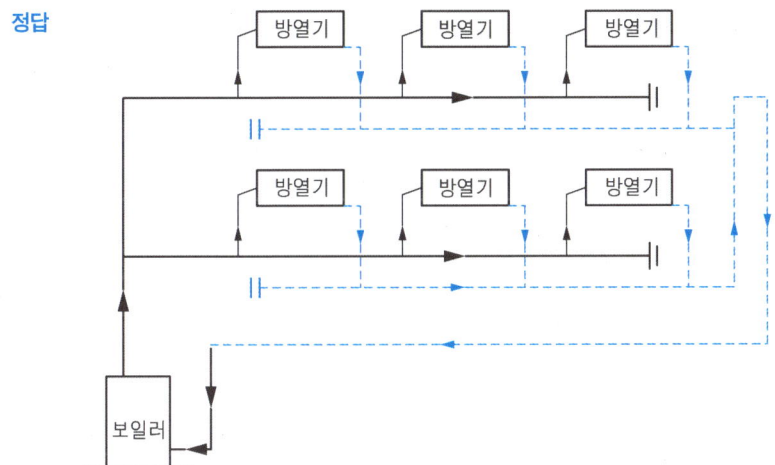

01

보일러 안전장치 중 하나인 화염검출기의 종류를 3가지 쓰시오.

정답 ① 플레임아이 ② 플레임로드 ③ 스택스위치

02

아래 내용은 플랜지 패킹에 대한 설명이다. 각각에서 설명하는 플랜지 패킹의 명칭을 쓰시오.

> 가. 탄성이 크고 흡수성이 없으며, 산알칼리에는 강하나 기름에는 침식된다.
> 나. 고무패킹의 일종으로 합성고무 제품이며 천연고무의 성질을 개선시켜 내산성화성, 내열성, 내유성이 좋고, 기계적 성질이 양호하다.
> 다. 합성수지 패킹의 대표적 패킹으로 내열 범위가 -260 ~ 260[℃]까지로 사용범위가 넓고 기름이나 약품에 잘 침식되지 않는다.

정답 가. 천연고무 나. 네오프렌(neoprenne) 다. 테프론

03

보일러의 용량표시 방법을 3가지 쓰시오.

정답 ① 정격출력 ② 보일러 마력 ③ 전열면적
④ 상당방열면적(EDR) ⑤ 상당증발량 ⑥ 최대 연속 증발량

04

급수처리 내처리제 중 슬러지 조정제의 종류를 3가지 쓰시오.

정답 ① 탄닌 ② 리그닌 ③ 전분

05

파이프 렌치(pipe wrench)의 규격에는 200[mm], 300[mm], 350[mm], 450[mm], 600[mm], 1200[mm] 등이 있다. 이 호칭 규격은 무엇을 기준으로 하는지 쓰시오.

정답 파이프 렌치의 죠(jaw)를 최대로 벌리거나 최대 큰 관을 물린 상태에서의 전장

06

방열기의 입구온도가 90[℃], 방열기 출구온도가 70[℃]이고 실내온도가 20[℃]일 때 방열기의 방열량[kcal/m²h]을 계산하시오.(단, 방열기의 방열계수는 8[kcal/m²h℃]이다.)

풀이 $Q = K \times \triangle t_m = 8 \times \left(\dfrac{90 + 70}{2} - 20 \right) = 480 [\text{kcal/m}^2\text{h}]$

정답 480[kcal/m²h]

$Q = K \times \triangle t_m$
- Q : 소요방열량[kcal/m²h]
- K : 방열계수[kcal/m²h℃]
- $\triangle t_m$: 산술평균온도차[℃]

07

다음 유류용 온수보일러의 설치 개략도를 보고 아래 부품 중 맞는 번호를 개략도에서 찾아 쓰시오.

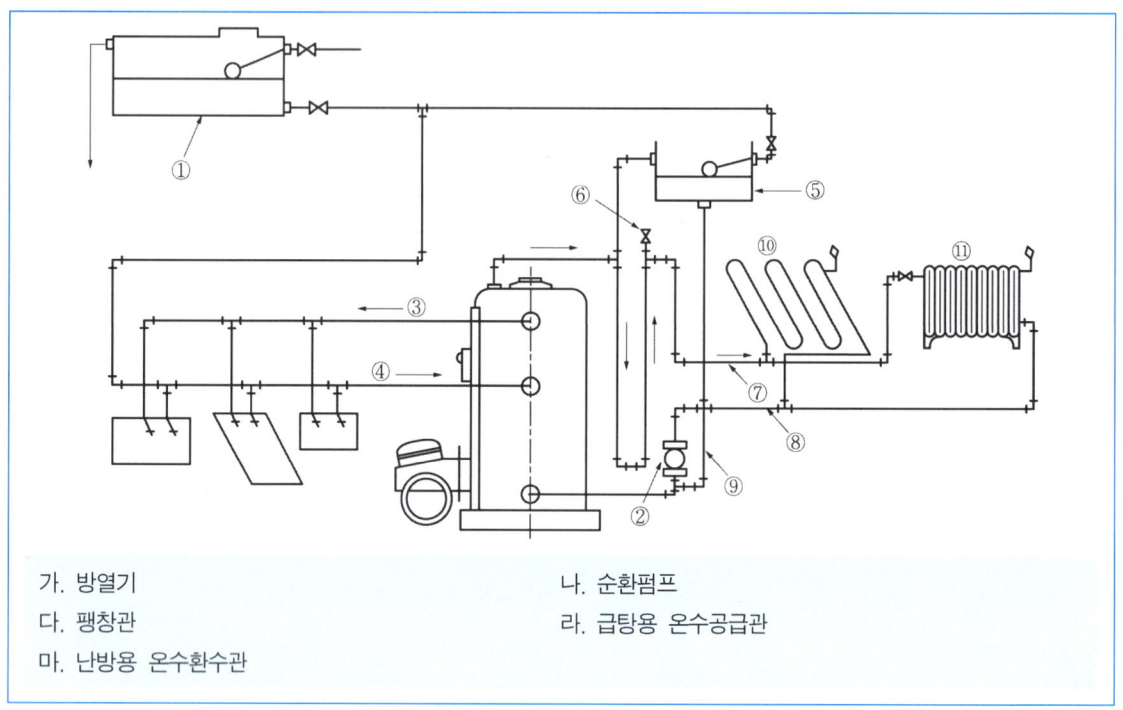

가. 방열기
나. 순환펌프
다. 팽창관
라. 급탕용 온수공급관
마. 난방용 온수환수관

정답 가. ⑪ 나. ② 다. ⑨ 라. ③ 마. ⑧

각 부품 명칭정리
① 옥상 물탱크
② 순환펌프
③ 급탕용 온수공급관
④ 급탕용 냉수공급관
⑤ 팽창탱크
⑥ 공기빼기밸브
⑦ 난방용 송수주관
⑧ 난방용 환수주관
⑨ 팽창관
⑩ 방열관
⑪ 방열기

08

다음 배관용 탄소강관 기호를 보고 알맞은 명칭을 쓰시오.

> 가. SPP :
> 나. SPPS :
> 다. STHA :

정답
가. SPP : 배관용 탄소강관
나. SPPS : 압력 배관용 탄소강관
다. STHA : 보일러 열교환기용 합금강관

① SPP(Carbon Steel Pipe Pipelines) : 배관용 탄소강관
② SPPS(Carbon Steel Pipe Pressure Service) : 압력 배관용 탄소강관
③ STHA(Alloy Steel Tube Boiler Heat exchanger) : 보일러 열교환기용 합금강관

09

조성이 C : 85[%], H : 12[%], S : 3[%]인 중유를 연소하고자 할 때 발생되는 이론 건연소가스량[Nm³/kg]을 구하시오.

풀이 이론 건연소가스량(Nm³/kg)

$$G_{od} = 8.89C + 21.1H - 2.63O + 3.33S + 0.8N$$
$$= 8.89 \times 0.85 + 21.1 \times 0.12 + 3.33 \times 0.03$$
$$= 10.188 ≒ 10.19[Nm^3/kg]$$

정답 10.19[Nm³/kg]

이론 건배기가스량[Nm³/kg] = 이론공기 중 질소량(N₂) + CO₂ + SO₂ + 기타생성가스

$$G_{od} = (1 - 0.21)A_o + 1.867C + 0.7S + 0.8N$$
$$= \left(\frac{1.867C + 5.6H + 0.7S + 0.7O}{0.21} \times 0.79 \right) + 1.867C + 0.7S + 0.8N$$
$$G_{od} = 8.89C + 21.1H - 2.63O + 3.33S + 0.8N$$

10

보일러 운전 중 발생하는 이상현상 중 캐리오버(carry over)가 발생하였을 때 장애 4가지를 쓰시오.

정답
① 수면의 약동으로 수위 판단 곤란
② 배관 내 수격작용 발생
③ 배관 및 설비 계통의 부식 발생
④ 계기류 연락관의 막힘
⑤ 증기 이송 시 저항 증가
⑥ 증기의 열량 감소

11

다음 방열기 도시기호를 보고 물음에 답하시오.

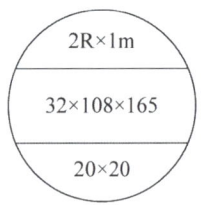

가. 방열기의 유입관경 및 유출관경은 얼마인가?
나. 핀(fin)의 크기(치수)는 얼마인가?
다. 엘리멘트의 핀은 몇 개인가?

정답 가. 20[A]×20[A]   나. 108[mm]   다. 165개

베이스보드 히터 방열기

- 엘리멘트의 길이
- 종별×크기×핀의 개수×단수
- 유입 관경×유출 관경
- 베이스 길이
- 환산방열면적

12

기체 연료 연소 시 발생되는 질소산화물(NOx)의 저감대책을 3가지 쓰시오.

정답
① 연소 시 과잉공기량을 줄인다.
② 연소온도를 낮게 유지한다.
③ 노내압력을 낮게 유지한다.
④ 질소함유량이 적은 연료를 사용한다.
⑤ 노내가스의 잔류시간을 줄인다.
⑥ 연소가스 중 산소농도를 저하시킨다.

13

보일러에서 발생된 증기의 양이 5000[kg/h]이고, 급수온도가 30[℃], 발생증기의 엔탈피가 650[kcal/kg], 전열면적 120[m^2]일 때 1[m^2]당 상당증발량[kg/m^2h]은 얼마인지 구하시오.

풀이
① 상당증발량

$$G_e = \frac{G(h'' - h')}{539} = \frac{5000 \times (650 - 30)}{539} = 5751.391 ≒ 5751.39[kg/h]$$

② 단위 면적당 상당증발량

$$G_{ef} = \frac{G_e}{F} = \frac{5751.39}{120} = 47.928 ≒ 47.93[kg/m^2h]$$

정답 47.93[kg/m^2h]

$$G_e = \frac{G(h''-h')}{539}$$

- G_e : 상당증발량[kg/h]
- G : 실제증발량[kg/h]
- h'' : 증기엔탈피[kcal/kg]
- h' : 급수엔탈피[kcal/kg]

14

보일러 급수장치 중 하나인 인젝터의 작동불능 원인에 대해 4가지를 쓰시오.

정답
① 급수온도가 너무 높을 때(50[℃] 이상)
② 증기압이 너무 낮거나(0.2[MPa] 이하), 높을 때(1[MPa] 이상)
③ 노즐 마모 시
④ 체크밸브 고장 시
⑤ 증기 속에 수분이 많을 때
⑥ 인젝터 과열 시

15

아래 몰리에르선도(P - i선도)에서 ①~④번의 명칭을 쓰시오.

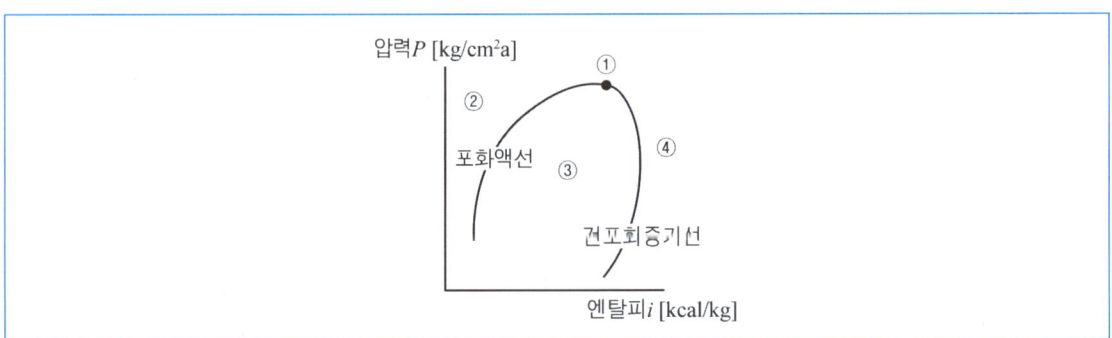

정답 ① 임계점 ② 과냉각액 구역 ③ 습포화증기 구역 ④ 과열증기 구역

01

보일러 열정산 시 보일러에서 발생하는 열손실(출열)에는 어떠한 것이 있는지 2가지 쓰시오.

정답
① 불완전연소에 의한 손실열
② 발생증기 보유열
③ 노벽 방사손실열
④ 배기가스에 의한 손실열
⑤ 미연소분에 의한 손실열

출열 암기법 : 불 발 방 배 미
① 출열 : 불완전연소에 의한 손실열, 발생증기 보유열, 노벽 방사손실열, 배기가스에 의한 손실열, 미연소분에 의한 손실열
② 입열 : 연료의 발열량, 연료의 현열, 연소용 공기의 현열, 노내 분입 증기에 의한 입열

02

보일러 설치검사 기준상 안전밸브 및 압력방출장치의 크기는 호칭지름 25A 이상으로 하여야 하지만 호칭지름 20A 이상으로 할 수 있는 보일러도 있다. 20A 이상으로 할 수 있는 보일러 3가지를 쓰시오.

정답
① 최고사용압력 0.1[MPa] 이하의 보일러
② 최고사용압력 0.5[MPa] 이하의 보일러로 동체의 안지름이 500[mm] 이하이며, 동체의 길이가 1000[mm] 이하의 것
③ 최고사용압력 0.5[MPa] 이하의 보일러로 전열면적 2[m^2] 이하의 것
④ 최대증발량 5[t/h] 이하의 관류보일러
⑤ 소용량 강철제 보일러, 소용량 주철제 보일러

03

탄소(C) 10[kg]을 완전연소했을 때 CO_2 발생량은 표준상태에서 몇 [Nm^3]인지 구하시오.

풀이 ① 탄소(C)의 완전연소반응식

$$C + O_2 \rightarrow CO_2$$

② 계산 : 1[kmol]의 탄소[C]가 연소할 때 1[kmol]의 이산화탄소(CO_2)가 발생하므로

(※ 힌트 : 아보가드로 법칙에 의해 1[kmol] = 22.4[m^3]과 같다.)

12[kg] : 22.4[Nm^3] = 10[kg] : x[Nm]

$$x = \frac{22.4 \times 10}{12} = 18.666 \fallingdotseq 18.67[Nm^3]$$

정답 18.67[Nm^3]

04

보일러의 연료로 프로판가스를 사용하고자 한다. 프로판가스가 10[Nm^3] 연소할 때 필요한 이론공기량은 몇 [Nm^3]인지 구하시오.

풀이 ① 프로판(C_3H_8)의 완전연소반응식

$$C_3H_8 + 5O_2 \rightarrow 3CO_2 + 4H_2O$$

② 계산 : 1[kmol]의 프로판(C_3H_8)이 연소할 때 5[kmol]의 산소(O_2)가 필요하므로

(※ 힌트 : 아보가드로 법칙에 의해 1[kmol] = 22.4[m^3]과 같다.)

22.4[Nm^3] : 5×22.4[Nm^3] = 10[Nm^3] : $x(O_o)$[Nm^3]

$$O_o(\text{이론산소량}) = \frac{5 \times 22.4 \times 10}{22.4} = 50[Nm^3]$$

$$A_o(\text{이론공기량}) = \frac{O_o}{0.21} = \frac{50}{0.21} = 238.095 \fallingdotseq 238.10[Nm^3]$$

정답 238.10[Nm^3]

$$A_o(\text{이론공기량}) = \frac{O_o(\text{이론산소량})}{0.21}$$

05

응축수 환수방법 중 증기난방의 분류에서 응축수 환수가 가장 **빠른** 것부터 느린 순서대로 나열하여 쓰시오.

정답 진공 환수식 → 기계 환수식 → 중력 환수식

06

강관에 동관을 연결하거나 동관을 이종관으로 연결하기 위해 필요한 동합금 이음쇠의 종류를 3가지 쓰시오.

정답 ① C×M 어댑터   ② C×F 어댑터   ③ Ftg×M 어댑터

> **동관용 이음쇠 기호**
> ① C : 이음쇠 끝부분의 내경에 동관이 들어갈 수 있도록 되어 있는 용접용 이음쇠
> ② Ftg : 이음쇠 끝부분의 외경에 동관이 들어갈 수 있도록 되어 있는 용접용 이음쇠
> ③ F : 이음쇠 끝부분의 암나사로 가공된 나사이음쇠
> ④ M : 이음쇠 끝부분이 숫나사로 가공된 나사이음쇠

07

온수보일러 동체(철금속)의 무게가 0.8[ton], 보일러 내부에 물이 500[kg] 들어 있을 때 처음 보일러수의 온도를 10[℃]에서 80[℃]로 가열하여 온수를 공급할 때 예열부하[kcal]는 얼마인지 구하시오.(단, 철의 비열은 0.12[kcal/kg℃]이고 물의 비열은 1[kcal/kg℃]이다.)

풀이 $Q_p = (G_1 \times C_1 \times \Delta t_1) + (G_2 \times C_2 \times \Delta t_2)$

  = {800×0.12×(80 - 10)} + {500×1×(80 - 10)}

  = 41720[kcal]

정답 41720[kcal]

08

전열면의 그을음을 제거하는 장치인 수트 블로워(soot blow)의 작동 시 주의사항 3가지를 쓰시오.

정답
① 부하가 적거나(50[%] 이하) 소화 후 사용하지 말 것
② 분출 전 송풍기를 가동하여 유인통풍을 증가시킬 것
③ 장치 내 응축수를 제거한 다음 사용할 것
④ 한 곳에 집중적으로 분사하지 말 것
⑤ 연료의 종류, 분출 위치, 증기의 온도 등에 따라 분출시기를 결정할 것

09

시간당 증기발생량이 150[kg]이고 발생증기 엔탈피가 600[kcal/kg], 급수엔탈피가 50[kcal/kg]이며 시간당 연료사용량이 200[kg], 연료의 저위발열량이 1000[kcal/kg]인 보일러가 있다. 이 보일러의 효율은 얼마인지 구하시오.

풀이 $\eta = \dfrac{G(h'' - h')}{Gf \times H_l} \times 100 = \dfrac{150 \times (600 - 50)}{200 \times 1000} \times 100 = 41.25[\%]$

정답 41.25[%]

$$\eta = \dfrac{G(h'' - h')}{Gf \times H_l}$$

- G : 실제증발량[kg/h]
- h'' : 발생증기엔탈피[kcal/kg]
- h' : 급수엔탈피[kcal/kg]
- Gf : 연료발생량[kg/h]
- H_l : 저위발열량[kcal/kg]
- η : 효율

10

다음 부속품을 이용하여 바이패스 배관도를 완성하시오.

[부속품]
- 밸브 : 3개
- 유니언 : 3개
- 티 : 2개
- 엘보 : 2개
- y형 여과기 : 1개
- 펌프(Ⓟ) : 1개

정답

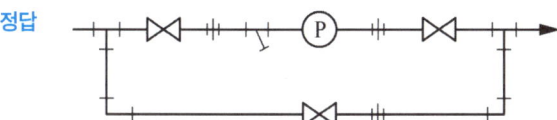

11

다음에 설명하는 화염 검출기의 명칭을 쓰시오.

가. 화염 중에는 양성자와 중성자가 전리되어 있음을 이용하여 버너에 그랜드로드를 부착하여 화염 중에 삽입하여 전기적 신호를 전자밸브에 보내어 화염을 검출한다.
나. 연소 중에 발생되는 연소가스의 열에 의해 바이메탈의 신축작용으로 전기적 신호를 만들어 화염의 유무를 검출한다.
다. 연소 중에 발생하는 화염의 빛을 검지부에서 전기적 신호로 바꾸어 화염의 유무를 검출한다.

정답   가. 플레임 로드   나. 스택 스위치   다. 플레임 아이

12

보일러 열정산 기준을 아래 물음에 알맞게 쓰시오.

> 가. 기준온도 :
> 나. 보일러의 부하 :
> 다. 연료의 발열량 :
> 라. 효율산정방법 2가지 :

정답 가. 외기온도
　　　　나. 정격부하
　　　　다. 고위발열량
　　　　라. 입출열법, 열손실법

13

다음은 중유 버너의 공기조절장치(air register) 구성 부품을 설명한 것이다. 각각 어떤 부품인지 명칭을 쓰시오.

> 가. 착화를 원활하게 하고 화염의 안정을 도모하는 것이며, 선회기가 있어 연소용 공기에 선회운동을 주어 와류현상이 생겨 착화를 쉽게 하는 부품
> 나. 압입통풍의 경우 버너를 장치하는 벽면에 설치되는 밀폐된 상자로서 풍도(風道)에서 공기를 흡입하여 동압을 정압으로 바꾸는 역할을 하는 부품

정답 가. 보염기(스테빌라이저) 나. 윈드박스

14

다음 ( ) 안에 알맞은 내용을 쓰시오.

> 배관의 지지장치 중 펌프, 압축기 등에서 발생하는 진동, 서징, 수격작용, 지진 등에 의한 진동, 충격을 흡수하는 장치를 브레이스라고 한다. 이때 진동을 방지하기 위해서는 (①)를 사용하고, 배관 내 워터해머로 인한 충격을 해소하기 위해 (②)를 사용한다.

정답   ① 방진기   ② 완충기

15

동력을 사용하는 자동 나사절삭기의 종류 3가지를 쓰시오.

정답   ① 오스터형   ② 다이헤드형   ③ 호브형

16

연소 시 발생되는 배기가스 중 질소산화물 함량을 줄이는 방법을 4가지 쓰시오.

정답   ① 연소 시 과잉공기량을 줄인다.
② 연소온도를 낮게 유지한다.
③ 노내압력을 낮게 유지한다.
④ 질소함유량이 적은 연료를 사용한다.
⑤ 노내가스의 잔류시간을 줄인다.
⑥ 연소가스 중 산소농도를 저하시킨다.

실기[필답형] 기출문제 — 제19회

01

송풍기의 풍량제어 방법에 대해 3가지를 쓰시오.

정답
① 토출 댐퍼에 의한 제어
② 흡입 댐퍼에 의한 제어
③ 흡입 베인에 의한 제어(가동날개 열림 정도의 제어)
④ 회전수에 의한 제어
⑤ 가변피치 제어

> **송풍기 풍량제어 방법**
> ① 토출 댐퍼에 의한 제어 : 익형송풍기, 소형송풍기의 댐퍼 조절 변화
> ② 흡입 댐퍼에 의한 제어 : 송풍기 흡입 측 댐퍼 조절 변화
> ③ 흡입 베인(vane)에 의한 제어 : 가동날개의 열림 정도의 변화
> ④ 회전수에 의한 제어 : 전동기의 회전수 변화
> ⑤ 가변피치 제어 : 날개각도 변화

02

캐리오버(carry over)의 방지대책을 3가지 쓰시오.

정답
① 기수분리기 및 비수방지관을 설치한다.
② 주 증기 밸브를 서서히 연다.
③ 관수 중 불순물을 제거한다.
④ 고수위 운전을 피한다.

03

보일러 열정산 시 입열에 해당하는 항목 3가지를 쓰시오.

정답
① 연료의 발열량   ② 연료의 현열
③ 공기의 현열   ④ 급수의 현열(절탄기 사용 시)
⑤ 노내분입 증기의 현열

> **입열항목 암기법 : 연료, 공기, 물, 증기(노내분입)**
> ① 출열 : 불완전연소에 의한 손실열, 발생증기 보유열, 노벽 방사손실열, 배기가스에 의한 손실열, 미연소분에 의한 손실열
> ② 입열 : 연료의 발열량, 연료의 현열, 연소용 공기의 현열, 노내분입 증기에 의한 입열

04

보일러 설치 시공기준 중 급수장치의 종류에 대한 내용이다. (   ) 안에 알맞은 내용을 쓰시오.

> 가. 주 펌프 세트(인젝터 포함) + 보조 펌프 세트로 2세트 이상으로 설치하여야 한다. 다만, 아래와 같은 경우 보조 펌프 세트를 생략할 수 있다.
>   ㉠ 전열면적 (①)[m²] 이하인 증기 보일러
>   ㉡ 전열면적 (②)[m²] 이하인 가스용 온수 보일러
>   ㉢ 전열면적이 (③)[m²] 이하인 관류보일러
> 나. 보일러 급수관에는 보일러에 인접하여 급수밸브와 체크밸브를 설치하여야 한다. 다만, 최고사용압력이 (④)[MPa] 미만일 경우 보일러에는 체크밸브를 생략할 수 있다.
> 다. 급수밸브의 크기는 전열면적 10[m²] 이하의 보일러에서는 호칭 (⑤)[A] 이상의 것으로 한다.

정답   ① 12   ② 14   ③ 100   ④ 0.1   ⑤ 15

05

파이프를 벤딩할 수 있는 장비의 종류를 3가지 쓰시오.

정답
① 수동 롤러 및 벤더에 의한 벤딩
② 램식 벤딩 머신
③ 로터리식 벤딩 머신

06

어느 건물에서 창문을 제외한 벽체의 총면적이 48[m²]이고 실내온도가 22[℃], 외기온도가 -8[℃], 열관류율이 5[kcal/m²h℃]일 때 이 건물의 벽체를 통한 난방부하[kcal/h]는 얼마인지 구하시오.(단, 건물의 방향은 남서향이고 방위계수는 1.10이다.)

풀이 $Q = K \cdot F \cdot \triangle t \cdot k = 5 \times 48 \times \{22 - (-8)\} \times 1.1 = 7920$[kcal/h]

정답 7920[kcal/h]

$Q = K \cdot F \cdot \triangle t \cdot k$
- K : 열관류율[kcal/m²h℃]
- F : 면적[m²]
- $\triangle t$: 온도차[℃]
- k : 방위계수

07

보일러의 상당 증발량이 2000[kg/h], 연료의 저위발열량 10000[kcal/kg], 효율이 80[%]로 운전되는 경우 연료소비량[kg/h]를 구하시오.

풀이 $Gf = \dfrac{G_e \times 539}{\eta \times Hl} = \dfrac{2000 \times 539}{0.8 \times 10000} = 134.75$[kg/h]

정답 134.75[kg/h]

$$\eta = \dfrac{G(h'' - h')}{Gf \times Hl} = \dfrac{G_e \times 539}{Gf \times Hl} \rightarrow Gf = \dfrac{G_e \times 539}{\eta \times Hl}$$

08

아래에 화염검출기에 대한 물음에 답하시오.

> 가. 화염이 발광체임을 이용한 화염검출기의 종류 4가지를 쓰시오.
> 나. 화염의 이온화현상에 의한 전기전도성을 이용한 화염검출기의 명칭을 쓰시오.

정답 가. 적외선 광전관, 자외선 광전관, 황화카드뮴(CdS)셀, 황화납(PbS)셀
　　　　나. 플레임 로드

09

가정용 온수보일러에 설치하는 팽창탱크의 설치목적 4가지를 쓰시오.

정답 ① 온수의 체적팽창 및 이상팽창 압력을 흡수할 수 있다.
　　　　② 장치 내 공기빼기가 가능하다.
　　　　③ 장치 내 일정압력 유지가 가능하다.
　　　　④ 보일러수 부족 시 보충수를 공급할 수 있다.
　　　　⑤ 팽창된 온수의 넘침으로 인한 열손실을 방지할 수 있다.

10

보일러의 자동급수제어는 1요소식, 2요소식, 3요소식이 있다. 이 중 3요소식에 해당하는 검출요소 3가지를 쓰시오.

정답 ① 수위 제어   ② 증기량 제어   ③ 급수량 제어

11

중유의 성분이 중량비로 탄소(C) : 80[%], 수소(H) : 15[%]일 때, 이 연료 10[kg]을 연소시키는 데 필요한 실제공기량[Nm³]은 얼마인지 구하시오.(단, 연소 시 생성되는 연소가스의 조성은 체적비로 CO_2 : 12.5[%], O_2 : 3.7[%], N_2 : 84[%]이다.)

풀이 ① 공기비(m)

$$m = \frac{N_2}{N_2 - 3.76(O_2 - 0.5 \times CO)} = \frac{84}{84 - 3.76 \times 3.7} = 1.198 ≒ 1.2$$

② 이론공기량(연료 10[kg])

$$A_o = 8.89C + 26.67\left(H - \frac{O}{8}\right) + 3.33S$$

$$= \{(8.89 \times 0.8) + (26.67 \times 0.15)\} \times 10 = 111.125 ≒ 111.13[Nm^3]$$

③ 실제공기량

$$A = m \times A_o = 1.2 \times 111.13 = 133.356 ≒ 133.36[Nm^3]$$

정답 133.36[Nm³]

12

상당증발량을 구하는 공식을 쓰고 각각의 인자가 무엇인지 설명하시오.

정답 ① $G_e = \dfrac{G \times (h'' - h')}{539}$

② · G_e : 상당증발량[kg/h]
· G : 실제증발량[kg/h]
· h'' : 발생증기 엔탈피[kcal/kg]
· h' : 급수 엔탈피[kcal/kg]
· 539 : 표준상태 100[℃] 물의 증발잠열[kcal/kg]

13

시간당 연료소비량이 200[L]인 보일러에 유예열기를 설치하려고 한다. 연료의 예열온도가 80[℃]이고, 예열기 입구온도가 50[℃]일 때 유예열기의 용량은 몇 [kWh]인지 구하시오.(단, 연료의 비열은 0.45[kcal/kg℃]이고, 비중은 0.98, 유예열기의 효율은 85[%]이다.)

풀이 $\dfrac{G \cdot C \cdot \Delta t}{860 \cdot \eta} = \dfrac{(200 \times 0.98) \times 0.45 \times (80 - 50)}{860 \times 0.85} = 3.619 ≒ 3.62 [kWh]$

정답 3.62[kWh]

14

재료가 고온 건조한 상태에서 발생하는 부식을 건식이라고 한다. 이러한 건식이 나타나는 다양한 형태를 5가지 쓰시오.

정답 ① 고온부식 ② 고온산화 ③ 황화부식 ④ 질화부식 ⑤ 수소취성

- 고온부식(High-temperature corrosion) : 금속이 고온의 환경에 노출되어 화학적 반응을 통해 부식이 발생하는 현상으로 환경에 따라 산화, 황화, 질화 등의 반응이 발생할 수 있다.
- 고온산화(High-temperature oxidation) : 고온에서 금속 표면이 산소와 반응하여 산화된 층이 형성되는 부식
- 황화부식(Sulfidation corrosion) : 고온에서 금속이 황과 반응하여 황화물 층이 형성되고 이로 인해 부식이 발생하는 현상
- 질화부식(Nitridation corrosion) : 고온에서 금속이 질소와 반응하여 질화물 층이 형성되고 이로 인해 부식이 발생하는 현상
- 수소취성(Hydrogen embrittlement) : 고온과 수소의 동시 작용으로 금속의 속성이 변화하고 파괴가 발생하는 현상

15

아래 그림은 온수보일러의 설치 개략도이다. 개략도를 보고 난방수 공급라인과 방열코일, 방열기를 통과한 후 환수라인에 이르기까지의 누락된 부분을 선으로 연결하여 완성하시오.

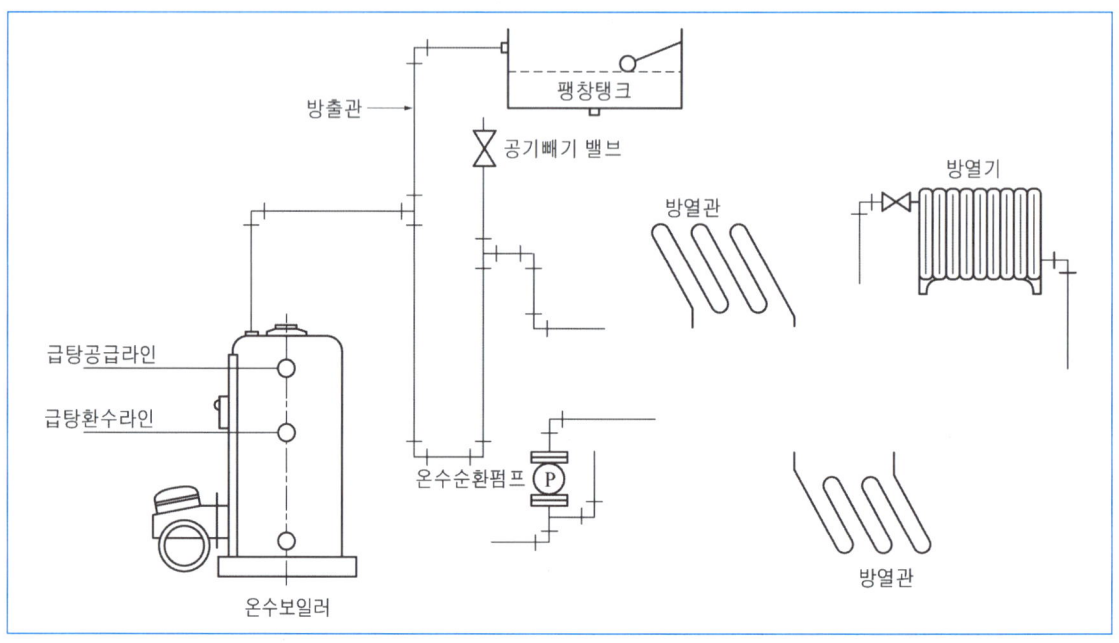

정답

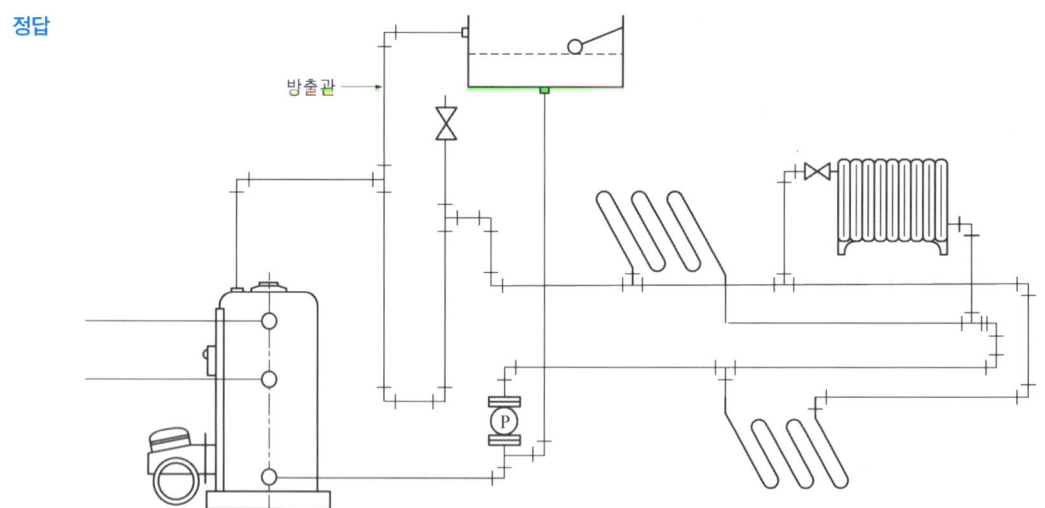

16

보일러가 정상 작동하다가 갑자기 발생한 이상상태로 인하여 운전을 긴급히 정지시키고자 할 때 가장 먼저 해야 할 동작은 무엇인지 구하시오.

정답 연료공급을 정지한다.

보일러의 긴급 정지 시 조치사항

① 연료공급을 정지한다.
② 공기공급을 정지한다.
③ 상태를 보며 서서히 급수를 공급한다.
④ 다른 보일러와의 연락관을 차단한다.
⑤ 보일러가 완전히 식은 후 사고원인을 조사한다.
⑥ 전열면을 확인하고 변형된 곳이 있는지 확인한다.
⑦ 이상이 없다면 급수 완료 후 점화하여 재사용 한다.

실기[필답형]기출문제 제20회

01

보일러의 세관방식 중 알칼리세관에 사용하는 약품을 3가지 쓰시오.

정답 ① 인산소다 ② 가성소다 ③ 탄산소다 ④ 암모니아

02

보일러 설치검사 기준상 안전밸브 및 압력방출장치의 크기는 호칭지름 25A 이상으로 하여야 하지만 호칭지름 20A 이상으로 할 수 있는 보일러도 있다. 20A 이상으로 할 수 있는 보일러 중 다음 (   ) 안에 알맞은 값을 쓰시오.

> 가. 최고사용압력 (①)[MPa] 이하의 보일러
> 나. 최고사용압력 (②)[MPa] 이하의 보일러로 동체의 안지름이 (③)[mm] 이하이며, 동체의 길이가 1000[mm] 이하의 것
> 다. 최고사용압력 (④)[MPa] 이하의 보일러로 전열면적 2m² 이하의 것
> 라. 최대증발량 5[t/h] 이하의 관류보일러
> 마. 소용량 (⑤) 보일러, 소용량 주철제 보일러

정답 ① 0.1 ② 0.5 ③ 500 ④ 0.5 ⑤ 강철제

03

보일러의 열정산 목적 3가지를 쓰시오.

정답 ① 열손실 파악 ② 열설비 성능(능력) 파악
③ 조업방법 개선 ④ 열설비 성능개선 자료로 활용
⑤ 열의 행방 파악

04

조성이 탄소(C) 90[%], 수소(H) 10[%]인 액체연료의 연소 시 필요한 실제공기량[Nm³/kg]은 얼마인지 구하시오.(단, 공기비는 1.20이다.)

풀이 (실제공기량) $A = m \times A_o$

(이론공기량) $A_o = 8.89C + 26.67\left(H - \dfrac{O}{8}\right) + 3.33S$

$A = 1.2 \times (8.89 \times 0.9 + 26.67 \times 0.1) = 12.801 ≒ 12.80[Nm^3/kg]$

정답 $12.80[Nm^3/kg]$

05

보일러 열정산 시 보일러에서 발생하는 열손실(출열)에는 어떠한 것이 있는지 2가지 쓰시오.

정답 ① 불완전연소에 의한 손실열 ② 발생증기 보유열
③ 노벽 방사손실열 ④ 배기가스에 의한 손실열
⑤ 미연소분에 의한 손실열

출열 암기법 : 불 발 방 배 미

① 출열 : 불완전연소에 의한 손실열, 발생증기 보유열, 노벽 방사손실열, 배기가스에 의한 손실열, 미연소분에 의한 손실열
② 입열 : 연료의 발열량, 연료의 현열, 연소용 공기의 현열, 노내분입 증기에 의한 입열

06

아래 내용은 보온재 사용 시 보온재의 밀도, 습도, 온도에 따른 열전도의 상태변화를 표시한 것이다. ( ) 안에 알맞은 용어나 내용을 "증가" 또는 "감소"로 선택하시오.

> 가. 밀도가 크면 열전도율은 (증가, 감소) 한다.
> 나. 습도가 증가하면 열전도율은 (증가, 감소) 한다.
> 다. 온도가 상승하면 열전도율은 (증가, 감소) 한다.

정답 가. 증가   나. 증가   다. 증가

07

강철제 보일러의 수압시험압력을 구하시오.

> 가. 최고 사용압력이 0.35[MPa]인 보일러 :
> 나. 최고 사용압력이 1[MPa]인 보일러 :

풀이 가. 0.35×2 = 0.7[MPa]
   나. (1×1.3) + 0.3 = 1.6[MPa]
정답 가. 0.7[MPa]
   나. 1.6[MPa]

최고 사용압력	수압시험압력
0.43[MPa] 이하	최고사용압력×2배
0.43[MPa] 초과 1.5[MPa] 이하	최고사용압력×1.3배 + 0.3[MPa]
1.5[MPa] 이상	최고사용압력×1.5배

08

동관 작업 시 사용하는 공구의 용도를 쓰시오.

> 가. 플레어링 툴 세트 :
> 나. 사이징 툴 :
> 다. 익스팬더 :

정답
가. 플레어링 툴 세트 : 압축이음을 하기 위해 동관 끝을 나팔모양으로 만드는 데 사용하는 공구
나. 사이징 툴 : 동관의 끝 부분을 원형으로 정형하는 공구
다. 익스팬더 : 동관의 끝을 확대(스웨징)하는 공구

09

다음과 같은 조건에서 가동되는 보일러의 효율을 구하시오.

> [조건]
> • 증기량발생량 : 14000[kg/h]
> • 발생증기 엔탈피 : 723[kcal/kg]
> • 연료의 저위발열량 : 9800[kcal/kg]
> • 급수온도 : 23[℃]
> • 연료 사용량 : 1200[kg/h]
> • 물의 비열 : 1[kcal/kg·℃]

풀이 $\eta = \dfrac{G(h''-h')}{Gf \times H} \times 100 = \dfrac{14000 \times (723-23)}{1200 \times 9800} \times 100 = 83.333 ≒ 83.33[\%]$

정답 83.33[%]

$\eta = \dfrac{G(h''-h')}{Gf \times H}$

- G : 실제증발량[kg/h]
- h'' : 발생증기 엔탈피[kcal/kg]
- h' : 급수 엔탈피[kcal/kg]
- Gf : 연료사용량[kg/h]
- H : 연료의 저위발생량[kcal/kg]
- η : 효율

10

가압수식 집진장치의 종류를 3가지 쓰시오.

정답 ① 벤투리 스크러버
② 사이클론 스크러버
③ 제트 스크러버
④ 충전탑
⑤ 분무탑

11

메탄(CH_4), 프로판(C_3H_8)이 완전연소할 때 생성되는 물질 2가지를 쓰시오.

정답 ① 이산화탄소(CO_2)
② 수증기(H_2O)

---

① 완전연소 반응식
- 메탄 : $CH_4 + 2O_2 \rightarrow CO_2 + 2H_2O$
- 프로판 : $C_3H_8 + 5O_2 \rightarrow 3CO_2 + 4H_2O$

② 완전연소 반응 유도공식
- $C_mH_n + \left(m + \dfrac{n}{4}\right)O_2 \rightarrow mCO_2 + \dfrac{n}{2}H_2O$

12

아래 조건을 보고 보온효율이 92[%]인 배관의 열손실[kcal/h]을 구하시오.

[조건]
- 배관의 길이 : 1250[m]
- 나관의 열관류율 : 6[kcal/m²h℃]
- 나관 1[m]당 표면적 : 0.3[m²]
- 배관 내·외부 온도차 : 35[℃]

풀이 $Q_2 = Q_1(1-\eta) \rightarrow Q_2 = KF\Delta t(1-\eta)$

$Q_2 = 6 \times (1250 \times 0.3) \times 35 \times (1 - 0.92) = 6300$[kcal/h]

정답 6300[kcal/h]

$\eta = \dfrac{Q_1 - Q_2}{Q_1} = 1 - \dfrac{Q_2}{Q_1} \rightarrow (Q_2\text{를 구하면})\ Q_2 = Q_1(1-\eta)$

- η : 보온효율
- Q_1 : 보온 전 열손실[kcal/h]
- Q_2 : 보온 후 열손실[kcal/h]

위 계산과정의 공식은 $Q_1 = KF\Delta t$로 반영하여 풀이하게 된다.

13

보일러의 운전 중 그루빙(grooving)이 발생하기 쉬운 곳 3가지를 쓰시오.

정답 ① 리벳 이음부의 판이 겹치는 가장자리
② 평경판의 거싯(gusset) 스테이 부분
③ 접시형 경판 모퉁이의 만곡부
④ 경판에 뚫린 급수구멍
⑤ 노통 하단의 아담슨 조인트의 플랜지 부분

14

아래 그림은 전극식 수위검출기이다. ①~⑤ 각각의 전극봉 용도를 [보기]에서 찾아 쓰시오.

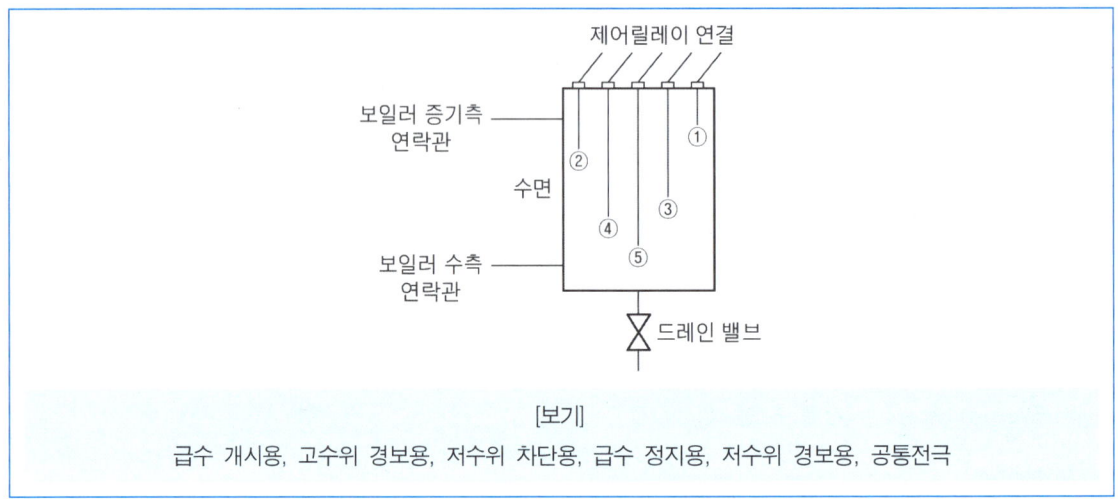

[보기]
급수 개시용, 고수위 경보용, 저수위 차단용, 급수 정지용, 저수위 경보용, 공통전극

정답 ① 고수위 경보용 ② 급수 정지용 ③ 급수 개시용 ④ 저수위 경보용 ⑤ 공통전극

15

증기 방열기에 0.4[MPa]의 압력으로 공급되는 포화증기의 엔탈피가 654.92[kcal/kg]이고, 포화수 온도가 144.92[℃]이다. 이때 증기의 건조도가 0.980이고 방열기 1[m²]당 발생하는 응축수량은 얼마인지 구하시오.(단, 방열기 방열량은 표준 방열량으로 계산한다.)

풀이 $G = \dfrac{Q}{r} = \dfrac{q \times A}{x(h'' - h')} = \dfrac{650}{0.98 \times (654.92 - 144.92)} = 1.300 ≒ 1.30 [kg/m^2 h]$

정답 1.30[kg/m²h]

$$G = \dfrac{Q}{r} = \dfrac{q \times A}{x(h'' - h')}$$

- G : 응축수량[kg/h]
- Q : 난방부하[kcal/h]
- r : 잠열[kcal/kg]
- q : 표준방열량[kcal/m²h]
- A : 면적[m²]
- h'' : 발생증기엔탈피[kcal/kg]
- h' : 급수엔탈피[kcal/kg]
- x : 건조도

실기[필답형]기출문제 — 제21회

01

송풍기의 풍량제어 방법에 대해 3가지를 쓰시오.

정답
① 토출 댐퍼에 의한 제어
② 흡입 댐퍼에 의한 제어
③ 흡입 베인에 의한 제어(가동날개 열림 정도의 제어)
④ 회전수에 의한 제어
⑤ 가변피치 제어

송풍기 풍량제어 방법
① 토출 댐퍼에 의한 제어 : 익형송풍기, 소형송풍기의 댐퍼 조절 변화
② 흡입 댐퍼에 의한 제어 : 송풍기 흡입 측 댐퍼 조절 변화
③ 흡입 베인(vane)에 의한 제어 : 가동날개의 열림 정도의 변화
④ 회전수에 의한 제어 : 전동기의 회전수 변화
⑤ 가변피치 제어 : 날개각도 변화

02

보일러의 급수처리는 보일러 운전관리 중 하나로 보일러의 수명을 늘리고 열효율을 높이는 효과가 있는데 운전자가 급수처리를 제대로 하지 않고 보일러를 운전하는 경우 발생할 수 있는 장애를 4가지 쓰시오.

정답
① 관수 농축
② 가성취화 발생
③ 스케일 및 슬러지 생성
④ 포밍, 프라이밍의 발생
⑤ 캐리오버 발생
⑥ 부식 발생

03

전체 보유수량이 1500[L]인 온수보일러에서 10[℃]의 물을 90[℃]로 가열하고자 한다. 이때 온수 팽창량은 몇 [L]인지 구하시오.(단, 10[℃] 물의 밀도는 0.99973[kg/L]이고, 90[℃] 물의 밀도는 0.96534[kg/L]이다.)

풀이 $\triangle V = \left(\dfrac{1}{\rho_2} - \dfrac{1}{\rho_1}\right) \times V = \left(\dfrac{1}{0.96534} - \dfrac{1}{0.99973}\right) \times 1500 = 53.451 ≒ 53.45[L]$

정답 53.45[L]

$\triangle V = \left(\dfrac{1}{\rho_2} - \dfrac{1}{\rho_1}\right) \times V$

- $\triangle V$: 온수의 체적팽창량[L]
- ρ_1 : 가열 전 물의 밀도[kg/L]
- ρ_2 : 가열 후 물의 밀도[kg/L]
- V : 장치 내 포함된 전수량[kg]

04

급수내관의 설치 시 그 이점 3가지를 쓰시오.

정답
① 보일러 동내 부동팽창 방지
② 보일러 급수의 예열
③ 보일러수 교란방지

05

다음 조건을 보고 대류방열기(convector)를 도시기호로 표시하시오.

[조건]
- 열수 : 2열
- 상당방열 면적 4.3[m²]
- 유효길이 : 1700[mm]
- 유입관 지름 : 25[A]
- 유출관 지름 : 20[A]

정답

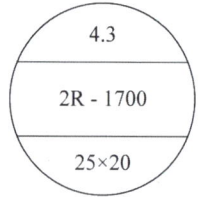

대류형방열기(convector)의 도시기호

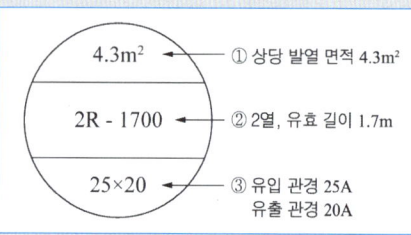

① 상당 발열 면적 4.3m²
② 2열, 유효 길이 1.7m
③ 유입 관경 25A
　유출 관경 20A

06

배관이음 도시기호는 관이음 방법에 따라 각기 다른 기호가 사용된다. 다음 물음에 알맞은 도시기호를 그리시오.

가. 턱걸이 이음 :
나. 플랜지 이음 :
다. 나사 이음 :

정답　가.
　　　　나. ─╫─
　　　　다. ─┼─

07

동관 작업 시 사용하는 공구의 용도를 쓰시오.

> 가. 플레어링 툴 세트 :
> 나. 사이징 툴 :
> 다. 익스팬더 :
> 라. 튜브 벤더 :

정답　가. 플레어링 툴 세트 : 압축이음을 하기 위해 동관 끝을 나팔모양으로 만드는 데 사용하는 공구
　　　　나. 사이징 툴 : 동관의 끝부분을 원형으로 정형하는 공구
　　　　다. 익스팬더 : 동관의 끝을 확대(스웨징)하는 공구
　　　　라. 튜브 벤더 : 동관 벤딩용 공구

08

아래는 증기트랩 작동 원리에 따른 분류이다. 각각의 분류에 트랩을 2가지씩 써넣으시오.

> 가. 기계적트랩 :
> 나. 온도조절식트랩 :
> 다. 열역학적트랩 :

정답　가. ① 플로트트랩　② 버킷트랩
　　　　나. ① 바이메탈트랩　② 벨로즈트랩
　　　　다. ① 오리피스트랩　② 디스크트랩

09

보일러의 연소 시 공기비가 큰 경우 나타날 수 있는 문제점 2가지를 쓰시오.

정답　① 연소실 온도 저하
　　　　② 배기가스량 증가로 열손실 증가
　　　　③ 배기가스 중 질소화합물(NOx) 생성량 증가로 인한 대기오염 초래

10

보일러의 연료로 프로판가스를 사용하고자 한다. 프로판가스가 5[Nm³] 연소할 때 필요한 이론공기량은 몇 [Nm³]인지 구하시오.

풀이 ① 프로판(C_3H_8)의 완전연소반응식

$C_3H_8 + 5O_2 \rightarrow 3CO_2 + 4H_2O$

② 계산 : 1[kmol]의 프로판(C_3H_8)이 연소할 때 5[kmol]의 산소(O_2)가 필요하므로

(※ 힌트 : 아보가드로 법칙에 의해 1[kmol] = 22.4[m³]과 같다.)

22.4[Nm³] : 5×22.4[Nm³] = 5[Nm³] : $x(O_o)$[Nm³]

O_o(이론산소량) = $\dfrac{5 \times 22.4 \times 5}{22.4}$ = 25[Nm³]

A_o(이론공기량) = $\dfrac{O_o}{0.21}$ = $\dfrac{25}{0.21}$ = 119.047 ≒ 119.05[Nm³]

정답 119.05[Nm³]

A_o(이론공기량) = $\dfrac{O_o(\text{이론산소량})}{0.21}$

11

보일러의 자동연소제어에 사용되는 자동제어 장치 3가지를 쓰시오.

정답 ① 연료차단밸브 및 연료조절밸브
② 연소 공기 댐퍼 및 컨트롤 모터
③ 증기압력제한기 및 증기압력조절기
④ 온수온도 제어기 및 온수온도 조절기

12

보일러 설치시공 기준 중 옥내설치 기준에 관한 사항으로 ( ) 안에 알맞은 내용을 써넣으시오.

> 가. 보일러 동체에서 벽, 배관, 기타 보일러 측부에 있는 구조물과의 거리는 (①)[m] 이상이어야 한다. 단, 소형 보일러는 (②)[m] 이상으로 할 수 있다.
> 나. 연료를 저장할 때에는 보일러 외측으로부터 (③)[m] 이상 거리를 두거나 방화격벽을 설치하여야 한다. 단, 소형 보일러의 경우 1[m] 이상 거리를 두거나 (④)으로 할 수 있다.

정답   ① 0.45   ② 0.3   ③ 2   ④ 반격벽

13

다음 [조건]을 참고하여 아래 [그림]과 같은 벽체의 열관류율은 몇 [kcal/m²h℃]인지 계산하시오.

[그림]	[조건]
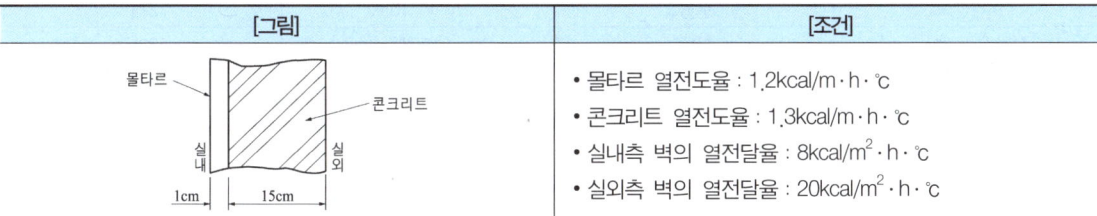	• 몰타르 열전도율 : 1.2kcal/m·h·℃ • 콘크리트 열전도율 : 1.3kcal/m·h·℃ • 실내측 벽의 열전달율 : 8kcal/m²·h·℃ • 실외측 벽의 열전달율 : 20kcal/m²·h·℃

풀이 $K = \dfrac{1}{\dfrac{1}{8} + \dfrac{0.01}{1.2} + \dfrac{0.15}{1.3} + \dfrac{1}{20}} = 3.347 [\text{kcal/m}^2\text{h℃}]$

정답   3.35[kcal/m²h℃]

$K = \dfrac{1}{\dfrac{1}{\alpha_1} + \dfrac{b}{\lambda} + \cdots\cdots + \dfrac{1}{\alpha_2}}$

- K : 열통과율(열관류율)[kcal/m²h℃]
- α_1 : 내벽 열전달율[kcal/m²h℃]
- α_2 : 외벽 열전달율[kcal/m²h℃]
- λ : 벽체 각각의 열전도율[kcal/mh℃]
- b : 벽체 각각의 두께[m]

14

아래 배관도를 보고 주어진 [표]의 빈칸에 재질, 규격과 수량을 알맞게 써넣으시오.

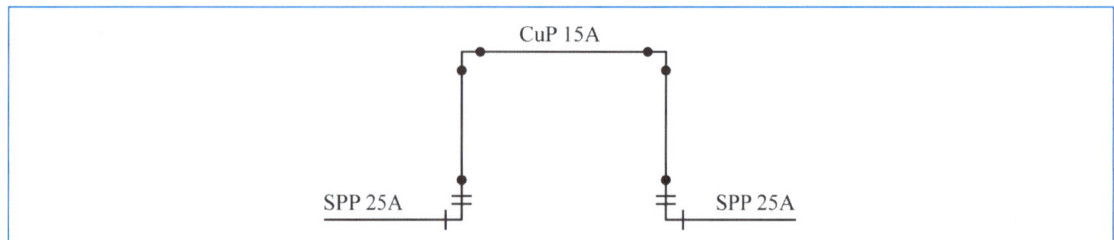

품명	재질	규격	수량
이경엘보			
CM 어댑터			
동 엘보			

정답

품명	재질	규격	수량
이경엘보	주물	25[A]×15[A]	2개
CM 어댑터	황동	15[A]	2개
동 엘보	구리	15[A]	2개

15

절탄기 사용 시 주의사항 3가지를 쓰시오.

정답
① 절탄기의 출구온도를 170[℃] 이상으로 유지해 저온부식을 방지한다.
② 절탄기의 과열을 방지하기 위해 내부 급수의 순환상태를 확인한다.
③ 열응력 방지를 위해 연소가스 온도와 절탄기 입구의 급수온도차를 적게 한다.

16

아래 조건을 이용해 보일러의 전열효율을 구하시오.

[조건]
- 연료 사용량 : 500[kg/h]
- 보일러 용량 : 10[ton/h]
- 증기압력 : 0.7[MPa]
- 연료의 발열량 : 41000[kJ/kg]
- 연소실로 공급된 열량 : 19475000[kJ/h]
- 증기기발생시 사용된 열량 : 17425000[kJ/h]

풀이 전열효율(η_f) = $\dfrac{유효열}{연소열} \times 100 = \dfrac{17425000}{19475000} \times 100 = 89.473 ≒ 89.47[\%]$

정답 89.47[%]

전열효율(η_f) = $\dfrac{유효열}{연소열} \times 100$

실기[필답형]기출문제 — 제22회

01

보일러의 입열량이 10000[kcal/h]이고, 손실열량이 2000[kcal/h]라면 이 보일러의 효율은 얼마인지 구하시오.

풀이 $\eta = \left(1 - \dfrac{\text{손실열}}{\text{입열}}\right) \times 100 = \left(1 - \dfrac{2000}{10000}\right) \times 100 = 80[\%]$

정답 80[%]

손실열법을 이용한 효율산정법

$\eta = \dfrac{\text{입열} - \text{손실열}}{\text{입열}} \times 100[\%] = \eta = \left(1 - \dfrac{\text{손실열}}{\text{입열}}\right) \times 100[\%]$

02

보일러 내부청소 방법 중 산세정 후 중화방청제로 사용되는 약품을 3가지 쓰시오.

정답 ① 인산소다 ② 가성소다 ③ 탄산소다 ④ 히드라진 ⑤ 암모니아

03

강제순환식 수관보일러의 순환비에 대해 쓰시오.

정답 발생증기량과 순환수량의 비율

> 순환비 : 발생증기량과 순환수량의 비율
> - 순환비 = $\dfrac{\text{순환수량}}{\text{발생증기량}}$

04

수관식 보일러 중 관류보일러의 특징 3가지를 쓰시오.

정답 ① 순환비가 1 이므로 드럼이 필요 없다.
② 고압 보일러에 적합하다.
③ 완벽한 급수처리를 해야 한다.
④ 콤팩트한 구조로 청소 및 검사 수리가 어렵다.
⑤ 전열면적에 비해 보유수량이 적어 가동시간이 짧다.

05

석유계 기체연료의 종류를 3가지 쓰시오.

정답 ① 프로판 ② 부탄 ③ 부틸렌 ④ 프로필렌 ⑤ 부티디엔

06

보일러에서 발생된 증기의 양이 시간당 15000[kg]이고, 급수온도가 20[℃], 발생증기의 엔탈피가 670[kcal/kg]일 때 상당증발량[kg/h]은 얼마인지 구하시오.(단, 물의 증발잠열은 540[kcal/kg]이다.)

풀이 $G_e = \dfrac{G(h'' - h')}{540} = \dfrac{15000 \times (670 - 20)}{540} = 18055.555 ≒ 18055.56[kg/h]$

정답 18055.56[kg/h]

$$G_e = \dfrac{G(h'' - h')}{539}$$

- G_e : 상당증발량[kg/h]
- h'' : 증기엔탈피[kcal/kg]
- G : 실제증발량[kg/h]
- h' : 급수엔탈피[kcal/kg]

07

버너의 입구에 설치하는 전자밸브(solenoid valve)는 어떠한 경우 연료공급을 차단시키는 동작을 하는지 4가지를 쓰시오.

정답
① 증기압력 제한기가 작동한 경우
② 저수위 경보장치가 작동한 경우
③ 송풍기가 작동되지 않는 경우
④ 저연소로 전환되지 않는 경우
⑤ 화염검출기가 작동한 경우

인터록 제어

① 압력초과 인터록 : 증기압력제한기와 연결, 설정압력 초과 시 연료차단
② 저수위 인터록 : 고저수위 경보기와 연결, 안전저수위 이하로 감수 시 연료차단
③ 프리퍼지 인터록 : 송풍기와 연결, 노 내 환기가 되지 않을 때 연료차단
④ 저연소 인터록 : 연료조절밸브와 연결, 저연소로 전환되지 않을 때 연료차단
⑤ 불착화 인터록 : 화염검출기와 연결, 불착화 및 실화 시 연료차단

08

연돌 상부 최소 단면적이 3200[cm^2]이고, 연돌로 배출되는 배기가스량이 4000[Nm^3/h]일 때 배기가스의 유속[m/s]은 얼마인지 구하시오.(단, 배기가스 온도는 220[℃]이다.)

풀이 $W = \dfrac{G(1 + 0.0037t)}{3600 F} = \dfrac{4000 \times (1 + 0.0037 \times 220)}{3600 \times 0.32} = 6.298 ≒ 6.30\text{[m/s]}$

정답 6.3[m/s]

- 상부 단면적$(F) = \dfrac{G(1 + 0.0037t)\left(\dfrac{760}{P_g}\right)}{3600\,W}$

- 배기가스 유속$(W) = \dfrac{G(1 + 0.0037t)}{3600 \times F}$

압력에 관한 언급이 없으므로 노내압과 대기압이 같다고 보아 P_g는 무시한다.

09

박락현상이라고도 하며 내화물이 사용 도중에 온도의 급격한 변화나 가열, 냉각에 의해 갈라지거나 떨어져 나가는 현상을 무엇이라고 하는지 쓰시오.

정답 스폴링 현상

스폴링 현상의 종류와 원인

① 열적 스폴링 : 내화물이 가열 또는 냉각될 때의 온도급변으로 인해 변형이 생기고 표면에 균열이 일어나는 현상
② 기계적 스폴링 : 온도의 상승에 따른 팽창에 의해 내화물 간 압력이 작용하고 이 압력 등이 고르지 않아 기계적 강도가 낮아져 내화물이 파쇄되는 현상
③ 조직적 스폴링 : 내화물에 화학적 슬래그 등의 침투에 의해 조직의 변화가 일어나고 이로 인해 균열이 일어나는 현상

10

온수보일러의 연소가스 통로에 배플 플레이트(baffle plate)를 설치하는 이유를 3가지 쓰시오.

정답 ① 고온의 열가스를 확산시켜 전열량을 증가시킬 수 있다.
② 노내 압력의 증가로 연소효율을 향상시킬 수 있다.
③ 열가스의 회전으로 전열면 그을음 부착이 감소된다.

11

다음 조건을 보고 해당 구조체의 열관류율[kcal/m² · h · ℃]를 구하시오.

- 타일의 두께 : 10[mm]
- 모르타르의 두께 : 30[mm]
- 벽돌의 두께 : 190[mm]
- 공기층의 두께 : 50[mm]
- 단열재의 두께 : 50[mm]
- 철근콘크리트의 두께 : 100[mm]
- 내측표면 열전달율 : 8[kcal/m² · h · ℃]
- 외측표면 열전달율 : 20[kcal/m² · h · ℃]
- 타일의 열전도율 : 1.1[kcal/m · h · ℃]
- 모르타르의 열전도율 : 1.2[kcal/m · h · ℃]
- 벽돌의 열전도율 : 1.2[kcal/m · h · ℃]
- 공기층의 열전도저항 : 0.2[m² · h · ℃/kcal]
- 단열재 열전도저항 : 0.03[kcal/m · h · ℃]
- 철근콘크리트 열전도저항 : 1.4[kcal/m · h · ℃]

풀이

$$K = \dfrac{1}{\dfrac{1}{\alpha_1} + \dfrac{l_1}{\lambda_1} + \dfrac{l_2}{\lambda_2} + \dfrac{l_3}{\lambda_3} + R + \dfrac{l_4}{\lambda_4} + \dfrac{l_5}{\lambda_5} + \dfrac{1}{\alpha_2}}$$

$$K = \dfrac{1}{\dfrac{1}{8} + \dfrac{0.01}{1.1} + \dfrac{0.03}{1.2} + \dfrac{0.19}{1.2} + 0.2 + \dfrac{0.05}{0.03} + \dfrac{0.1}{1.4} + \dfrac{1}{20}} = 0.433 ≒ 0.43 [kcal/m²h℃]$$

정답 0.43[kcal/m²h℃]

$$K = \dfrac{1}{\dfrac{1}{\alpha_1} + \dfrac{b}{\lambda} + \cdots + \dfrac{1}{\alpha_2}}$$

- K : 열통과율(열관류율)[kcal/m²h℃]
- α_2 : 외벽 열전달율[kcal/m²h℃]
- b : 벽체 각각의 두께[m]
- α_1 : 내벽 열전달율[kcal/m²h℃]
- λ : 벽체 각각의 열전도율[kcal/mh℃]

12

연료의 점도를 낮추어 유동성과 무화를 양호하게 하여 연소효율을 높이기 위해 유예열기를 사용하는데 유예열기의 예열 온도가 높을 때 연소에 미치는 영향을 4가지 쓰시오.

정답 ① 분무상태가 고르지 못하다.
② 분사각도가 흐트러진다.
③ 탄화물 생성의 원인이 된다.
④ 관 내부에서 기름의 분해가 일어난다.
⑤ 역화의 원인이 될 수 있다.

13

아래 배관도에서 ①~⑤번에 해당하는 것을 [보기]에서 골라 쓰시오.

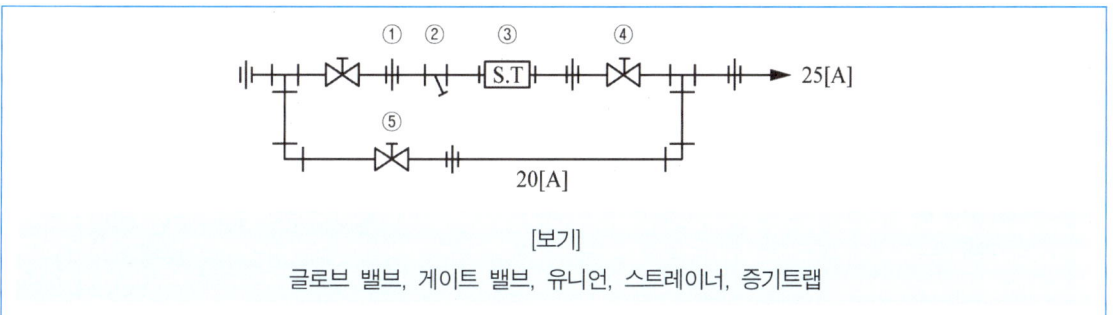

[보기]
글로브 밸브, 게이트 밸브, 유니언, 스트레이너, 증기트랩

정답 ① 유니언
② 스트레이너
③ 증기트랩
④ 게이트 밸브
⑤ 글로브 밸브

14

보일러 설치검사기준에서 배관의 설치 시 가스배관 외부에 표시해야 할 사항 3가지를 쓰시오.

정답 ① 사용 가스명
② 최고 사용압력
③ 가스 흐름방향

15

다음에 설명하는 공구의 명칭을 쓰시오.

> 가. 배관에 나사를 가공하는 것으로 다이스는 2개, 조우(배관가이드)는 4개가 1조로 되어 있는 공구 :
> 나. 동관의 끝을 확대(스웨징)하는 공구 :
> 다. 동관의 끝부분을 원형으로 정형하는 공구 :
> 라. 관 절단 후 관 내 거스러미를 제거하는 데 사용하는 공구 :

정답 가. 리드형 나사절삭기
나. 익스팬더
다. 사이징 툴
라. 리머

16

보일러 수중에서 분해되어 생긴 가성소다(NaOH)가 과도하게 농축되면 수산화이온(OH^-)이 많아져 보일러수가 강알칼리성을 띠게 되며 이것이 강재와 작용하여 생기는 나트륨(Na)이 강재의 결정입계를 침해하여 재질을 열화, 취화시키는 것으로 주로 수면과 접촉한 수면의 하단부나 리벳이음부에서 발생하는 부식 현상을 무엇이라고 하는지 쓰시오.

정답 가성취화

01

증기난방의 응축수 환수방법에서 응축수 환수가 빠른 것부터 느린 순서대로 나열하시오.

정답 진공환수식 → 기계환수식 → 중력환수식

02

어떤 보일러의 원심식 급수펌프가 1200[rpm]으로 회전할 때 양정이 50[m], 유량이 0.6[m³/min]이다. 이 펌프의 회전수를 1600[rpm]으로 증가시키면 양정[m]은 얼마인지 구하시오.

풀이 $P_2 = \left(\dfrac{N_2}{N_1}\right)^2 \times P_1 = \left(\dfrac{1600}{1200}\right)^2 \times 50 = 88.888 ≒ 88.89[m]$

정답 88.89[m]

상사법칙

유량 : $Q_2 = \left(\dfrac{N_2}{N_1}\right) \cdot \left(\dfrac{D_2}{D_2}\right)^3 \cdot Q_1$

양정 : $P_2 = \left(\dfrac{N_2}{N_1}\right)^2 \cdot \left(\dfrac{D_2}{D_2}\right)^2 \cdot P_1$

동력 : $L_2 = \left(\dfrac{N_2}{N_1}\right)^3 \cdot \left(\dfrac{D_2}{D_1}\right)^5 \cdot L_1$

- Q : 유량은 회전수 변화량에 비례하고 임펠러 지름변화의 3제곱에 비례한다.
- P : 양정은 회전수 변화량에 2제곱에 비례하고 임펠러 지름변화의 2제곱에 비례한다.
- L : 동력은 회전수 변화량에 3제곱에 비례하고 임펠러 지름변화의 5제곱에 비례한다.

03

보일러 수중에서 분해되어 생긴 가성소다(NaOH)가 과도하게 농축되면 수산화이온(OH⁻)이 많아져 보일러수가 강알칼리성을 띠게 되며 이것이 강재와 작용하여 생기는 나트륨(Na)이 강재의 결정입계를 침해하여 재질을 열화, 취화시키는 것으로 주로 수면과 접촉한 수면의 하단부나 리벳이음부에서 발생하는 부식 현상을 무엇이라고 하는지 쓰시오.

정답 가성취화

04

아래 보기에 주어진 프로판의 완전연소반응식의 빈칸에 알맞은 숫자를 넣고, 프로판 1[kg]당, 방열량을 계산하시오.

[보기]

$C_3H_8 + (①)O_2 \rightarrow (②)CO_2 + (③)H_2O + 488750[cal/mol]$

풀이 ① 프로판(C_3H_8)의 완전연소반응식

$C_3H_8 + 5O_2 \rightarrow 3CO_2 + 4H_2O + 488750[cal/mol]$

② 계산 : 프로판 1[mol]의 질량은 44[g]이며 발열량은 488750[cal]와 같다. 또한 프로판 1[kmol]의 질량은 44[kg]이며 발열량은 488750[kcal]와 같다.

44[kg] : 488750[kcal] = 1[kg] : x[kcal]

$x = \dfrac{488750 \times 1}{44} = 11107.954 ≒ 11107.95[kcal/kg]$

정답 가. ① 5   ② 3   ③ 4

나. 11107.95[kcal/kg]

05

보일러 운전 중 과열을 방지하기 위한 대책을 3가지 쓰시오.

정답 ① 보일러 내부 스케일 생성을 방지한다.
② 다량의 불순물로 인한 보일러수 농축을 피한다.
③ 적정 보일러 수위를 유지하여 저수위 운전을 피한다.
④ 전열면의 국부과열을 피한다.
⑤ 연소실 열부하가 너무 높지 않게 한다.

06

연료의 발열량을 고위발열량과 저위발열량으로 구분하는데 그 기준이 무엇인지 쓰시오.

정답 수증기의 응축잠열

① 고위발열량 : 연료가 연소할 때 생성되는 총 발열량으로 연소가스 중 수증기의 응축잠열을 포함한 발열량으로 총 발열량이라고도 한다.
② 저위발열량 : 연료가 연소할 때 생성되는 고위발열량에서 수증기의 응축잠열을 제외한 발열량으로 진발열량이라고도 한다.

07

다음에 설명하는 화염 검출기의 명칭을 쓰시오.

가. 화염 중에는 양성자와 중성자가 전리되어 있음을 이용하여 버너에 그랜드로드를 부착하여 화염 중에 삽입하여 전기적 신호를 전자밸브에 보내어 화염을 검출한다.
나. 연소 중에 발생되는 연소가스의 열에 의해 바이메탈의 신축작용으로 전기적 신호를 만들어 화염의 유무를 검출한다.
다. 연소 중에 발생하는 화염의 빛을 검지부에서 전기적 신호로 바꾸어 화염의 유무를 검출한다.

정답 가. 플레임 로드
나. 스택 스위치
다. 플레임 아이

08

어떤 보일러의 연료사용량이 시간당 1590[kg]이고 이 보일러의 게이지압력이 0.5[MPa] 상태에서 22500[kg/h]의 증기를 발생시킬 때 아래 증기표를 기준하여 해당 보일러의 효율을 구하시오.(단, 연료의 저위발열량 9750[kcal/kg], 급수온도 20[℃], 발생증기의 건조도 0.90이다.)

절대압력[MPa]	포화수 엔탈피[kcal/kg]	증기 엔탈피[kcal/kg]	증발잠열[kcal/kg]
0.4	145	645	500
0.5	151	650	499
0.6	159	655	496

풀이

① 습증기(h'') 엔탈피 : 0.5[MPa]는 게이지 압력이다. 따라서 0.1[MPa]를 더한 0.6[MPa]의 절대압력을 기준으로 계산한다.

$$h'' = h_1 + (h_2 - h_1)x = 159 + (655 - 159) \times 0.9 = 605.4[kcal/kg]$$

② 효율

$$\eta = \frac{G(h'' - h')}{G_f \times H_l} \times 100 = \frac{22500 \times (605.4 - 20)}{1590 \times 9750} \times 100 = 84.963 ≒ 84.96[\%]$$

정답 84.96[%]

$$h'' = h_1 + (h_2 - h_1)x$$

- h'' : 습증기 엔탈피[kcal/kg]
- h_1 : 포화수 엔탈피[kcal/kg]
- h_2 : 포화증기 엔탈피[kcal/kg]
- x : 건조도

$$\eta = \frac{G(h'' - h')}{G_f \times H_l} \times 100$$

- η : 효율
- G : 증기발생량[kg/h]
- G_f : 사용연료량[kg/h]
- H_l : 연료의 저위발열량[kg/h]
- h'' : 습증기 엔탈피[kcal/kg]
- h' : 급수 엔탈피[kcal/kg]

09

다른 환수방식과 비교한 진공환수식 증기난방의 장점을 3가지 쓰시오.

정답
① 중력, 기계 환수식에 비해 증기의 순환이 빠르다.
② 배관의 기울기(구배)에 큰 제한이 없다.
③ 방열량을 광범위하게 조절할 수 있다.
④ 환수관의 지름을 작게 할 수 있다.
⑤ 방열기 설치 장소에 제한이 없다.

10

아래 보기와 같은 저수위 안전장치를 설치하는 최고사용압력은 몇 [MPa]인지 쓰시오.

[보기]
① 안전저수위로 내려가기 직전에 자동적으로 경보가 울리는 저수위 경보장치를 설치한다.
② 안전저수위까지 내려가는 즉시 연료를 차단하는 저수위 차단장치를 설치한다.

정답 0.1[MPa] 초과

11

아래 보기의 설명 중 ( ) 안에 들어갈 알맞은 용어를 쓰시오.

[보기]
가. 증기 보일러에는 (①)개 이상의 안전밸브를 설치하여야 한다.(단, 전열면적 (②)[m²] 이하는 1개 이상 설치, 작동은 최고사용압력 이하로 하며, 2개 설치 시 1개는 최고사용압력 이하로 하고 다른 1개는 최고사용압력의 (③)배에서 작동)
나. 안전밸브는 쉽게 검사할 수 있는 장소에 밸브 축을 (④)으로 하여 가능한 보일러의 동체 등 장치에 직접 부착시켜야 하며, 안전밸브와 안전밸브가 부착된 보일러 동체 사이에는 어떠한 (⑤)도 있어서는 안 된다.

정답 ① 2 ② 50 ③ 1.03 ④ 수직 ⑤ 차단밸브

12

보일러수(水)의 내처리 방법 중 청관제의 역할을 4가지 쓰시오.

정답
① 보일러수의 pH 조정
② 보일러수의 탈산소
③ 보일러수의 연화
④ 가성취화 방지
⑤ 포밍(forming) 방지
⑥ 슬러지의 조정

13

온수보일러의 개방식 팽창탱크에 부착된 관의 명칭을 5가지 쓰시오.

정답 ① 팽창관 ② 급수관 ③ 배수관 ④ 배기관 ⑤ 방출관 ⑥ 오버플로우관

14

관 장치의 설계, 제작, 시운전, 운전, 조작, 공정 수정 등에 도움을 주기 위해 주 계통의 라인, 계기, 제어기 및 장치기기 등에서 필요한 자료를 도시한 도면을 무엇이라고 하는지 쓰시오.

정답 PID(piping instrument diagram)

> **PID(piping instrument diagram)**
> 관 장치의 설계, 제작, 시공, 운전, 조작, 공정수정 등에 도움을 주기 위해 주계통의 라인, 계기, 제어기 및 장치기기 등에서 필요한 자료를 도시한 것으로 배관 계장도라고도 하며, 주로 플랜트의 기기, 밸브, 배관, 계기 등의 계장(計裝)을 특유한 그림이나 기호로 표시한다.

15

아래 몰리에르선도(P - i 선도)에서 ①~④번의 명칭을 쓰시오.

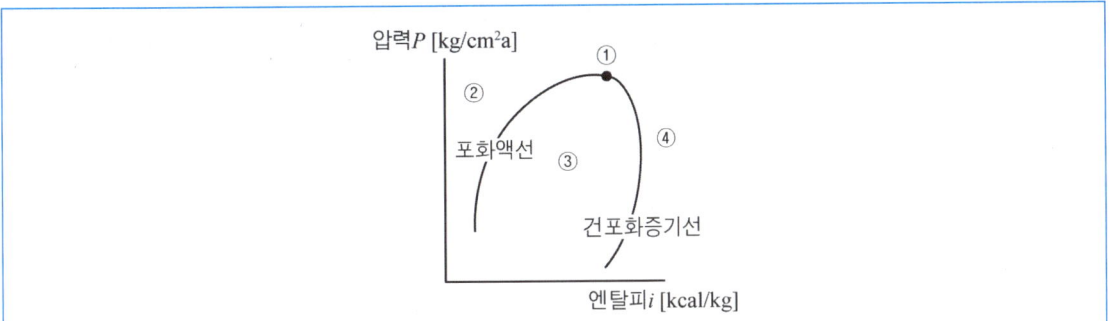

정답 ① 임계점   ② 과냉각액 구역   ③ 습포화증기 구역   ④ 과열증기 구역

실기 [필답형] 기출문제 — 제24회

01

보일러의 부식속도 측정 방법을 3가지 쓰시오.

정답　① Tafel 외삽법　② 선형분극법　③ 임피던스법　④ 무게감량법　⑤ 용액분석법

> **부식속도 측정방법**
> ① 전기 화학적 방법: 자연전위 근처에서는 전위와 전류 사이에 선형적인 관계가 존재하는 분극특성을 이용해 분극량을 조정하여 전류의 크기를 측정하는 방법
> - 종류: Tafel 외삽법, 선형분극법, 임피던스법
>
> ② 비전기 화학적 방법: 금속을 부식매체 속에 일정시간 방치 후 금속의 무게량이나 용액 속으로 용출되는 금속이온의 양을 정량하는 방법
> - 종류: 무게감량법, 용액분석법

02

보일러 열정산결과 유효열이 90[%], 연소효율이 95[%]라면 전열효율은 몇[%]인지 구하시오.

풀이　전열효율$(\eta_f) = \dfrac{\text{열효율}(\eta)}{\text{연소효율}(\eta_c)} \times 100 = \dfrac{90}{95} \times 100 = 94.736 ≒ 94.74[\%]$

정답　94.74[%]

> 열효율(η) = 연소효율(η_c) × 전열효율(η_f)
>
> 전열효율$(\eta_f) = \dfrac{\text{열효율}(\eta)}{\text{연소효율}(\eta_c)}$

03

보일러의 자동제어에서 제어량에 따른 조작량을 쓰시오.

정답
① 증기압력 : 연료량, 공기량
② 노내압력 : 연소가스량
③ 증기온도 : 전열량
④ 보일러 수위 : 급수량

종류	제어량	조작량
증기온도제어(S.T.C)	증기온도	전열량
급수자동제어(F.W.C)	보일러 수위	급수량
자동연소제어(A.C.C)	증기압력	연료량, 공기량
	노내압력	연소가스량

04

아래의 실명을 보고 동관 작업 시 사용하는 공구의 명칭을 쓰시오.

가. 동관의 끝을 확대(스웨징)하는 공구 :
나. 동관 끝부분을 원형으로 정형하는 공구 :
다. 동관을 상온상태에서 90°, 180°도로 구부리는 공구 :

정답 가. 익스팬더 나. 사이징 툴 다. 튜브벤더

05

다음 개방식 팽창탱크에서 ①~④번의 배관 명칭을 쓰시오.

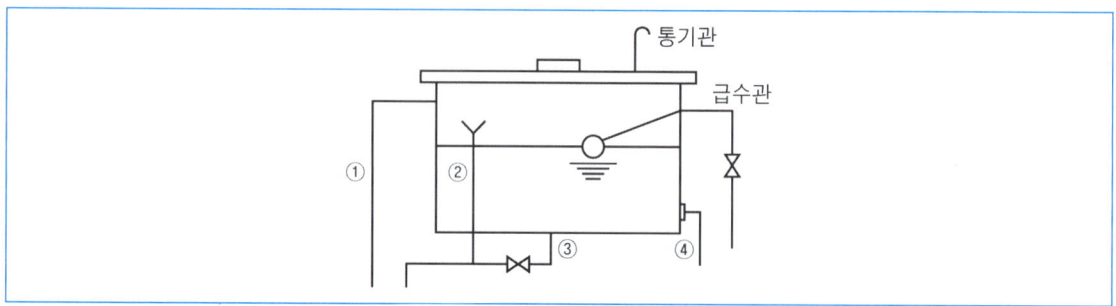

정답 ① 안전관(방출관) ② 오버플로우관 ③ 배수관(드레인 배관) ④ 팽창관

06

아래 보기에서 수면계의 점검순서를 번호로 골라 순서대로 쓰시오.

① 배수 밸브를 닫고 증기 밸브를 서서히 연다.
② 물 밸브를 열어 분출상태를 확인한 후 닫는다.
③ 물 밸브, 증기 밸브를 닫고 배수 콕을 연다.
④ 물 밸브를 열어 수면계 수위가 정상으로 올가가는지 확인한다.
⑤ 증기 밸브를 열어 분출상태를 확인한 후 닫는다.

정답 ③ → ② → ⑤ → ① → ④

수면계 점검순서
① 물 밸브를 닫는다.
② 증기 밸브를 닫는다.
③ 드레인 밸브를 열어 물을 빼낸다.
④ 물 밸브를 열고 확인 후 잠근다.
⑤ 증기 밸브를 연다.
⑥ 드레인 밸브를 닫고 물 밸브를 연다.

07

보일러 급수처리 내처리에 사용되는 청관제를 다음 보기에서 찾아 번호로 쓰시오.

[보기]
① 탄닌, 히드라진, 아황산소다
② 수산화나트륨, 암모니아, 제1, 3인산소다
③ 탄닌, 리그닌, 전분
④ 탄산나트륨, 인산나트륨

가. 탈산소제 :
나. pH 및 알칼리 조정제 :
다. 연화제 :
라. 슬러지 조정제 :

정답 가. ① 나. ② 다. ④ 라. ③

보일러 급수처리 관 내 처리 : 청관제 사용

① pH 조정제 : 수산화나트륨(가성소다), 탄산나트륨, 인산나트륨, 인산, 암모니아
② 연화제 : 탄산나트륨, 수산화나트륨, 인산나트륨
③ 슬러지 조정제 : 탄닌, 리그닌, 전분, 테스트린
④ 탈산소제 : 탄닌, 히드라진, 아황산나트륨(아황산소다)
⑤ 가성취화 방지제 : 탄닌, 리그닌, 초산나트륨, 인산나트륨, 질산나트륨, 황산나트륨
⑥ 포밍 방지제 : 폴리아미드, 고급지방산 에테르

08

원심펌프의 유량이 300[m³/min]이고, 회전수가 400[rpm], 축동력이 6[PS]이다. 이 원심펌프의 회전수를 500[rpm]으로 변경하였을 때 유량과 축동력은 얼마인지 구하시오.

풀이   ① 변경 후 유량[m³/min] :

$$Q_2 = \left(\frac{N_2}{N_1}\right) \times Q_1 = \frac{500}{400} \times 300 = 375[\text{m}^3/\text{min}]$$

② 변경 후 축동력[PS] :

$$L_2 = \left(\frac{N_2}{N_1}\right)^3 \times L_1 = \left(\frac{500}{400}\right)^3 \times 6 = 11.718 ≒ 11.72[\text{PS}]$$

정답   ① 375[m³/min]   ② 11.72[PS]

상사법칙

- $Q_2 = \left(\frac{N_2}{N_1}\right)\left(\frac{D_2}{D_1}\right)^3 Q_1$

- $P_2 = \left(\frac{N_2}{N_1}\right)^2 \left(\frac{D_2}{D_1}\right)^2 P_1$

- $L_2 = \left(\frac{N_2}{N_1}\right)^3 \left(\frac{D_2}{D_1}\right)^5 L_1$

Q : 유량, P : 양정, L : 동력, N : 회전수, D : 직경

09

증기보일러의 압력계 설치 시 증기가 직접 압력계로 들어가지 않도록 방지하는 관의 명칭과 안지름을 쓰시오.

가. 관의 명칭 :
나. 안지름 :

정답   가. 사이폰관
         나. 6.5[mm] 이상

10

연소장치에서 발생되는 카본트러블(carbon trouble) 현상에 대해 설명하시오.

정답 오일버너에서 무화불량이나 연소상태가 불량한 경우 오일의 미립자가 불완전 연소하여 그을음 상태로 고온의 연소실 벽이나 버너 타일 등에 부착하여 연소를 저해하고 이로 인해 다시 카본이 생성되고 퇴적되는 악순환이 반복되는 현상

11

난방부하가 10000[kcal/h]일 때 온수를 열매체로 사용하는 5세주형 650[mm]의 주철제 방열기를 설치할 때 필요한 방열면적[m²]과 방열기 소요쪽수를 계산하시오.(단, 방열기 방열량은 표준 방열량으로 하고 5세주형 650[mm]의 1쪽 당 표면적은 0.26[m²]로 한다.)

풀이 ① 방열면적

$$A = \frac{Q}{q} = \frac{10000}{450} = 22.222 ≒ 22.22[m^2]$$

② 방열기의 쪽수

$$n = \frac{Q}{q \times a} = \frac{10000}{450 \times 0.26} = 85.47 ≒ 86개$$

정답 ① 22.22[m²] ② 86개

$Q = q \times A \rightarrow A = \dfrac{Q}{q}$

$Q = q \times a \times n \rightarrow n = \dfrac{Q}{q \times a}$

- Q : 난방부하[kcal/h]
- q : 표준방열량[kcal/m²h]
- A : 방열면적[m²]
- a : 쪽당 방열면적[m²/쪽(개)]
- n : 쪽수[쪽(개)]

12

아래 보기의 빈칸에 알맞은 내용을 쓰시오.

> [보기]
> 상당증발량이란 1기압 상태에서 (①)[℃]의 포화수를 (②)[℃]의 건조포화증기로 발생시킬 수 있는 능력을 표시하는 것이다.

정답   ① 100   ② 100

상당증발량

환산증발량이라고도 하며 표준대기압하에서 100[℃]의 포화수를 100[℃]의 건포화증기로 변화시키는 경우의 1시간당 증발량[kg/h]

$$G_e = \frac{G(h'' - h')}{539} \text{ [kg/h]}$$

(표준상태 100[℃] 물의 증발잠열 539[kcal/kg], 2256[kJ/kg])

13

배기가스의 유량이 3600[Nm³/h]인 연도에 연소용 공기통과량이 2030[Nm³/h]인 공기예열기를 설치하였더니 배기가스 온도가 300[℃]에서 230[℃]로 감소하였고, 연소용 공기는 25[℃]에서 200[℃]로 증가하였다. 이때 공기예열기의 효율은 얼마인지 구하시오.(단, 공기와 배기가스 비열은 각각 0.31[kcal/Nm³·℃], 0.47[kcal/Nm³·℃]이다.)

풀이   공기예열기 효율 = $\dfrac{\text{공기 가열열량}}{\text{배기가스 손실열량}} \times 100[\%]$

공기예열기 효율 = $\dfrac{2030 \times 0.31 \times (200 - 25)}{3600 \times 0.47 \times (300 - 230)} \times 100 = 92.981 ≒ 92.98[\%]$

정답   92.98[%]

14

다음 조건을 보고 연소실 열발생량[kcal/m³·h]을 구하시오.

[조건]
- 연소실 용적 : 13[m³]
- 연료의 저위발열량 : 9700[kcal/kg]
- 연료 사용량 : 80[kg/h]

풀이 연소실 열발생량 = $\dfrac{Gf \times Hl}{V} = \dfrac{80 \times 9700}{13} = 59692.307 ≒ 59692.31[\text{kcal/m}^3 \cdot \text{h}]$

정답 59692.31[kcal/m³·h]

연소실 열부하(열발생율) = $\dfrac{입열}{연소실용적} = \dfrac{Gf \cdot Hl}{V} = \dfrac{Q}{V \cdot \eta}$

- Gf : 사용연료량[kg/h]
- Hl : 저위발열량[kcal/kg]
- V : 연소실용적[m³]
- Q : 유효열[kcal/h]
- η : 효율

15

보일러 정기점검 시기를 3가지 쓰시오.

정답
① 계속사용안전검사 등을 하기 전
② 중간 청소를 한 때
③ 화실, 연도 등의 내화벽돌 등을 수리한 경우
④ 누수, 그 외의 손상이 생겨 보일러를 휴지한 때

16

다음 온수보일러의 시공도를 보고 온수공급방식에 따른 분류 중 ①, ②의 순환방식이 무엇인지 쓰시오.

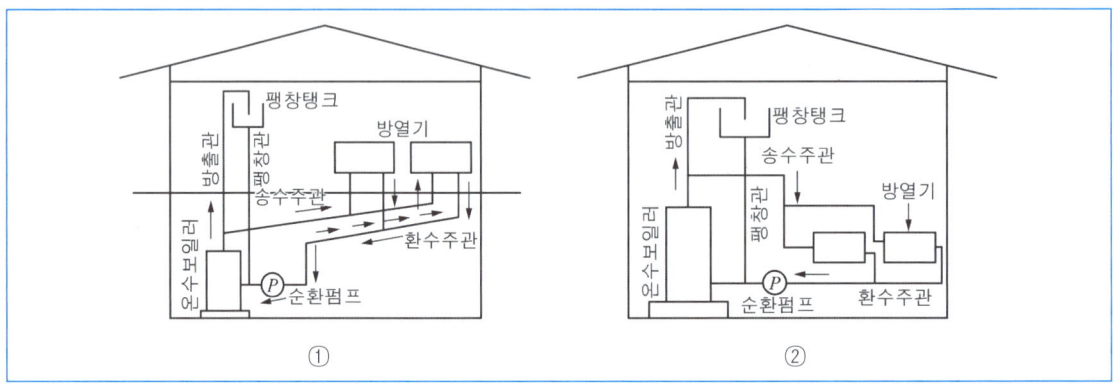

정답 ① 상향순환식   ② 하향순환식

실기[필답형] 기출문제 — 제25회

01

배관의 나사이음 시 같은 지름의 강관을 직선으로 이음하기 위해 사용되는 이음쇠 3가지를 쓰시오.

정답 ① 유니언 ② 플랜지 ③ 소켓 ④ 니플

02

아래 설명은 결로(結露)현상에 대한 설명이다. 다음 (   ) 안에 알맞은 용어를 선택하여 동그라미 하시오.

> 겨울철 벽이나 유리창 표면에 이슬이 맺히는 현상은 ① (건구온도, 습구온도)가 ② (높아, 낮아, 같아)서 실내의 ③ (건구온도, 습구온도)와 차이가 ④ (높아, 낮아) 이슬이 맺히는 현상으로 이는 유리창 밖 외기온도의 ⑤ (노점온도, 빙점온도)로 인하여 발생하는 현상이다.

정답 ① 습구온도 ② 낮아 ③ 건구온도 ④ 높아 ⑤ 노점온도

03

보일러 운전 중 발생하는 이상현상 중 캐리오버(carry over)가 발생하였을 때 장애 4가지를 쓰시오.

정답
① 수면의 약동으로 수위판단 곤란
② 배관 내 수격작용 발생
③ 배관 및 설비 계통의 부식 발생
④ 계기류 연락관의 막힘
⑤ 증기 이송 시 저항 증가
⑥ 증기의 열량 감소

04

주철제 방열기의 형식이 5세주형이며 높이 650[mm], 쪽수 20개, 유입관지름 25[mm], 유출관지름 20[mm]인 방열기의 도시기호를 그리시오.

정답

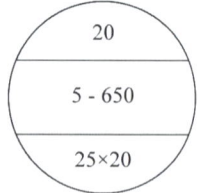

05

보일러설치 검사기준 중 가스용 보일러의 연료배관에 관한 내용이다. ( ) 안에 알맞은 내용을 쓰시오.

> 가. 배관은 외부에 노출하여 시공하여야 한다. 다만, 동관, 스테인리스 강관, 기타 내식성 재료로서 (①) 없이 설치하는 경우에는 매몰하여 설치할 수 있다.
> 나. 배관의 이음부(용접이음매를 제외한다.)와 전기계량기 및 전기개폐기와의 거리는 (②)[cm] 이상, 굴뚝, 전기점멸기, 전기접속와의 거리는 (③)[cm] 이상, 절연전선과의 거리는 (④)[cm] 이상, 절연조치를 하지 아니한 전선과의 거리는 (⑤)[cm] 이상의 거리를 유지하여야 한다.

정답 ① 이음매 ② 60 ③ 30 ④ 10 ⑤ 30

> **가스배관과 전기 장치들의 이격거리**
> ① 절연전선과 10[cm] 이상의 이격거리를 둘 것
> ② 절연조치하지 않은 전선과 30[cm] 이상의 이격거리를 둘 것
> ③ 굴뚝, 전기점멸기, 전기접속기와 30[cm] 이상의 이격거리를 둘 것
> ④ 전기계량기 및 전기개폐기와 60[cm] 이상의 이격거리를 둘 것
> ⑤ 전기 콘센트와 30[cm] 이상의 이격거리를 둘 것
> ⑥ 전기계량기 및 전기안전기와 60[cm] 이상의 이격거리를 둘 것

06

송풍기의 회전수가 400[rpm]이며 풍량이 300[m³/min], 소요동력이 6[PS]일 때 회전수를 500[rpm]으로 증가시키면 풍량 [m³/min]과 소요동력[PS]은 어떻게 변하는지 구하시오.

풀이   가. 풍량[m³/min]

$$Q_2 = \left(\frac{N_2}{N_1}\right) \times Q_1 = \frac{500}{400} \times 300 = 375[\text{m}^3/\text{min}]$$

나. 동력[PS]

$$L_2 = \left(\frac{N_2}{N_1}\right)^3 \times L_1 = \left(\frac{500}{400}\right)^3 \times 6 = 11.718 ≒ 11.72[\text{PS}]$$

정답   가. 375[m³/min]   나. 11.72[PS]

상사법칙

- $Q_2 = \left(\frac{N_2}{N_1}\right)\left(\frac{D_2}{D_1}\right)^3 Q_1$

- $P_2 = \left(\frac{N_2}{N_1}\right)^2 \left(\frac{D_2}{D_1}\right)^2 P_1$

- $L_2 = \left(\frac{N_2}{N_1}\right)^3 \left(\frac{D_2}{D_1}\right)^5 L_1$

Q : 유량, P : 양정, L : 동력, N : 회전수, D : 직경

07

효율이 80[%]인 보일러에서 발열량이 47150[kJ/kg]인 연료를 연소시켜 3[t/h]의 포화증기를 발생시킬 때 매시간 소비되는 연료량[kg]은 얼마인지 구하시오.(단, 물의 증발잠열은 2260[kJ/kg]이고, 소수점 첫째 자리에서 반올림하여 정수로 표시하시오.)

풀이 $Gf = \dfrac{G \times r}{\eta \times H} = \dfrac{3000 \times 2260}{0.8 \times 47150} = 179.7 ≒ 180[kg/h]$

정답 180[kg/h]

$$\eta = \dfrac{G(h''-h')}{Gf \times H} \rightarrow Gf = \dfrac{G(h''-h')}{\eta \times H} \rightarrow Gf = \dfrac{G \times r}{\eta \times H}$$

- G : 실제증발량[kg/h]
- h'' : 발생증기 엔탈피[kcal/kg]
- h' : 급수 엔탈피[kcal/kg]
- Gf : 연료사용량[kg/h]
- H : 연료의 발열량[kcal/kg]
- η : 효율

08

보일러 자동제어에서 미리 정해진 순서에 따라 순차적으로 제어의 각 단계가 진행되는 제어방식으로 작동 명령이 타이머나 릴레이에 의해 행해지는 제어의 명칭을 쓰시오.

정답 시퀀스 제어

09

온수보일러의 사용연료량이 시간당 200[kg]이고, 연료의 발열량이 10000[kcal/kg], 시간당 급수량이 30[ton]이며, 온수온도는 80[℃], 급수온도는 20[℃]라면 이 온수보일러의 효율은 몇 [%]인지 구하시오.

풀이 $\eta = \dfrac{G \times C \times \Delta t}{Gf \times H} \times 100 = \dfrac{30000 \times 1 \times (80-20)}{200 \times 10000} \times 100 = 90[\%]$

정답 90[%]

$$\eta = \dfrac{G(h''-h')}{Gf \times H} \rightarrow \eta = \dfrac{G \times C \times \Delta t}{Gf \times H}$$

- G : 실제증발량[kg/h]
- h'' : 발생증기 엔탈피[kcal/kg]
- h' : 급수 엔탈피[kcal/kg]
- Gf : 연료사용량[kg/h]
- H : 연료의 발열량[kcal/kg]
- η : 효율

10

보일러에서 공연비 제어를 하기 위해 배기가스를 측정하여 공연비 제어를 하는데 이를 위해 측정해야할 성분가스의 종류를 3가지 쓰시오.

정답 ① 이산화탄소(CO_2)　② 산소(O_2)　③ 일산화탄소(CO)

11

보일러 급수 외처리 방법 중 급수 중 용해(용존)된 고형물을 제거하기 위한 처리방법 3가지를 쓰시오.

정답 ① 증류법　② 이온교환법　③ 약품첨가법

12

보기의 보일러 운전에 관한 사항에 대한 설명 중 잘못된 내용을 번호로 쓰시오.

[보기]
가. 보일러 본체, 내화벽돌에 화염이 충돌하지 않게 주의하고 항상 화염의 움직임과 방향을 감시하여야 한다.
나. 연소량을 증가시킬 경우에는 연료량을 먼저 증가시키고, 공기량을 나중에 증가시킨다.
다. 보일러를 운전할 때 화염의 색깔, 매연의 농도 등을 감시하고, 연소량이 연소장치의 저연소율 이하로 내려가도록 한다.
라. 보일러 설치 시 보온재 및 케이싱 등을 설치하는 이유는 불필요한 외기의 연소실 내 침입을 방지하고 방열손실을 차단하기 위함이다.
마. 불필요한 공기가 연소실 내로 침입하는 것을 방지하고 연소실 내를 저온상태로 유지한다.
바. 가압연소에 대해서는 단열재, 케이싱의 손상, 연소가스의 누출방지와 아울러 통풍계통을 보면서 통풍압력을 정정하게 유지하여야 한다.

정답 나, 다, 마

나. 연소량을 증가시킬 경우에는 먼저 <u>공기량(통풍량)을 증가</u>시키고, 연료량을 증가시켜야 한다. 반대로 연소량을 감소시키는 경우에는 먼저 연료량을 감소시키고, 공기량(통풍량)을 감소시켜야 한다.
다. 보일러를 운전할 때 화염의 색깔, 매연의 농도 등을 감시하고, 연소량이 연소장치의 저연소율 이하로 <u>내려가지 않도록 주의</u>하여야 한다.
마. 불필요한 공기가 연소실 내로 침입하는 것을 방지하고 연소실 내를 <u>고온상태로</u> 유지한다.

13

신설보일러 설치 시 내부에 부착된 유지분, 페인트, 녹 등을 제거하기 위하여 실시하는 작업을 소다 보링(소다 끓임)이라고 하는데 해당 작업 시 사용되는 약액의 종류를 3가지 쓰시오.

정답 ① 인산소다 ② 가성소다 ③ 탄산소다

소다보링 사용약액
탄산소다(탄산나트륨), 가성소다(수산화나트륨), 제3인산소다(제3인산나트륨), 아황산소다(아황산나트륨)

14

보일러 증발량이 4[t/h], 전열면적이 42[m²], 연료사용량이 24[kg/h], 발생증기 엔탈피가 620[kcal/kg], 급수엔탈피가 42[kcal/kg]일 때 아래 항목을 계산하시오.

> 가. 전열면 증발률[kg/m²h]
> 나. 전열면 열부하[kW/m²]

풀이 가. 전열면 증발률 = $\dfrac{G}{H_A} = \dfrac{4000}{42} = 95.238 ≒ 95.24[kg/m^2h]$

나. 전열면 열부하 = $\dfrac{G(h'' - h')}{H_A} = \dfrac{4000 \times (620 - 42)}{42 \times 860} = 64.008 ≒ 64.01[kW/m^2]$

정답 가. 95.24[kg/m²h]
나. 64.01[kW/m²]

- 전열면 증발률 = $\dfrac{\text{실제증발량[kg/h]}}{\text{전열면적[m}^2\text{]}} = \dfrac{G}{H_A}[kg/m^2h]$

- 전열면 열부하 = $\dfrac{\text{유효열[kcal/h]}}{\text{전열면적[m}^2\text{]}} = \dfrac{G(h'' - h')}{H_A}[kcal/m^2h]$

15

수압시험 방법에 대한 아래 설명 중 ( ) 안에 알맞은 내용을 써넣으시오.

> 가. 공기를 빼고 물을 채운 후 천천히 압력을 가하여 규정된 시험 수압에 도달된 후 (①)분이 경과된 뒤에 검사를 실시하여 검사가 끝날 때까지 그 상태를 유지한다.
> 나. 시험수압은 규정된 압력의 (②)[%] 이상을 초과하지 않도록 모든 경우에 대한 적절한 제어를 마련하여야 한다.
> 다. 수압시험 중 또는 시험 후에도 (③)이 일지 않도록 해야 한다.

정답 ① 30 ② 6 ③ 물

실기[필답형]기출문제 제26회

01

메탄(CH_4) 2.5[kg]을 완전연소시킬 경우 필요한 이론공기량[kg]을 구하시오.

풀이   ① 메탄(CH_4)의 완전연소반응식

$$CH_4 + 2O_2 \rightarrow CO_2 + 2H_2O$$

② 계산 : 1[kmol]의 메탄(CH_4)이 연소할 때 2[kmol]의 산소(O_2)가 필요하므로

(※ 힌트 : 메탄 1[kmol]당 분자량 16[kg], 산소 1[kmol]당 분자량 32[kg])

16[kg] : 2×32[kg] = 2.5[kg] : $x(O_o)$[kg]

$$O_o(이론산소량) = \frac{2 \times 32 \times 2.5}{16} = 10[kg]$$

$$A_o(이론공기량) = \frac{O_o}{0.23} = \frac{10}{0.23} = 43.478 ≒ 43.48[kg]$$

정답   43.48[kg]

$$A_o(이론공기량) = \frac{O_o(이론산소량)}{0.21}$$

02

터빈에서 증기의 일부를 배출하여 급수를 가열하는 증기사이클의 명칭을 쓰시오.

정답   재생사이클

재생사이클
랭킨사이클의 한 종류로 터빈에서 일부 증기를 추출하여 급수가열용으로 사용하는 사이클로 일반 랭킨사이클에 비해 효율이 증가하게 된다.

03

보일러 급수 외처리 방법 중 폭기법(기폭법)을 이용하여 제거할 수 있는 불순물의 종류를 3가지 쓰시오.

정답 ① 탄산가스 ② 암모니아 ③ 황화수소 ④ 철(Fe) ⑤ 망간(Mn)

> **용존가스의 제거**
> ① 탈기법 : 용존가스 및 탄산가스 제거
> ② 기폭법 : 탄산가스, 암모니아, 황화수소, 철, 망간 등 제거

04

캐리오버(carry over)에 대하여 설명하시오.

정답 보일러수 농축, 포밍, 프라이밍 등으로 인해 발생된 불순물과 수분이 증기와 함께 보일러 본체 밖으로 배출되는 현상으로 기수공발이라고도 하며 선택적 캐리오버와 기계적 캐리오버로 구분된다.

> ① 선택적 캐리오버 : 증기 속에 용해되어 있던 실리카(무수규산) 성분이 증기와 함께 송출되는 현상
> ② 기계적 캐리오버 : 물방울(액적)과 거품 등이 증기와 함께 송출되는 현상

05

보일러 열정산 시 보일러에서 발생하는 열손실(출열)에는 어떠한 것이 있는지 2가지 쓰시오.

정답 ① 불완전연소에 의한 손실열 ② 발생증기 보유열
③ 노벽 방사손실열 ④ 배기가스에 의한 손실열
⑤ 미연소분에 의한 손실열

> **출열 암기법 : 불 발 방 배 미**
> ① 출열 : 불완전연소에 의한 손실열, 발생증기 보유열, 노벽 방사손실열, 배기가스에 의한 손실열, 미연소분에 의한 손실열
> ② 입열 : 연료의 발열량, 연료의 현열, 연소용 공기의 현열, 노내 분입 증기에 의한 입열

06

어느 수관보일러의 1일 가동시간 8시간이고 보일러의 관수농도가 3000[ppm], 급수 속의 고형물 30[ppm], 시간당 급수량 1000[L], 시간당 응축수 회수량 340[L]일 때 분출량은 몇 [kg/day]인지 계산하시오.

풀이 ① 응축수 회수율

$$R = \frac{응축수\ 회수량}{실제증발량(실제급수량)} = \frac{340}{1000} = 0.34$$

② 1일 분출량 계산

$$X = \frac{W(1-R)d}{r-d} = \frac{1000 \times 8 \times (1-0.34) \times 30}{3000-30} = 53.333 ≒ 53.33[kg/day]$$

정답 53.33[kg/day]

$$X = \frac{W(1-R)d}{r-d}$$

- X : 1일 분출량[L/day]
- W : 1일 급수량[L/day]
- d : 급수 중 고형분 농도[ppm]
- r : 보일러수의 허용고형분 농도[ppm]
- R : 응축수회수율

07

보일러의 열정산 목적 3가지를 쓰시오.

정답
① 열손실 파악
② 열설비 성능(능력) 파악
③ 조업방법 개선
④ 열설비 성능개선 자료로 활용
⑤ 열의 행방 파악

08

보일러의 내부 스케일 및 이물질을 제거하기 위해 수작업으로 청소하는 경우 필요한 공구 2가지를 쓰시오.

정답
① 스크레퍼
② 스케일 해머
③ 와이어 브러쉬

> **보일러 내부 스케일 청소작업 공구**
> 스크레퍼(scraper), 스케일 해머(scale hammer), 와이어 브러쉬(wire brush)

09

배관 내부에 물이 10[m/s]의 유속으로 흐를 때 속도수두는 얼마인지 구하시오.

풀이 $h = \dfrac{V^2}{2g} = \dfrac{10^2}{2 \times 9.8} = 5.102 ≒ 5.10[mH_2O]$

정답 5.10[mH$_2$O]

10

배관이음 도시기호는 관이음 방법에 따라 각기 다른 기호가 사용된다. 다음 물음에 알맞은 도시기호를 그리시오.

가. 용접이음 :
나. 플랜지이음 :
다. 나사이음 :

정답
가. ──✕──
나. ──╫──
다. ──┼──

11

중량비로 탄소(C) : 80[%], 수소(H) : 10[%], 회분(ash) : 10[%]인 석탄을 연료로 사용할 때 석탄 100[kg]을 연소시키는 데 필요한 이론산소량과 이론공기량은 몇 [Sm^3]인지 구하시오.

풀이 ① 이론산소량(연료 100[kg])

$$O_o = 1.867C + 5.6\left(H - \frac{O}{8}\right) + 0.7S$$

$$= \{(1.867 \times 0.8) + (5.6 \times 0.1)\} \times 100 = 205.36[Sm^3]$$

② 이론공기량

$$A_o = 8.89C + 26.67\left(H - \frac{O}{8}\right) + 3.33S$$

$$= \{(8.89 \times 0.8) + (26.67 \times 0.1)\} \times 100 = 977.9[Sm^3]$$

정답 ① 205.36[Sm^3] ② 977.9[Sm^3]

12

로터리식 벤딩 머신으로 관굽힘 작업을 할 때 관이 파손되는 원인을 3가지 쓰시오.

정답 ① 압력조정이 강하고 저항이 큰 경우
② 받침쇠가 너무 나와 있는 경우
③ 굽힘 반지름이 너무 작은 경우
④ 재료에 결함이 있는 경우

13

아래 설명을 보고 공구 및 기계의 명칭을 보기에서 찾아 쓰시오.

[보기]
파이프 커터, 링크형 파이프커터, 다이헤드형 나사절삭기, 사이징 툴, 봄볼

가. 나사가공 전용 기계로서 관의 절단, 거스러미 제거, 나사가공이 가능하다.
나. 연관에서 분기관 따내기 작업 시 주관에 구멍을 뚫는 데 사용된다.
다. 동관의 끝부분을 원형으로 정형하는 데 사용된다.
라. 강관을 절단하는 데 사용된다.
마. 주철관을 필요한 길이로 절단하는 데 사용된다.

정답 가. 다이헤드형 나사절삭기
  나. 봄볼
  다. 사이징 툴
  라. 파이프 커터
  마. 링크형 파이프 커터

14

광전관식 화염검출기를 설치할 때 주의사항을 2가지 쓰시오.

정답 ① 연소불꽃에 직사광이 들어오도록 불꽃의 중심을 향하여 설치한다.
  ② 화염검출기 주위온도는 50[℃] 이상이 되지 않도록 한다.

15

보일러 고·저수위 경보장치의 종류 4가지를 쓰시오.

정답 ① 플로트식(맥도널식) ② 전극식 ③ 차압식 ④ 열팽창식(코프식)

16

보일러 액체연료 저장탱크 내의 압력을 대기압 이상으로 유지하기 위하여 통기관을 설치한다. 다음 (   ) 안에 알맞은 내용을 쓰시오.

> 가. 통기관 내경의 크기는 최소한 (①)[mm] 이상이어야 한다.
> 나. 개구부의 높이는 지상에서 (②)[m] 이상이어야 하며 반드시 옥외에 설치한다.
> 다. 개구부의 굽힘각도는 (③)° 이상으로 한다.
> 라. 통기관에는 일체의 (④)를 사용해서는 아니 된다.

정답   ① 40   ② 5   ③ 40   ④ 밸브

실기[필답형]기출문제 — 제27회

01

조성이 탄소(C) 86[%], 수소(H) 13[%], 산소(O_2) 2[%]인 액체연료 10[kg]을 연소할 때 필요한 실제공기량[Sm^3]은 얼마인지 구하시오.(단, 공기비는 1.25이다.)

풀이 (실제공기량) $A = m \times A_o$

(이론공기량) $A_o = 8.89C + 26.67\left(H - \dfrac{O}{8}\right) + 3.33S$

연료 10[kg]에 대한 이론공기량[Sm^3] 계산

$A = 1.25 \times \left\{ 8.89 \times 0.86 + 26.67 \times \left(0.13 - \dfrac{0.02}{8}\right) \right\} \times 10 = 138.072 \fallingdotseq 138.07[Sm^3]$

정답 138.07[Sm^3]

02

캐리오버(carry over)의 종류는 선택적 캐리오버와 기계적 캐리오버로 구분할 수 있다. 이 중 선택적 캐리오버에 대해 설명하시오.

정답 증기 속에 용해되어 있던 실리카(무수규산) 성분이 증기와 함께 송출되는 현상

① 선택적 캐리오버 : 증기 속에 용해되어 있던 실리카(무수규산) 성분이 증기와 함께 송출되는 현상
② 기계적 캐리오버 : 물방울(액적)과 거품 등이 증기와 함께 송출되는 현상

03

바닥면적이 20[m²]인 실내 바닥의 온도가 37[℃], 실내온도가 17[℃]일 때 바닥으로부터 전열되는 복사열량은 몇 [W]인지 구하시오.(단, 방사율은 0.9, 스테판-볼츠만 상수는 5.67×10^{-8}[W/m²K⁴]이다.)

풀이
$$Q = \epsilon \times \sigma \times (T_1^4 - T_2^4) \times F$$
$$= 0.9 \times 5.67 \times 10^{-8} \times \{(273+37)^4 - (273+17)^4\} \times 20$$
$$= 2206.945 ≒ 2206.95[W]$$

정답 2206.95[W]

04

석유계 기체연료의 종류를 3가지 쓰시오.

정답 ① 프로판 ② 부탄 ③ 부틸렌 ④ 프로필렌 ⑤ 부타디엔

05

증기난방 방식에서 응축수 환수 방법에 의한 분류 3가지를 쓰시오.

정답 ① 중력환수식 ② 진공환수식 ③ 기계환수식

06

송풍기의 풍량조절 방법에 대해 3가지를 쓰시오.

정답
① 토출 댐퍼에 의한 제어
② 흡입 댐퍼에 의한 제어
③ 흡입 베인에 의한 제어(가동날개 열림 정도의 제어)
④ 회전수에 의한 제어
⑤ 가변피치 제어

송풍기 풍량제어 방법
① 토출 댐퍼에 의한 제어 : 익형송풍기, 소형송풍기의 댐퍼 조절 변화
② 흡입 댐퍼에 의한 제어 : 송풍기 흡입 측 댐퍼 조절 변화
③ 흡입 베인(vane)에 의한 제어 : 가동날개의 열림 정도의 변화
④ 회전수에 의한 제어 : 전동기의 회전수 변화
⑤ 가변피치 제어 : 날개각도 변화

07

다음 보일러 급수처리 수질에 관한 설명에서 ( ) 안에 알맞은 내용을 쓰시오.

물이 산성인지 알칼리성인지 수중의 수소이온(H^+)과 수산화이온(OH^+)의 양에 따라 정해지는데 이것을 표시하는 방법으로 (①)이온지수 pH가 사용된다. 상온에서 pH가 7 미만인 경우는 (②), 7은 (③), 7을 초과하는 경우를 (④)이라고 한다. 이상적인 보일러 급수 및 관수의 pH는 (⑤)이다.

정답 ① 수소 ② 산성 ③ 중성 ④ 알칼리성 ⑤ 약알칼리성

08

보일러의 내부 스케일 및 이물질을 제거하기 위해 수작업으로 청소하는 경우 필요한 공구 4가지를 쓰시오.

정답 ① 스크레퍼 ② 스케일 해머 ③ 와이어 브러쉬 ④ 스케일 커터 ⑤ 튜브 크리너

> **보일러 내부 스케일 청소작업 공구**
> 스크레퍼(scraper), 스케일 해머(scale hammer), 와이어브러쉬(wire brush), 스케일 커터(scale cutter), 튜브 크리너(tube cleaner)

09

어떤 건물의 벽체면적이 가로 28[m], 세로 4[m]이다. 이 벽체에 유리창이 4개가 있으며, 유리창 1개의 면적은 2.2[m]×3.0[m]일 때 벽체의 열관류율이 2.9[kcal/m²h℃], 유리창의 열관류율이 5.5[kcal/m²h℃], 실내온도가 18[℃], 외기온도가 3[℃]라면 벽면 전체를 통하여 손실되는 열량[kcal/h]은 얼마인지 구하시오.(단, 방위계수는 무시한다.)

풀이 ① 벽체를 통한 손실열량

$$Q_1 = K_1 \times F_1 \times \Delta t_1$$

$= 2.9 \times \{(28 \times 4) - (2.2 \times 3.0 \times 4)\} \times (18 - 3) = 3723.6[kcal/h]$

② 유리창을 통한 손실열량

$$Q_2 = K_2 \times F_2 \times \Delta t$$

$= 5.5 \times 2.2 \times 3.0 \times 4 \times (18 - 3) = 2178[kcal/h]$

③ 벽면 전체를 통한 손실열량

$Q_t = Q_1 + Q_2 = 3723.6 + 2178 = 5901.6[kcal/h]$

10

다음은 관류보일러인 슐저 보일러(Sulzer boiler)의 내부 계통도이다. ①~⑥까지의 명칭을 쓰시오.

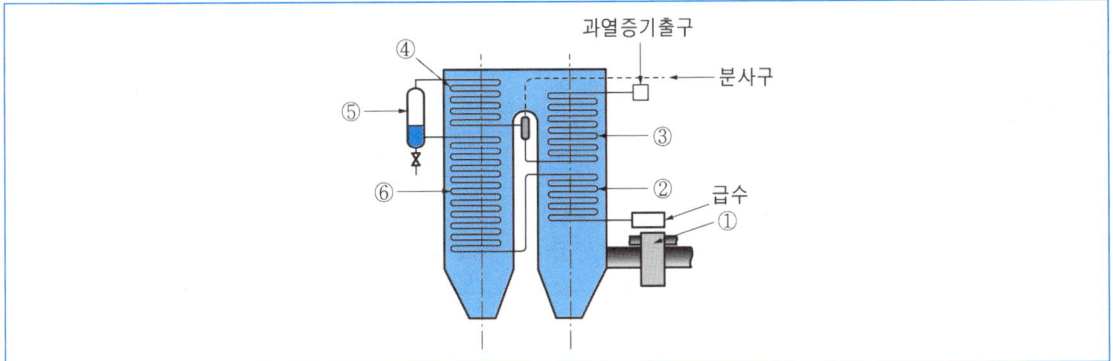

정답
① 공기예열기
② 절탄기
③ 대류과열기
④ 복사과열기
⑤ 기수분리기
⑥ 증발관

11

보일러 설치검사 기준상 안전밸브 및 압력방출장치의 크기는 호칭지름 25A 이상으로 하여야 하지만 호칭지름 20A 이상으로 할 수 있는 보일러도 있다. 20A 이상으로 할 수 있는 보일러 중 다음 ( ) 안에 알맞은 값을 쓰시오.

가. 최고사용압력 (①)[MPa] 이하의 보일러
나. 최고사용입력 (②)[MPa] 이하의 보일러로 동체의 안지름이 500[mm] 이하이며, 동체의 길이가 (③)[mm] 이하의 것
다. 최고사용압력 (④)[MPa] 이하의 보일러로 전열면적 $2m^2$ 이하의 것
라. 최대증발량 (⑤)[t/h] 이하의 관류보일러
마. 소용량 강철제 보일러, 소용량 주철제 보일러

정답 ① 0.1 ② 0.5 ③ 1000 ④ 0.5 ⑤ 5

12

아래 배관도에서 ①~⑤번에 해당하는 것을 [보기]에서 골라 쓰시오.

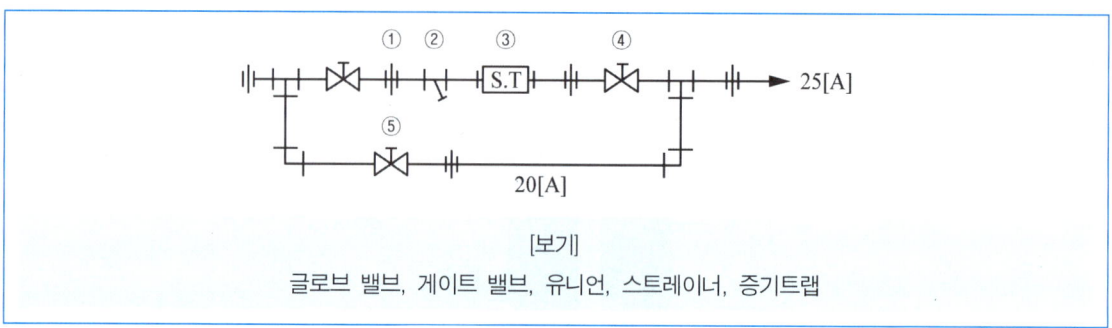

[보기]
글로브 밸브, 게이트 밸브, 유니언, 스트레이너, 증기트랩

정답 ① 유니언 ② 스트레이너 ③ 증기트랩 ④ 게이트 밸브 ⑤ 글로브 밸브

13

압력이 500[kPa]의 증기를 이용하여 난방을 할 때 방열기에서 생성되는 응축수량이 몇 [kg/m²h]인지 구하시오.(단, 방열기 표준방열량을 기준으로 하며, 500[kPa]상태의 증기 건조도는 0.9, 포화수 엔탈피는 634.2[kJ/kg], 포화증기 엔탈피는 2730[kJ/kg]이다.)

풀이 $G = \dfrac{Q}{r} = \dfrac{q \times A}{x(h'' - h')} = \dfrac{2730}{0.9 \times (2730 - 634.2)} = 1.447 ≒ 1.45\,[\text{kg/m}^2\text{h}]$

정답 1.45[kg/m²h]

$G = \dfrac{Q}{r} = \dfrac{q \times A}{x(h'' - h')}$

- G : 응축수량[kg/h]
- r : 잠열[kcal/kg]
- A : 면적[m²]
- h' : 급수엔탈피[kcal/kg]
- Q : 난방부하[kcal/h]
- q : 표준방열량[kcal/m²h]
- h'' : 발생증기엔탈피[kcal/kg]
- x : 건조도

구분	공학단위[kcal/m²h]	SI단위[kJ/m²h]
온수방열기	450	1890
증기방열기	650	2730

14

파이프 렌치(pipe wrench)의 규격에는 200[mm], 300[mm], 350[mm], 450[mm], 600[mm], 1200[mm] 등이 있다. 이 호칭 규격은 무엇을 기준으로 하는지 쓰시오.

정답 파이프 렌치의 조(jaw)를 최대로 벌리거나 최대 큰 관을 물린 상태에서의 전장

15

내화물의 스폴링(spalling) 현상에 대하여 설명하시오.

정답 박락현상이라고도 하며 내화물이 사용 도중에 온도의 급격한 변화나 가열, 냉각에 의해 갈라지거나 떨어져 나가는 현상

스폴링 현상의 종류와 원인
① 열적 스폴링 : 내화물이 가열 또는 냉각될 때의 온도급변으로 인해 변형이 생기고 표면에 균열이 일어나는 현상
② 기계적 스폴링 : 온도의 상승에 따른 팽창에 의해 내화물 간 압력이 작용하고 이 압력 등이 고르지 않아 기계적 강도가 낮아져 내화물이 파쇄되는 현상
③ 조직적 스폴링 : 내화물에 화학적 슬래그 등의 침투에 의해 조직의 변화가 일어나고 이로 인해 균열이 일어나는 현상

실기[필답형]기출문제 제28회

01

어느 건물에서 창문을 제외한 벽체의 총면적이 48[m²]이고 실내온도가 22[℃], 외기온도가 -8[℃], 열관류율이 5.82[W/m²℃]일 때 이 건물의 벽체를 통한 난방부하[W]는 얼마인지 구하시오.(단, 건물의 방향은 남서향이고 방위계수는 1.10이다.)

풀이 $Q = K \cdot F \cdot \triangle t \cdot k = 5.82 \times 48 \times \{22-(-8)\} \times 1.1 = 9218.88[W]$

정답 9218.88[kcal/h]

$Q = K \cdot F \cdot \triangle t \cdot k$
- K : 열관류율[W/m²℃]
- $\triangle t$: 온도차[℃]
- F : 면적[m²]
- k : 방위계수

02

펌프의 소요동력이 15[kW]이고, 효율이 90[%], 전양정이 10[m]인 경우 해당 펌프의 급수량(송출량)은 몇 [m³/min]인지 구하시오.

풀이 $Q = \dfrac{kW \times 102 \times \eta}{r \times H} = \dfrac{15 \times 102 \times 0.9}{1000 \times 10} \times 60 = 8.262 ≒ 8.26[m^3/min]$

정답 8.26[m³/min]

$kW = \dfrac{r \cdot Q \cdot H}{102 \times \eta} \rightarrow Q = \dfrac{kW \times 102 \times \eta}{r \times H}$
- r : 물의 비중량[kg/m³]
- H : 양정[m]
- Q : 유량[m³/s]
- η : 효율

03

동력을 이용하여 파이프를 벤딩할 수 있는 장비의 종류를 1가지 쓰시오.

정답 ① 램식 벤딩 머신
② 로터리식 벤딩 머신

04

신설보일러 설치 시 내부에 부착된 유지분, 페인트, 녹 등을 제거하기 위하여 실시하는 작업을 무엇이라고 하는지 쓰시오.

정답 소다 보링(소다 끓임)

> **소다보링 사용약액**
> 탄산소다(탄산나트륨), 가성소다(수산화나트륨), 제3인산소다(제3인산나트륨), 아황산소다(아황산나트륨)

05

진공환수방식 증기난방법에서 보일러보다 방열기가 아래에 설치되는 경우 응축수를 원활히 환수시키기 위해 수직 입상관을 환수주관보다 1~2[mm] 정도 작은 관을 사용하여 응축수를 환수시키는 배관 이음방법의 명칭을 쓰시오.

정답 리프트 피팅 이음방식(lift fitting)

06

다음 동관(구리관)에 대한 물음에 답하시오.

> 가. 재질에 의한 분류로 연질, 반연질, 반경질, 경질의 기호를 쓰시오.
> 나. 두께에 의한 분류 3가지를 두께가 두꺼운 것부터 차례대로 쓰시오.

정답 가. ① 연질 : O ② 반연질 : OL ③ 반경질 : $\frac{1}{2}$H ④ 경질 : H

나. K형 > L형 > M형

동관의 두께별 구분
① K형 : 가장 두껍다.
② L형 : 두껍다.
③ M형 : 보통 두께이다.
④ N형 : 얇다.(KS규격에는 없다.)

07

보일러 운전 중 수시로 감시하여야 할 사항 2가지를 쓰시오.

정답 ① 수위 ② 압력

08

보일러 운전 중 전열면에 부착된 그을음을 제거하는 장치로 증기분사, 공기분사, 물분사 형식이 있으며 주로 수관식 보일러에 사용되는 장치를 무엇이라고 하는지 쓰시오.

정답 수트 블로워(soot blow)

09

보일러 설치검사 기준상 안전밸브 및 압력방출장치의 크기는 호칭지름 25A 이상으로 하여야 하지만 호칭지름 20A 이상으로 할 수 있는 보일러도 있다. 20A 이상으로 할 수 있는 보일러 중 다음 ( ) 안에 알맞은 값을 쓰시오.

> 가. 최고사용압력 (①)[MPa] 이하의 보일러
> 나. 최고사용압력 (②)[MPa] 이하의 보일러로 동체의 안지름이 500[mm] 이하이며, 동체의 길이가 (③)[mm] 이하의 것
> 다. 최고사용압력 (④)[MPa] 이하의 보일러로 전열면적 2m² 이하의 것
> 라. 최대증발량 (⑤)[t/h] 이하의 관류보일러
> 마. 소용량 강철제 보일러, 소용량 주철제 보일러

정답 ① 0.1 ② 0.5 ③ 1000 ④ 0.5 ⑤ 5

10

다음 주어진 배관 평면도를 제시된 방위에 맞도록 등각투상도로 그리시오.

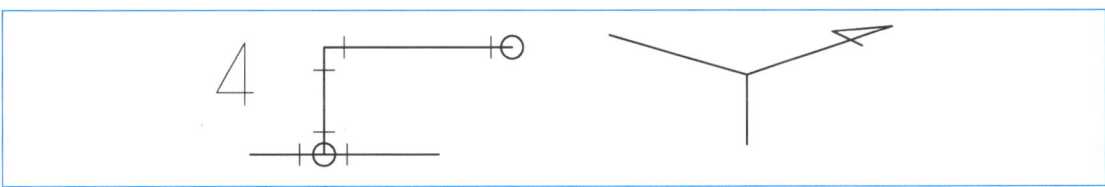

정답

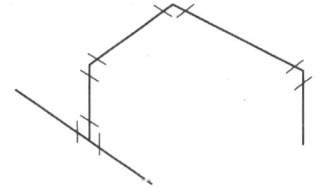

11

배관의 호칭이 100[A]이고 옥내에 200[m], 옥외에 300[m]로 설치되었다. 이때 할증률을 적용하여 최대 배관길이를 구하면 몇 [m]인지 구하시오.

풀이 (200 + 300) × 1.1 = 550[m]
정답 550[m]

옥내 배관과 옥외 배관의 할증률은 모두 10[%]로 적용한다.

12

아래 전기보일러의 설치방법 중 틀린 것을 찾아 번호로 쓰시오.

① 보일러 본체에 접지를 한다.
② 전원콘센트 간의 거리는 최소로 되도록 하고 누전의 위험이 없도록 한다.
③ 상수도를 보일러에 직접 연결할 때에는 수두압을 15[m] 이하로 한다.
④ 보일러는 반드시 수평으로 설치한다.
⑤ 연결된 전선은 간결하게 모아 정리한다.
⑥ 보일러실 바닥면과 일치되도록 설치한다.

정답 ④, ⑥

④ 보일러는 불연성 물질의 격벽 또는 반격벽으로 구분된 장소에 수평 또는 수직으로 설치할 수 있다.
⑥ 보일러는 보일러실 바닥면보다 높게 설치하여야 한다.

13

보일러 안전밸브의 증기누설 원인 4가지를 쓰시오.

정답
① 밸브와 시트의 가공이 불량한 경우
② 시트와 밸브 축이 이완된 경우
③ 스프링 장력의 감소
④ 조정압력이 너무 낮은 경우
⑤ 밸브디스크와 밸브시트 사이에 이물질이 끼인 경우

14

수관식 보일러의 기수 드럼에 부착하여 승수관을 통해 상승하는 증기 중에 혼입된 수분을 분리하여 캐리오버를 방지하는 장치의 명칭과 그 종류를 4가지 쓰시오.

가. 장치의 명칭 :
나. 종류 :

정답
가. 기수분리기
나. ① 사이클론형, ② 스크레버형, ③ 건조스크린형, ④ 배플형

15

온도변화에 따른 배관의 열팽창, 신축 등을 방지하고 사고를 미연에 예방하기 위해 배관 도중에 설치하는 신축이음쇠 3가지를 쓰시오.

정답 ① 슬리브형 ② 벨로즈형 ③ 스위블형 ④ 루프형 ⑤ 볼조인트

실기[필답형]기출문제 제29회

01

부탄(C_4H_{10})을 1[Nm^3] 연소할 때 아래 물음에 답하시오.

> 가. 반응식을 쓰시오.
> 나. 이론산소량[Nm^3]을 구하시오.
> 다. 이론 공기량으로 연소될 때 습연소가스량[Nm^3]을 구하시오.

풀이 가. 부탄(C_4H_{10})의 완전연소반응식

$$C_4H_{10} + 6.5O_2 \rightarrow 4CO_2 + 5H_2O$$

나. 이론산소량[Nm^3]

$$22.4[Nm^3] : 6.5 \times 22.4[Nm^3] = 1[Nm^3] : x(O_o)[Nm^3]$$

$$O_o(\text{이론산소량}) = \frac{6.5 \times 22.4 \times 1}{22.4} = 6.5[Nm^3]$$

다. 이론 공기량으로 연소될 때 습연소가스량[Nm^3]

$$G_{ow} = CO_2량 + H_2O량 + N_2량$$

$$G_{ow} = (1 - 0.21)A_o + CO_2 + H_2O$$

$$= (1 - 0.21) \times \frac{6.5}{0.21} + 4 + 5 = 33.452 \fallingdotseq 33.45[Nm^3]$$

정답 가. $C_4H_{10} + 6.5O_2 \rightarrow 4CO_2 + 5H_2O$

나. 6.5[Nm^3]

다. 33.45[Nm^3]

이론 습연소가스량[Nm^3] = 이론공기 중 질소량(N_2) + CO_2 + SO_2 + H_2O + 기타 생성가스

G_{ow} = N_2량 + CO_2량 + H_2O량

$G_{ow} = (1 - 0.21)A_o + 1.867C + 0.7S + 0.8N + 1.24W$

$$= \left(\frac{1.867C + 5.6H + 0.7S + 0.7O}{0.21} \times 0.79 \right) + 1.867C + 0.7S + 0.8N + 1.24W$$

$G_{ow} = 8.89C + 21.1H - 2.63O + 3.33S + 0.8N + 1.24W$

02

보일러가 아래 조건으로 운전될 때 다음 물음에 답하시오.

[조건]
- 시간당 발생증기량 : 1500[kg]
- 시간당 연료 사용량 : 150[kg]
- 발생증기 엔탈피 : 2511[kJ/kg]
- 연료의 저위발열량 : 35[MJ/kg]
- 급수 엔탈피 : 83[kJ/kg]

가. 상당증발량 [kg/h]을 구하시오.
나. 연소효율 [%]을 구하시오.

풀이

가. $G_e = \dfrac{G(h'' - h')}{2256} = \dfrac{1500 \times (2511 - 83)}{2256} = 1614.361 ≒ 1614.36[kg/h]$

나. $\eta = \dfrac{G(h'' - h')}{G_f \times Hl} \times 100 = \dfrac{1500 \times (2511 - 83)}{150 \times 35000} \times 100 = 69.371 ≒ 69.37[\%]$

정답

가. 1614.36[kg/h]

나. 69.34[%]

$\eta = \dfrac{G(h'' - h')}{Gf \times Hl}$, $G_e = \dfrac{G(h'' - h')}{539}$

- G_e : 상당증발량[kg/h]
- G : 실제증발량[kg/h]
- h'' : 발생증기 엔탈피[kJ/kg]
- h' : 급수 엔탈피[kJ/kg]
- Gf : 연료사용량[kg/h]
- Hl : 연료의 저위발열량[kJ/kg]
- η : 효율

※ 단위 환산

물의 증발잠열은 공학단위로 539[kcal/kg]이고 SI단위로 변환하게 되면 2256[kJ/kg]이다.(1[kcal] = 4.1868[kJ], 539×4.186 = 2256.685[kJ])

03

전극식 수위검출기 점검 주기에 대한 설명 중 ( ) 안에 알맞은 내용을 쓰시오.

> 가. 검출통 내의 분출은 (①)일 1회 이상 실시한다.
> 나. 검출통은 (②)개월에 1회 정도 분해하여 내부 청소를 실시한다.
> 다. 1년에 (③)회 이상 통전시험 및 절연저항을 측정한다.
> 라. 수위계의 누설방지와 (④)을 겸하기 위해 테프론을 사용한다.

정답   ① 1   ② 6   ③ 1   ④ 전기절연성

04

배관의 하중을 밑에서 떠받쳐 지지하는 장치인 서포터(support)의 종류 3가지를 쓰시오.

정답   ① 리지드 서포트   ② 스프링 서포트   ③ 롤러 서포트   ④ 파이프 슈

05

급수밸브의 크기를 전열면적에 따라 나누었을 때 ( ) 안에 알맞은 내용을 써 넣으시오.

전열면적	급수밸브 크기	기호
10[m^2] 이하	(①)A 이상	A[mm]
10[m^2] 초과	(②)A 이상	A[mm]

정답   ① 15   ② 20

06

다이헤드형 동력나사 절삭기로 할 수 있는 작업 3가지를 쓰시오.

정답 ① 관의 절단 ② 나사 절삭 ③ 거스러미 제거

07

다음 주어진 배관 평면도를 제시된 방위에 맞도록 등각투상도로 그리시오.

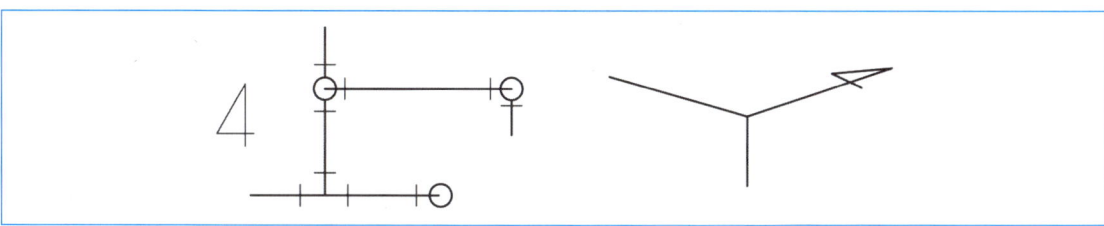

정답

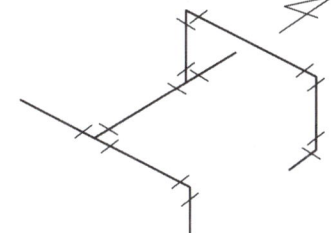

08

설비배관에서 각 장치와 유체를 명확히 구분하여 번호를 붙이는 것을 말하며, 이 번호에 의해서 배관의 성격과 위치를 명확히 구분할 수 있고 배관재료를 쉽게 파악할 수 있다. 이것을 무엇이라고 하는지 쓰시오.

정답 라인 인덱스(line index)

09

내압을 받는 원형탱크의 안지름이 1400[mm], 강판 두께가 10[mm], 최고사용압력이 1[MPa]인 경우 이 탱크의 이음 효율이 80[%]라면 허용인장응력은 몇 [N/mm²]인지 구하시오.

풀이 $\sigma_a = \dfrac{\dfrac{PD_i}{t} + 1.2P}{2 \times \eta} = \dfrac{\dfrac{1 \times 1400}{10} + 1.2 \times 1}{2 \times 0.8} = 88.25 [\text{N/mm}^2]$

정답 88.25[N/mm²]

$$t = \dfrac{PD}{2\sigma_a \eta - 1.2P} + \alpha \rightarrow \sigma_a = \dfrac{\dfrac{PD_i}{t} + 1.2P}{2 \times \eta}$$

α는 해당 문제에서 주어지지 않았으므로 무시한다.

- P : 최고사용압력[MPa]
- D_i : 탱크의 안지름[mm]
- σ_a : 허용인장응력[N/mm²]
- η : 탱크의 이음효율
- α : 부식여유

10

용접부의 잔류응력을 완화하기 위한 방법 3가지를 쓰시오.

정답
① 노내 풀림법
② 국부풀림 및 기계적 처리
③ 저온응력 완화법
④ 피닝(peening)법

피닝(peening)법
끝이 구면인 특수 해머로 용접부를 연속적으로 타격하여 용접 표면층에 소성변형을 주어 잔류응력을 완화시키는 방법

11

아래 보일러 보존방법에 대한 물음에 답하시오.

> 가. 만수 보존법에 사용하는 약제의 종류를 3가지 쓰시오.
> 나. 건조 보존법에 사용하는 약제의 종류를 3가지 쓰시오.

정답 가. 가성소다, 아황산소다, 히드라진, 암모니아
　　　　나. 생석회, 실리카겔, 염화칼슘, 활성알루미나, 오산화인

12

어느 벽체에 두께 200[mm]인 콘크리트의 열전도율이 1.6[W/m·K], 두께 10[mm]인 석고보드의 열전도율이 0.2[W/m·K]를 부착하였다. 실내측 표면열전달율이 8.4[W/m²·K]이고, 실외측 표면열전달율이 23.2[W/m²·K]일 때 이 벽체의 열관류율은 몇 [W/m²·K]인지 구하시오.

풀이

$$K = \dfrac{1}{\dfrac{1}{\alpha_1} + \dfrac{l_1}{\lambda_1} + \dfrac{l_2}{\lambda_2} + \dfrac{1}{\alpha_2}}$$

$$= \dfrac{1}{\dfrac{1}{8.4} + \dfrac{0.2}{1.6} + \dfrac{0.01}{0.2} + \dfrac{1}{23.2}} = 2.966 ≒ 2.97 [W/m^2 \cdot K]$$

정답 2.97[W/m²·K]

$$K = \dfrac{1}{\dfrac{1}{\alpha_1} + \dfrac{b}{\lambda} + \cdots\cdots + \dfrac{1}{\alpha_2}}$$

- K : 열통과율(열관류율)[W/m²·K]
- α_1 : 내벽 열전달율[W/m²·K]
- α_2 : 외벽 열전달율[W/m²·K]
- λ : 벽체 각각의 열전도율[W/m·K]
- b : 벽체 각각의 두께[m]

13

캐리오버(carry over)의 종류는 선택적 캐리오버와 기계적 캐리오버로 구분할 수 있다. 각각의 특징을 설명하시오.

정답
① 선택적 캐리오버 : 증기 속에 용해되어 있던 실리카(무수규산) 성분이 증기와 함께 송출되는 현상
② 기계적 캐리오버 : 물방울(액적)과 거품 등이 증기와 함께 송출되는 현상

14

다음 보일러 급수 내처리 처리제에 관한 물음에 답하시오.

> 가. 경수 연화제 종류 3가지를 쓰시오.
> 나. 슬러지 조정제 종류 3가지를 쓰시오.

정답
가. ① 탄산나트륨 ② 수산화나트륨 ③ 인산나트륨
나. ① 탄닌 ② 리그닌 ③ 전분

> **보일러 급수처리 관 내 처리 : 청관제 사용**
> ① pH 조정제 : 수산화나트륨(가성소다), 탄산나트륨, 인산나트륨, 인산, 암모니아
> ② 연화제 : 탄산나트륨, 수산화나트륨, 인산나트륨
> ③ 슬러지 조정제 : 탄닌, 리그닌, 전분, 테스트린
> ④ 탈산소제 : 탄닌, 히드라진, 아황산나트륨(아황산소다)
> ⑤ 가성취화 방지제 : 탄닌, 리그닌, 초산나트륨, 인산나트륨, 질산나트륨, 황산나트륨
> ⑥ 포밍 방지제 : 폴리아미드, 고급지방산 에테르

15

보일러 내부부식 중 점식의 방지대책 3가지를 쓰시오.

정답
① 보일러수 중 용존산소를 제거한다.
② 보일러 내면을 방청도장(방청피막) 한다.
③ 보일러수 중 아연판을 매단다.(희생양극법)
④ 약한 전류를 통전시킨다.

01

강관의 공작용 공구로 관접속부의 분해 및 조립 시에 사용하며 보통형, 강력형, 체인형이 있고 그 크기는 죠(jaw)를 최대로 벌려놓은 전장으로 표시하며 크기로는 150[mm], 200[mm], 300[mm], 350[mm], 450[mm], 600[mm], 1200[mm] 등이 있다. 이 공구의 명칭을 쓰시오.

정답 파이프 렌치

02

액체연료를 사용하는 보일러를 열정산할 때 연료사용량을 측정하는 방법 3가지를 쓰시오.

정답 ① 중량 탱크식 ② 용량 탱크식 ③ 용적식 유량계

연료사용량 측정방법
① 중량 탱크식 : 연료 탱크에 장착된 중량센서를 이용해 연료의 중량변화를 측정하는 방식으로 연료탱크의 무게를 주기적으로 측정하여 변화된 중량을 파악한다.
② 용량 탱크식 : 연료 탱크에 장착된 용량센서는 탱크 내의 연료 레벨을 측정하고, 이를 기반으로 연료사용량을 계산한다. 보통 연료 탱크의 용량과 초기 레벨을 알고 있으므로, 레벨의 변화에 따른 사용량을 계산할 수 있다.
③ 용석식 유량계 : 연료 속의 유속(용석)을 측정하여 연료사용량을 계산하는 방식으로 연료가 흐르는 계통에 유량계가 실치되어 연료의 양을 측정하는데 유체의 유속이 빠르면 내부의 회전자가 빠르게 돌아가고 유속이 느리면 천천히 돌면서 유체의 유량을 측정한다.

03

아래 보기는 보일러 열정산의 입열과 출열을 나열한 것이다. 입열항목과 출열항목을 구분하여 번호로 쓰시오.

[보기]
① 연료의 연소열　　② 배기가스 보유열　　③ 미연소 가스열
④ 노내 취입증기의 입열　　⑤ 발생증기열　　⑥ 복사열손실
⑦ 공기의 현열　　⑧ 연료의 현열

가. 입열 :
나. 출열 :

정답　가. ①, ④, ⑦, ⑧
　　　　나. ②, ③, ⑤, ⑥

04

아래 보일러의 옥내설치 기준에 관한 사항 중 ( ) 안에 알맞은 내용을 써 넣으시오.

가. 불연성 격벽으로 구분된 장소에 설치할 것. 단, 소용량 강철제 보일러, 소용량 주철제 보일러, 가스용 온수 보일러, 소형 관류 보일러는 반격벽으로 구분된 장소에 설치할 수 있다.
나. 보일러 상부와 천장까지 거리는 (①)[m] 이상으로 한다. 단, 소형 보일러 및 주철제 보일러의 경우에는 0.6[m] 이상으로 할 수 있다.
다. 보일러 동체에서 벽, 배관, 기타 보일러의 측부에 있는 구조물과의 거리는 (②)[m] 이상이어야 한다. 단, 소형 보일러는 (③)[m] 이상으로 할 수 있다.
라. 연료를 저장할 때에는 보일러 외측으로부터 (④)[m] 이상 거리를 두거나 방화격벽을 설치하여야 한다. 단, 소형 보일러의 경우 (⑤)[m] 이상 거리를 두거나 반격벽으로 할 수 있다.

정답　① 1.2　② 0.45　③ 0.3　④ 2　⑤ 1

05

다음 조건을 보고 펌프의 축동력(kW)를 계산하시오.

[조건]
- 유량 : 0.96[m³/min]
- 펌프에서 보일러까지 급수에 필요한 토출양정 : 14[m]
- 펌프의 효율 : 80[%]
- 펌프에서 수면까지 높이 : 5[m]
- 감쇠높이 : 2[m]

풀이 $kW = \dfrac{r \cdot Q \cdot H}{102 \times \eta} = \dfrac{1000 \times 0.96 \times (5+14+2)}{102 \times 0.8 \times 60} = 4.117 ≒ 4.12[kW]$

정답 4.12[kW]

$$kW = \dfrac{r \cdot Q \cdot H}{102 \times \eta}$$

- r : 물의 비중량[kg/m³]
- Q : 유량[m³/s]
- H : 양정[m]
- η : 효율

06

보일러 청관제 중 탈산소제의 종류 3가지를 쓰시오.

정답 ① 탄닌 ② 히드라진 ③ 아황산소다

보일러 급수처리 관 내 처리 : 청관제 사용
① pH 조정제 : 수산화나트륨(가성소다), 탄산나트륨, 인산나트륨, 인산, 암모니아
② 연화제 : 탄산나트륨, 수산화나트륨, 인산나트륨
③ 슬러지 조정제 : 탄닌, 리그닌, 전분, 테스트린
④ 탈산소제 : 탄닌, 히드라진, 아황산나트륨(아황산소다)
⑤ 가성취화 방지제 : 탄닌, 리그닌, 초산나트륨, 인산나트륨, 질산나트륨, 황산나트륨
⑥ 포밍 방지제 : 폴리아미드, 고급지방산 에테르

07

가압수식 집진장치의 종류를 3가지 쓰시오.

정답
① 벤투리 스크러버
② 사이클론 스크러버
③ 제트 스크러버
④ 충전탑
⑤ 분무탑

08

두께 100[mm]의 콘크리트 벽에 두께 50[mm]의 단열재로 시공하고, 그 부분에 두께 15[mm]의 모르타르로 마무리한 벽체에서 실내측 벽면에 결로가 발생하는지 여부를 표를 보고 판정하시오.(단, 외기온도 - 20[℃], 실내온도 20[℃]일 때 이온도에서의 이슬점 온도는 16[℃]이다.)

재질	열전도율[W/m·℃]	벽면	열전달율[W/m²·℃]
콘크리트	0.25	내벽면	7.2
단열재	0.05	외벽면	4.5
모르타르	0.04	-	-

풀이
① 열관류율(K)

$$K = \cfrac{1}{\cfrac{1}{\alpha_1} + \cfrac{l_1}{\lambda_1} + \cfrac{l_2}{\lambda_2} + \cfrac{l_3}{\lambda_3} + \cfrac{1}{\alpha_2}}$$

$$= \cfrac{1}{\cfrac{1}{7.2} + \cfrac{0.1}{0.25} + \cfrac{0.05}{0.05} + \cfrac{0.015}{0.04} + \cfrac{1}{4.5}} = 0.468 ≒ 0.47[W/m^2·℃]$$

② 실내 벽체의 표면온도 계산(벽체를 통한 전체손실열량(Q_1)과 실내에서 실내 벽까지 손실되는 열량(Q_2)은 같다.)

※ 조건 : ($Q_1 = Q_2$) 벽체 면적은 같으므로 1[m²]로 보아 생략하고 실내 벽체의 온도(t_s)를 구한다.

$$K_1 \times (t_i - t_o) = K_2 \times (t_i - t_s) \rightarrow t_i - t_s = \frac{K_1 \times (t_i - t_o)}{K_2} \rightarrow t_s = t_i - \frac{K_1 \times (t_i - t_o)}{K_2}$$

$$t_s = 20 - \frac{0.47 \times (20 - (-20))}{7.2} = 17.388 ≒ 17.39[℃]$$

정답 실내 표면온도가 17.39[℃]이므로 실내 이슬점 온도 16[℃]보다 높다. 그러므로 결로는 발생하지 않는다.

09

아래 배관도를 보고 주어진 [표]의 빈칸에 재질, 규격과 수량을 알맞게 써넣으시오.

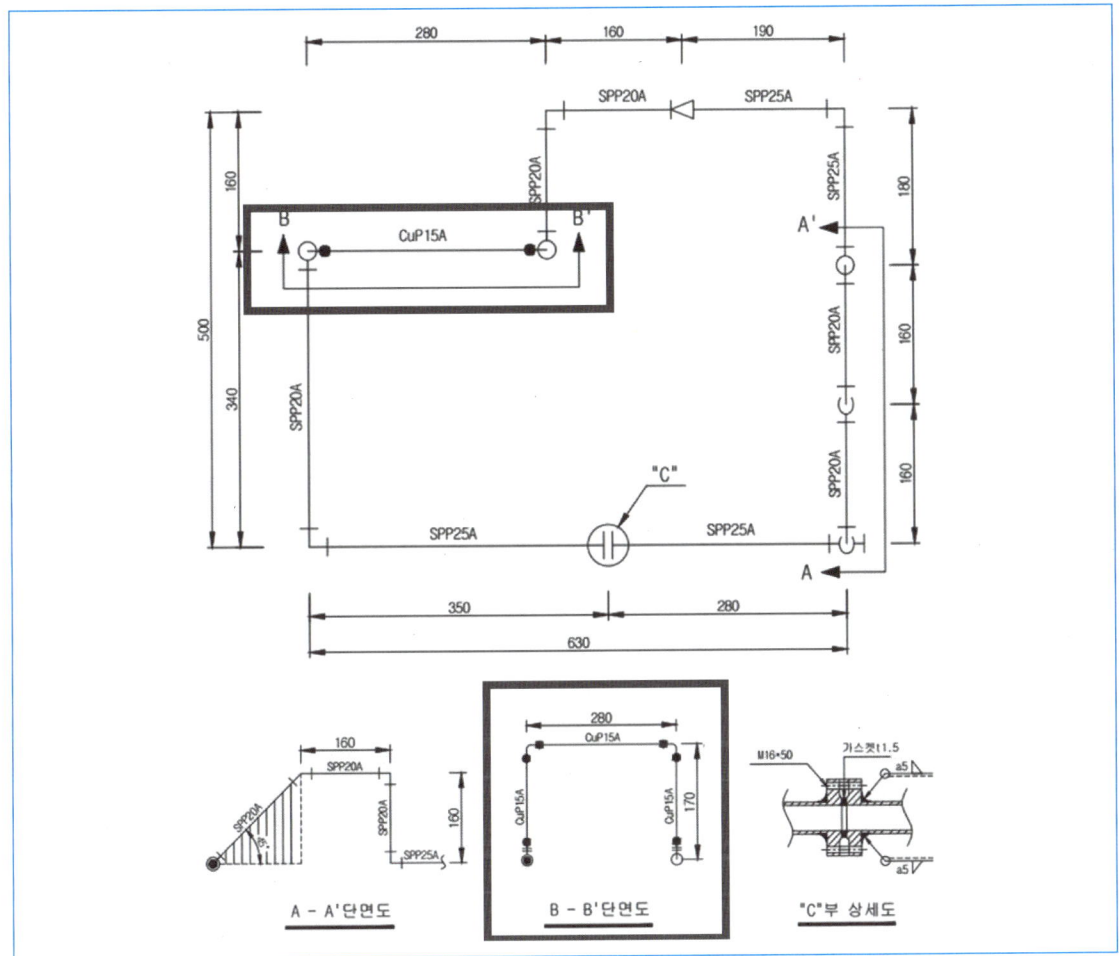

품명	재질	규격	수량
이경엘보			
CM 어댑터			
동 엘보			

정답

품명	재질	규격	수량
이경엘보	주물	25[A] × 15[A]	2개
CM 어댑터	황동	15[A]	2개
동 엘보	구리	15[A]	2개

10

보일러의 연소 시 공기비가 작은 경우 나타날 수 있는 문제점 3가지를 쓰시오.

정답
① 불완전 연소가 되기 쉽다.
② 미연소 가스에 의한 가스폭발과 매연의 발생
③ 미연소 가스에 의한 열손실 증가
④ 연소효율의 감소

11

어떤 보일러의 연료사용량이 500[kg/h]이고 이 보일러의 게이지압력이 0.6[MPa] 상태에서 7000[kg/h]의 증기를 발생시킬 때 아래 증기표를 기준하여 해당 보일러의 효율을 구하시오.(단, 연료의 저위발열량 40800[kJ/kg], 급수엔탈피가 90[kJ/kg], 발생증기의 건조도 85[%]이다.)

절대압력[MPa]	포화수 엔탈피[kJ/kg]	포화증기 엔탈피[kJ/kg]
0.5	640.09	2748.1
0.6	670.38	2756.2
0.7	697.14	2762.7

① 습증기(h'') 엔탈피 : 0.6[MPa]는 게이지 압력이다. 따라서 0.1[MPa]를 더한 0.7[MPa]의 절대압력을 기준으로 계산한다.
$h'' = h_1 + (h_2 - h_1)x = 697.14 + (2762.7 - 697.14) \times 0.85 = 2452.866 ≒ 2452.87$[kJ/kg]

② 효율
$\eta = \dfrac{G(h'' - h')}{G_f \times H_l} \times 100 = \dfrac{7000 \times (2452.87 - 90)}{500 \times 40800} \times 100 = 81.078 ≒ 81.08$[%]

정답 81.08[%]

$h'' = h_1 + (h_2 - h_1)x$

- h'' : 습증기 엔탈피[kJ/kg]
- h_1 : 포화수 엔탈피[kJ/kg]
- h_2 : 포화증기 엔탈피[kJ/kg]
- x : 건조도

$\eta = \dfrac{G(h'' - h')}{G_f \times H_l} \times 100$

- η : 효율
- G : 증기발생량[kg/h]
- G_f : 사용연료량[kg/h]
- H_l : 연료의 저위발열량[kg/h]
- h'' : 습증기 엔탈피[kJ/kg]
- h' : 급수 엔탈피[kJ/kg]

12

보일러수 중에서 발생되는 스케일 성분을 4가지 쓰시오.

정답 ① 탄산칼슘 ② 규산칼슘
　　　　③ 중탄산칼슘 ④ 중탄산마그네슘
　　　　⑤ 황산칼슘 ⑥ 황산마그네슘
　　　　⑦ 염화칼슘 ⑧ 염화마그네슘

> **스케일 생성 성분**
> 칼슘(Ca), 마그네슘(Mg)
> ① 탄산칼슘($CaCO_3$)　② 규산칼슘($CaSiO_2$)
> ③ 중탄산칼슘($Ca(HCO_3)_2$)　④ 중탄산마그네슘($MgCl_2$)
> ⑤ 황산칼슘($CaSO_4$)　⑥ 황산마그네슘($MgSO_4$)
> ⑦ 염화칼슘($CaCl_2$)　⑧ 염화마그네슘($MgCl_2$)

13

다음에 설명하는 패킹재의 종류별 명칭을 쓰시오.

> 가. 탄성이 크고 흡수성이 없으나 열과 기름에 약하며 산, 알칼리에 침식이 어렵다.
> 나. 고무패킹의 일종으로 합성고무 제품이며 천연고무의 성질을 개선시켜 내산성화성, 내열성, 내유성이 좋고, 기계적 성질이 양호하다.
> 다. 합성수지 패킹의 대표적인 것으로 내열범위가 -260~260[℃]이며 약품, 기름에도 침식이 되지 않는다.
> 라. 석면을 꼬아서 만든 것으로 소형 밸브, 수면계의 콕(cock) 등 주로 소형 밸브 글랜드로 사용한다.
> 마. 내열범위가 -30~130[℃] 정도로 약품에 강하고 내유성이 강해 증기, 기름, 약품배관에 사용된다.

정답 가. 천연고무
　　　　나. 네오프렌(neoprene)
　　　　다. 테프론
　　　　라. 석면 얀
　　　　마. 액상합성수지

14

보일러에서 발생하는 프라이밍(priming) 현상에 대해 설명하시오.

정답 프라이밍 : 급격한 증발이나 주 증기 밸브 급개 및 고수위 시 수면으로부터 끊임없이 물방울이 비산되어 수위를 불안전하게 하는 현상

15

보일러 설치검사 기준에 따른 가스누설시험 방법에 대한 내용 중 ( ) 안에 알맞은 내용을 쓰시오.

> 내부누설시험을 자기압력기록계로 시험할 경우에는 밸브를 잠그고 압력발생기구를 사용하여 천천히 공기 또는 불활성 가스 등으로 최고사용압력의 (①)배 또는 (②)[mmH$_2$O] 중 높은 압력 이상으로 가압한 후 (③)분 이상 유지하여 압력 변동을 측정한다.

정답 ① 1.1 ② 840 ③ 24

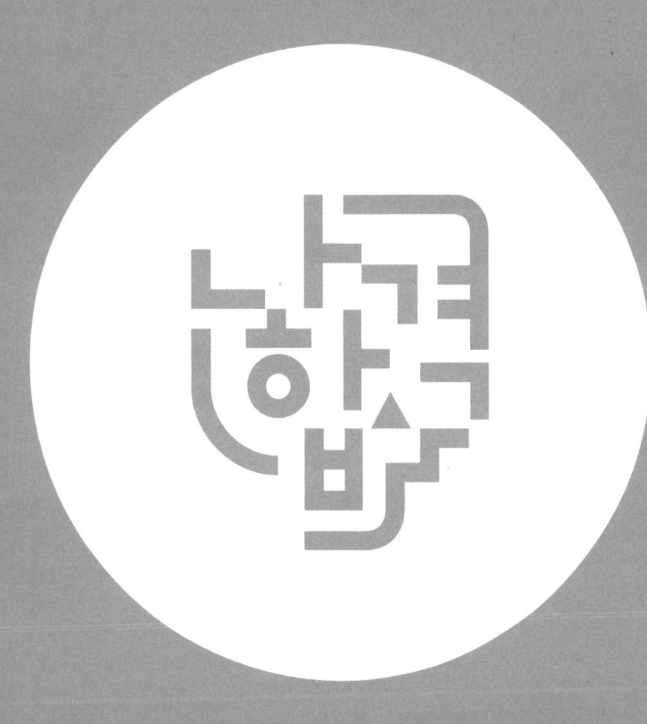

PART 10

실기[작업형] 공개문제

실기[작업형] 재생목록

01 관길이 산정표

관 경	15A	20A	25A	32A	40A
90° 엘보	27-11=16	32-13=19	38-15=23	46-17=29	48-19=29
정티	27-11=16	32-13=19	38-15=23	46-17=29*	48-19=29
45° 엘보	21-11=10	25-13=12	29-15=14	34-17=17	37-19=18
유니온	21-11=10	25-13=12	27-15=12	30-17=13	34-19=15
소켓	18-11=7	20-13=7	22-15=7	25-17=8	28-19=9
엔드 캡	20-11=9	24-13=11	28-15=13	30-17=13	30-17=13
부싱	11mm	12mm	13mm	15mm	16mm

02 이경 부속

		20A×15A		25A×20A		25A×15A		32A×25A		32A×20A	
이경 엘보		20A	29-13=16	25A	35-15=20	25A	32-15=17	32A	40-17=23	32A	38-27=21
		15A	30-11=19	20A	35-13=22	15A	33-11=22	25A	42-15=27	20A	40-13=27
		40A×32A		40A×25A		40A×20A		40A×15A		32A×15A	
		40A	45-19=26	40A	41-19=22	40A	38-19=19	40A	35-19=16	32A	34-17=17
		32A	48-17=31	25A	45-15=30	20A	43-13=30	15A	42-11=31	15A	38-11=27
		20A×15A		25A×20A		25A×15A		32A×25A		32A×20A	
이경 티		20A	29-13=16	25A	35-15=20	25A	32-15=17	32A	40-17=23	32A	38-17=21*
		15A	30-11=19	20A	35-13=22	15A	33-11=22	25A	42-15=27	20A	40-13=27
		40A×32A		40A×25A		40A×20A		40A×15A		32A×15A	
		40A	45-19=26	40A	41-19=22	40A	38-19=19*	40A	35-19=16	32A	34-17=17
		32A	48-17=31	25A	45-15=30	20A	43-13=30	15A	42-11=31	15A	38-11=27
		20A×15A		25A×20A		25A×15A		32A×25A		32A×20A	
레듀셔		20A	19-13=6	25A	21-15=6	25A	21-15=6	32A	24-17=7	32A	24-17=7
		15A	19-11=8	20A	21-13=8	15A	21-11=10	25A	24-15=9	20A	24-13=11
		40A×32A		40A×25A		40A×20A		40A×15A		32A×15A	
		40A	26-19=7*	40A	26-19=7	40A	26-19=7	40A	26-19=7	32A	24-17=7
		32A	26-17=9*	25A	26-15=11	20A	26-13=13	15A	26-11=15	15A	24-11=13

03 용접용 부속

90° 용접엘보	15A		20A		25A		32A		40A	
	38		38		38		46		57~62	
이경 용접엘보	20A×15A		25A×20A		25A×15A		32A×25A		32A×20A	
	20A	19	25A	26	32A	26	32A	26	32A	26
	15A	19	20A	26	25A	26	20A	26	20A	26
용접 레듀셔	40A×32A		40A×25A		40A×20A		40A×15A		32A×15A	
	40A	32	40A	32	40A	32	40A	32	32A	26
	32A	32	25A	32	20A	32	15A	32	15A	26

※ 나사직경 : 15A - $\frac{1}{2}$, 20A - $\frac{3}{4}$, 25A - 1, 32A - $1\frac{1}{4}$, 40A - $1\frac{1}{2}$, 50A - 2

04 기초 작업 동영상보기

※ 아래 해당영상 QR코드를 스캔해주세요

나사절삭기 사용방법 및 강관치수 맞추기

테프론 테이프 감는법

에너지관리 기능사 실기 수험자 유의사항

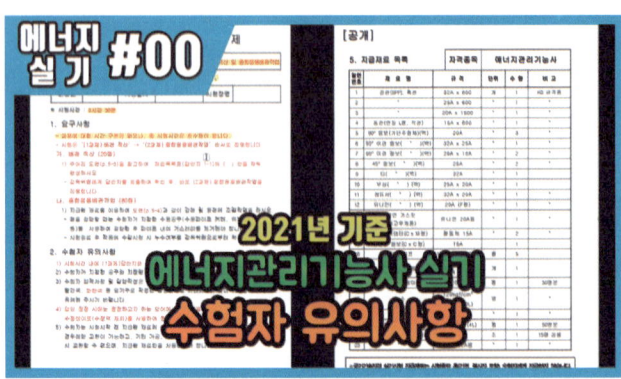

뺄길이 계산원리

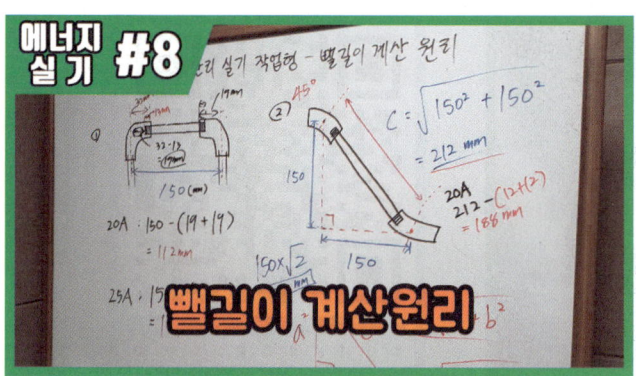 

유니온 방향

전기(아크)용접 기초원리

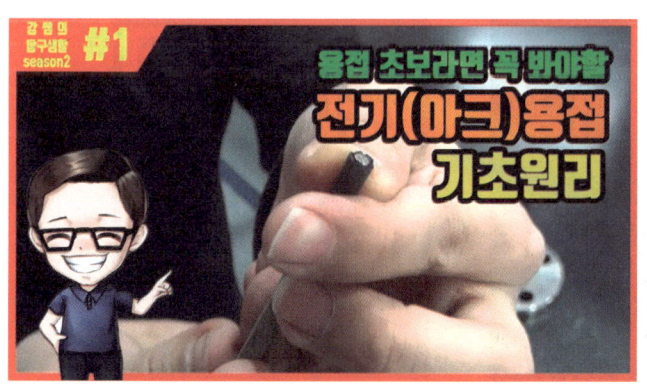 

플랜지용접 가접방법

플랜지용접(스트레이트)

플랜지용접(위빙)

강관엘보용접

[공지]2023년 이후 에너지관리기능장 변경사항

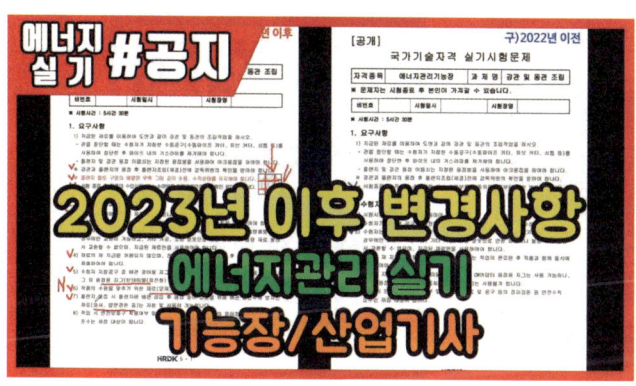

수험자 유의사항

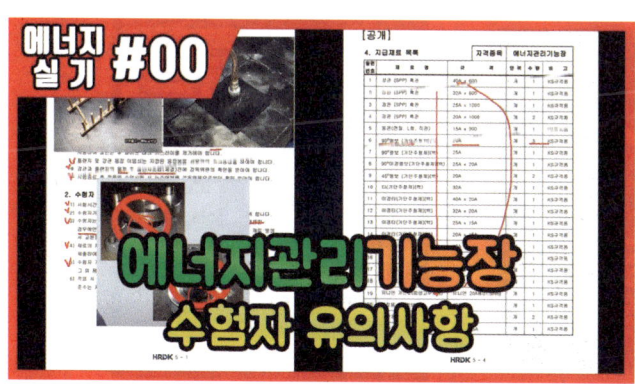

[샘플1] 에너지관리기능장 도면 유형분석

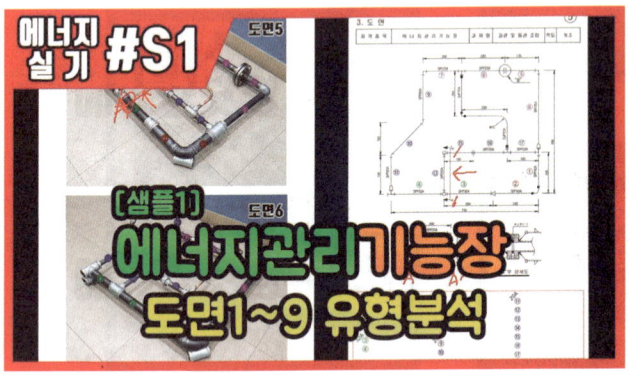

[샘플2] 도면1 강관작업

[샘플3] 도면6 동관작업

[멤버십]공개도면1번 뺄길이 계산

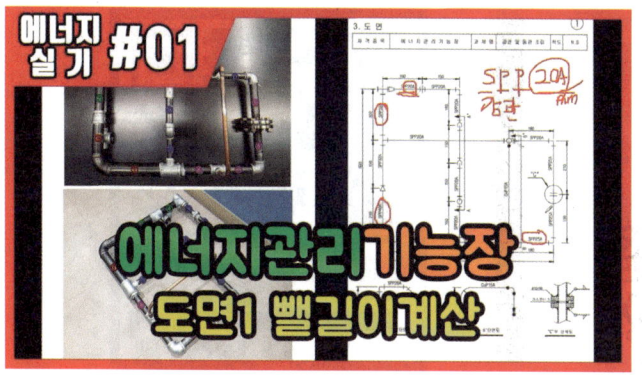

[멤버십]공개도면2번 뺄길이 계산

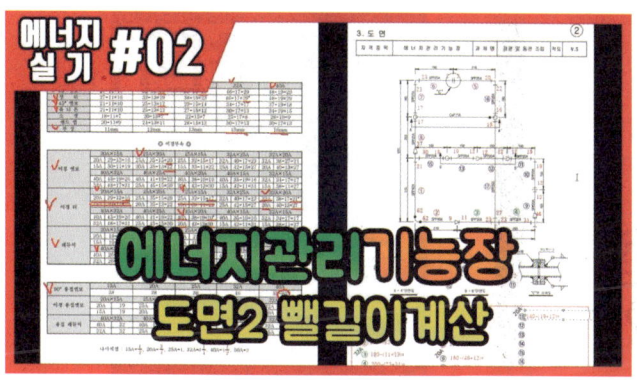

[멤버십]공개도면3번 뺄길이 계산

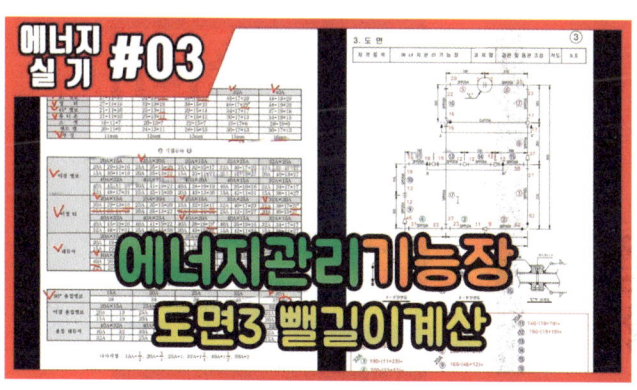

[멤버십]공개도면4번 뺄길이 계산

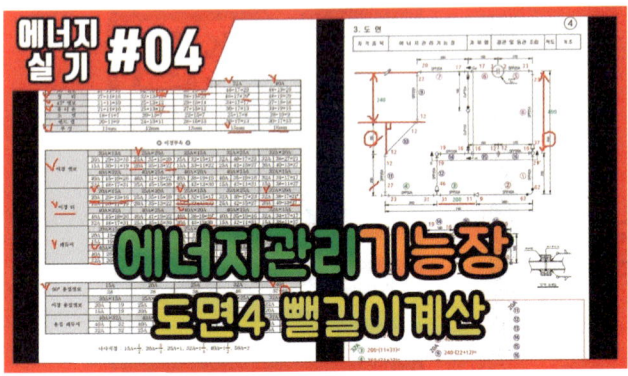

[멤버십]공개도면5번 뺄길이 계산

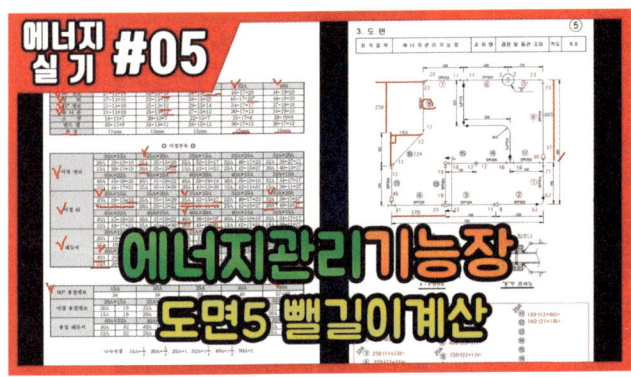

[멤버십]공개도면6번 뺄길이 계산

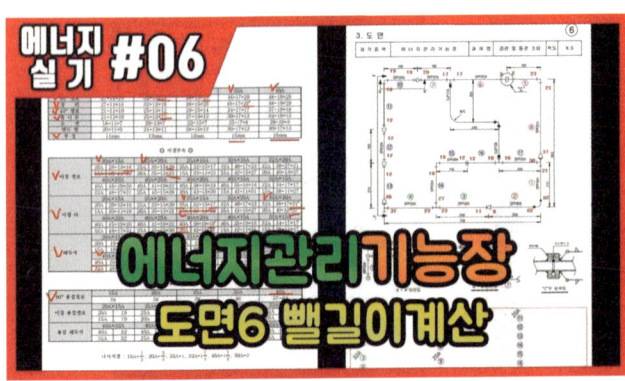

[멤버십]공개도면7번 뺄길이 계산

[멤버십]공개도면8번 뺄길이 계산

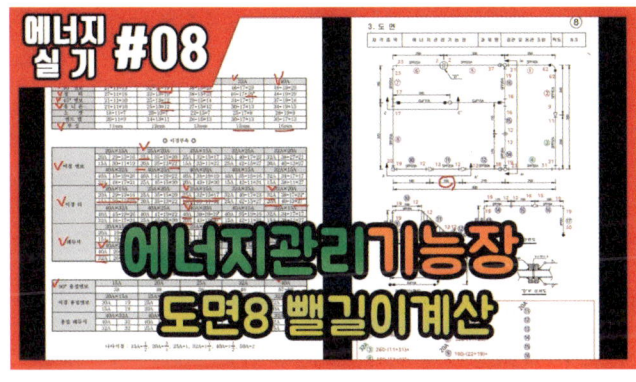 

[멤버십]공개도면9번 뺄길이 계산

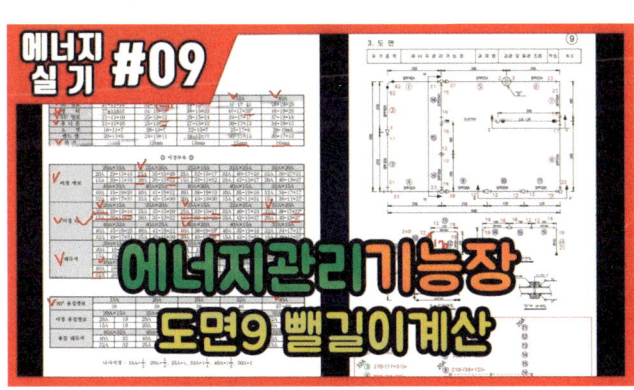 

에너지관리기능사/산업기사/기능장 준비공구

| 자격종목 | 에너지관리기능장 | 과제명 | 강관 및 동관 조립 | 척도 | N.S |

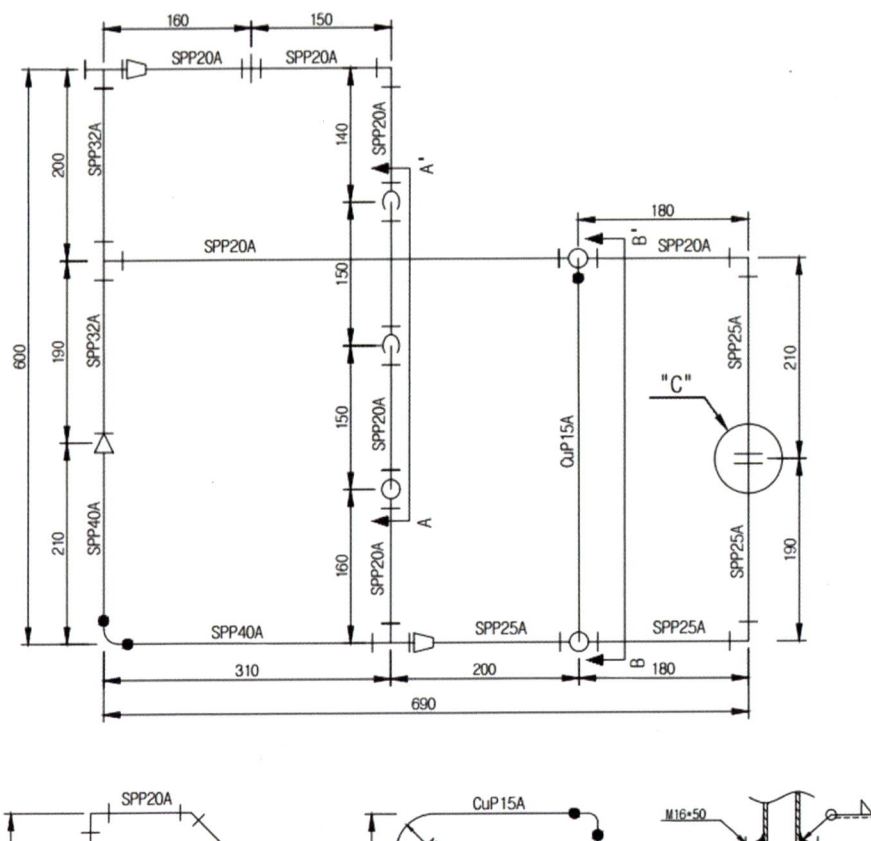

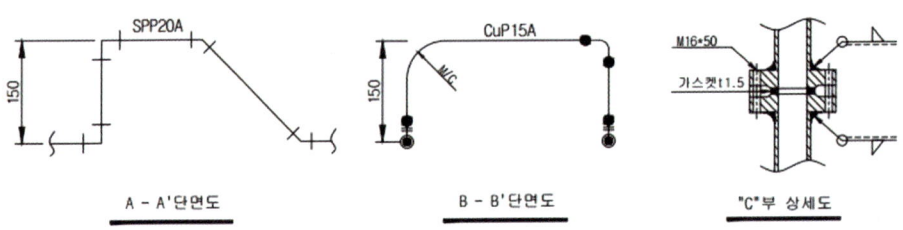

뺄길이 계산란

| 자격종목 | 에너지관리기능장 | 과제명 | 강관 및 동관 조립 | 척도 | N.S |

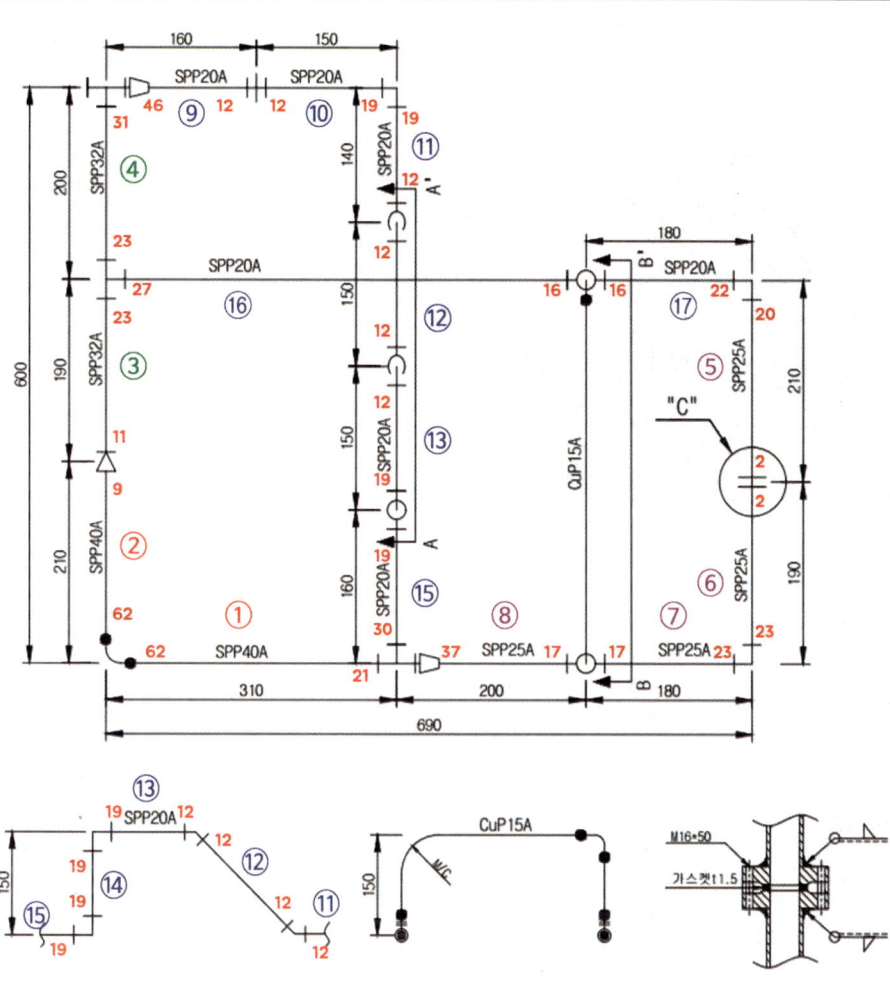

빼길이 계산란

40A
① 310 - (21 + 62) = 227
② 210 - (62 + 9) = 139

32A
③ 190 - (11 + 23) = 156
④ 200 - (23 + 31) = 146

25A
⑤ 210 - (20 + 2) = 188
⑥ 190 - (2 + 23) = 165
⑦ 180 - (23 + 17) = 140
⑧ 200 - (17 + 37) = 146

20A
⑨ 160 - (46 + 12) = 102
⑩ 150 - (12 + 19) = 119

⑪ 140 - (19 + 12) = 109
⑫ 212 - (12 + 12) = 188
⑬ 150 - (12 + 19) = 119
⑭ 150 - (19 + 19) = 112
⑮ 160 - (19 + 30) = 111
⑯ 510 - (27 + 16) = 467
⑰ 180 - (16 + 22) = 142

05
공개도면 1번 작업형 동영상

[멤버십]공개도면1번 공통작업

[멤버십]공개도면1번 강관작업

[멤버십]공개도면1번 동관작업 및 마무리(수압시험 포함)

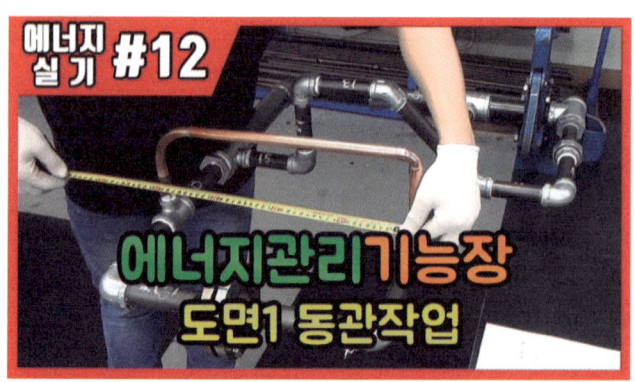

자격종목	에너지관리기능장	과제명	강관 및 동관 조립	척도	N.S

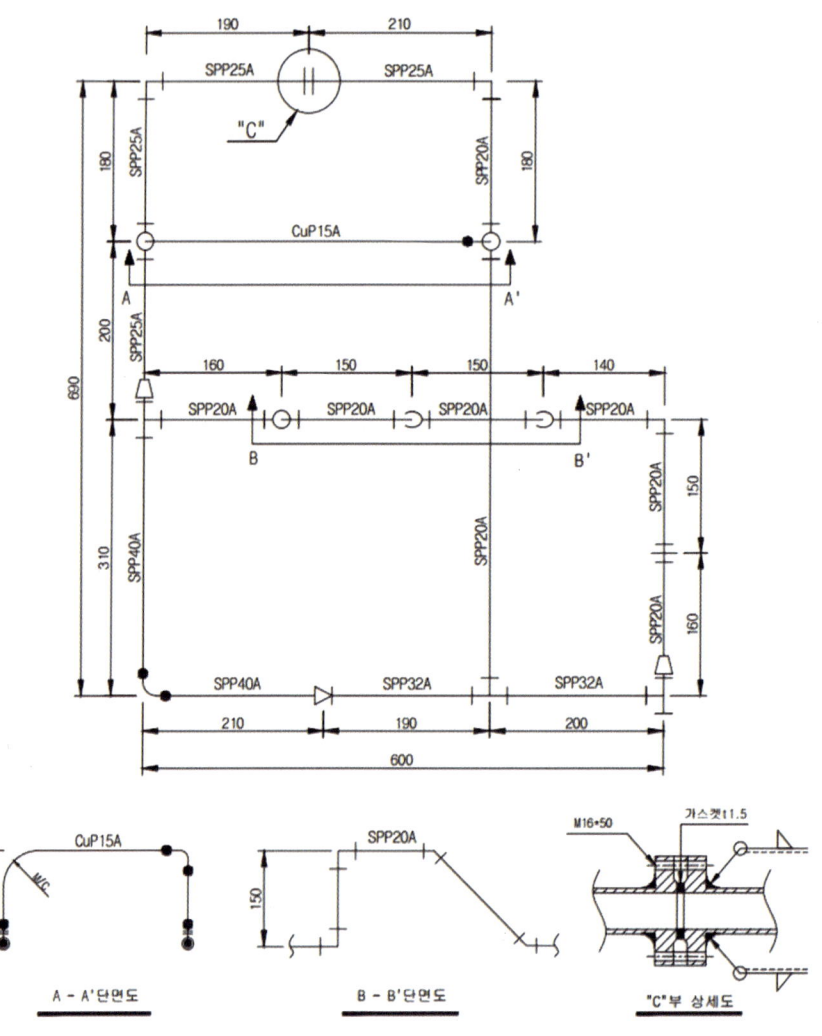

빼길이 계산란

자격종목	에너지관리기능장	과제명	강관 및 동관 조립	척도	N.S

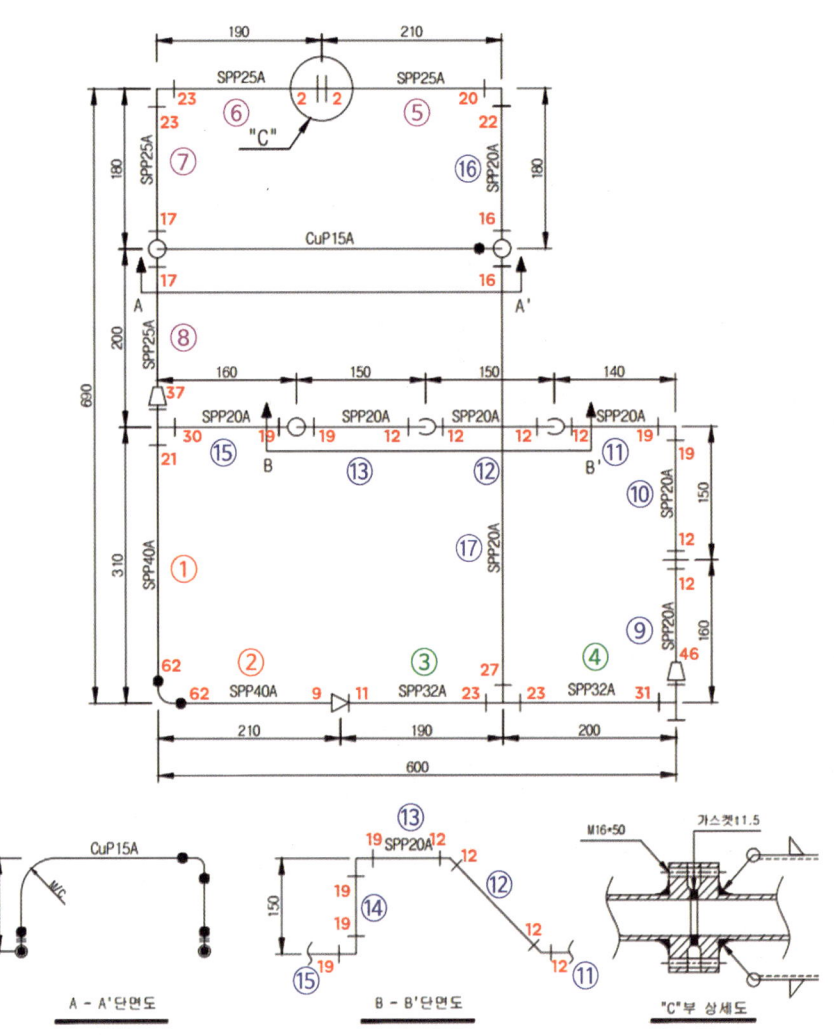

빼길이 계산란

40A
① 310 - (62 + 21) = 227
② 210 - (62 + 9) = 139

32A
③ 190 - (11 + 23) = 156
④ 200 - (23 + 31) = 146

25A
⑤ 210 - (20 + 2) = 188
⑥ 190 - (2 + 23) = 165
⑦ 180 - (23 + 17) = 140
⑧ 200 - (17 + 37) = 146

20A
⑨ 160 - (46 + 12) = 102
⑩ 150 - (12 + 19) = 119
⑪ 140 - (19 + 12) = 109
⑫ 212 - (12 + 12) = 188
⑬ 150 - (12 + 19) = 119
⑭ 150 - (19 + 19) = 112
⑮ 160 - (19 + 30) = 111
⑯ 180 - (22 + 16) = 142
⑰ 510 - (16 + 27) = 467

06
공개도면 2번 작업형 동영상

[멤버십]공개도면2번 강관작업

[멤버십]공개도면2번 동관작업 및 마무리(수압시험 포함)

③

| 자격종목 | 에너지관리기능장 | 과제명 | 강관 및 동관 조립 | 척도 | N.S |

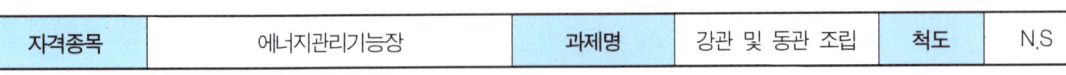

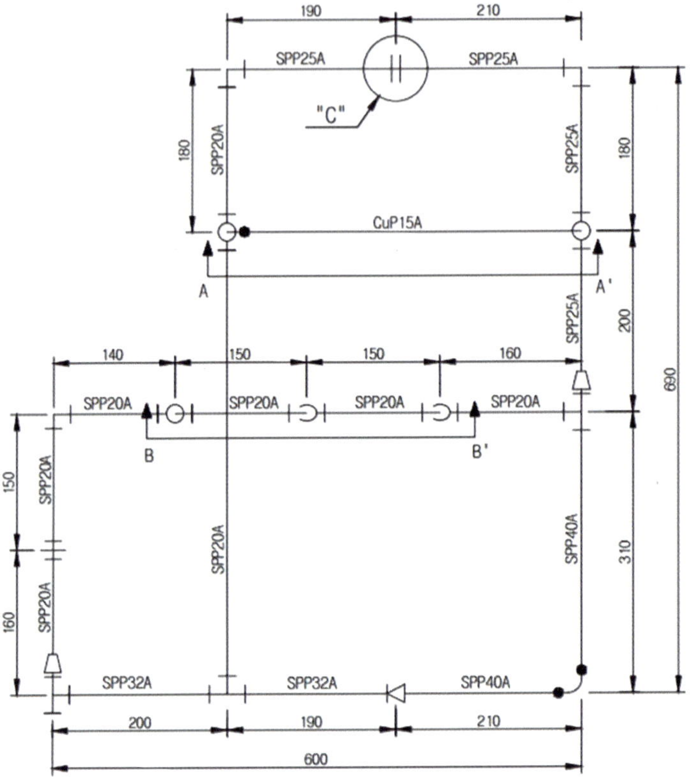

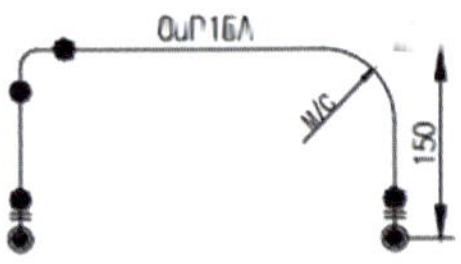

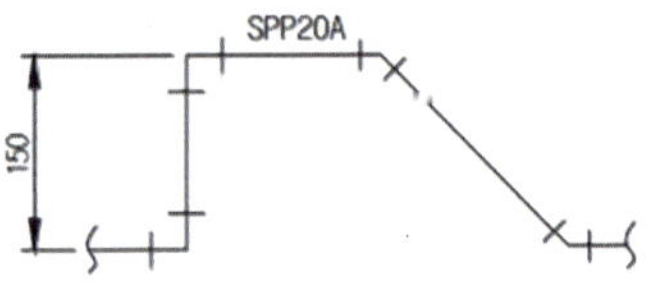

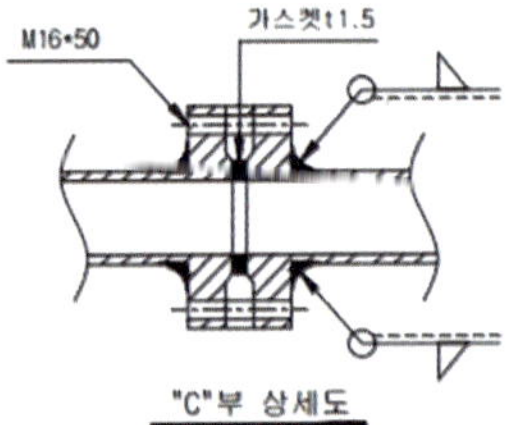

뺄길이 계산란

자격종목	에너지관리기능장	과제명	강관 및 동관 조립	척도	N.S

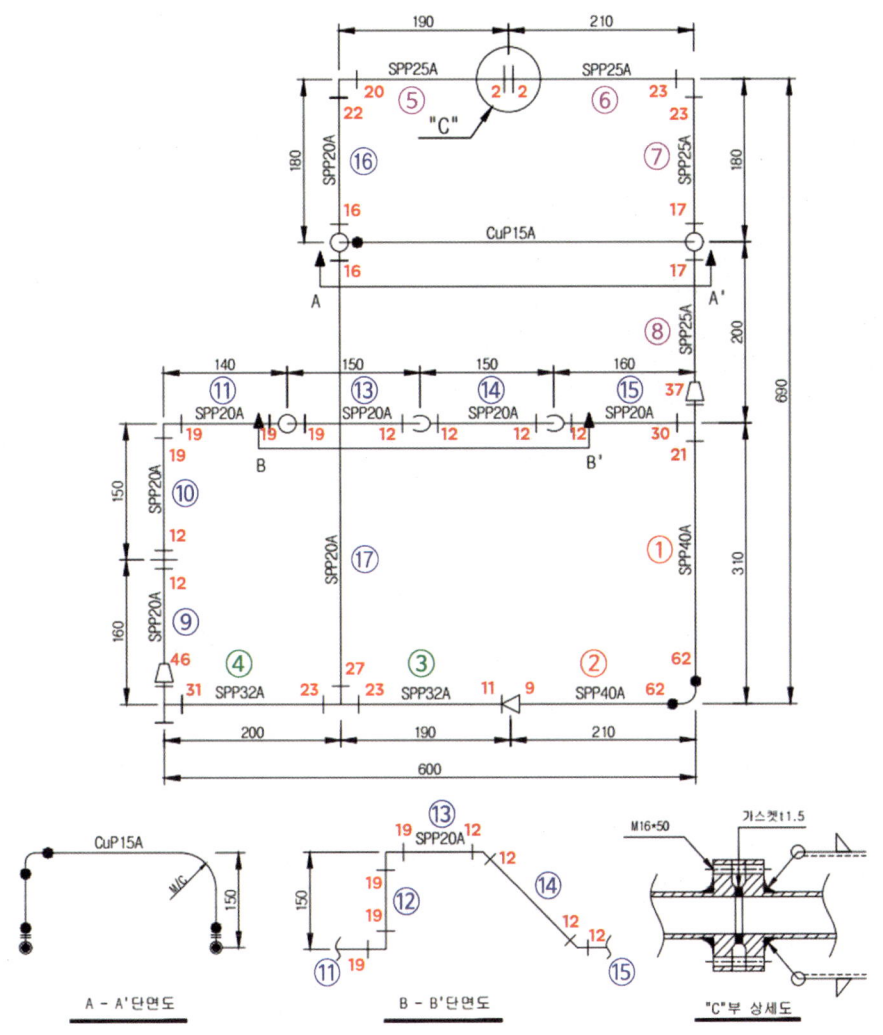

뺄길이 계산란

40A
① 310 - (21 + 62) = 227
② 210 - (62 + 9) = 139

32A
③ 190 - (11 + 23) = 156
④ 200 - (23 + 31) = 146

25A
⑤ 190 - (20 + 2) = 168
⑥ 210 - (2 + 23) = 185
⑦ 180 - (23 + 17) = 140
⑧ 200 - (17 + 37) = 146

20A
⑨ 160 - (46 + 12) = 102
⑩ 150 - (12 + 19) = 119
⑪ 140 - (19 + 19) = 102
⑫ 150 - (19 + 19) = 112
⑬ 150 - (19 + 12) = 119
⑭ 212 - (12 + 12) = 188
⑮ 160 - (12 + 30) = 118
⑯ 180 - (22 + 16) = 142
⑰ 510 - (16 + 27) = 467

07 공개도면 3번 작업형 동영상

[멤버십]공개도면3번 강관작업

[멤버십]공개도면3번 동관작업 및 마무리(수압시험 포함)

| 자격종목 | 에너지관리기능장 | 과제명 | 강관 및 동관 조립 | 척도 | N.S |

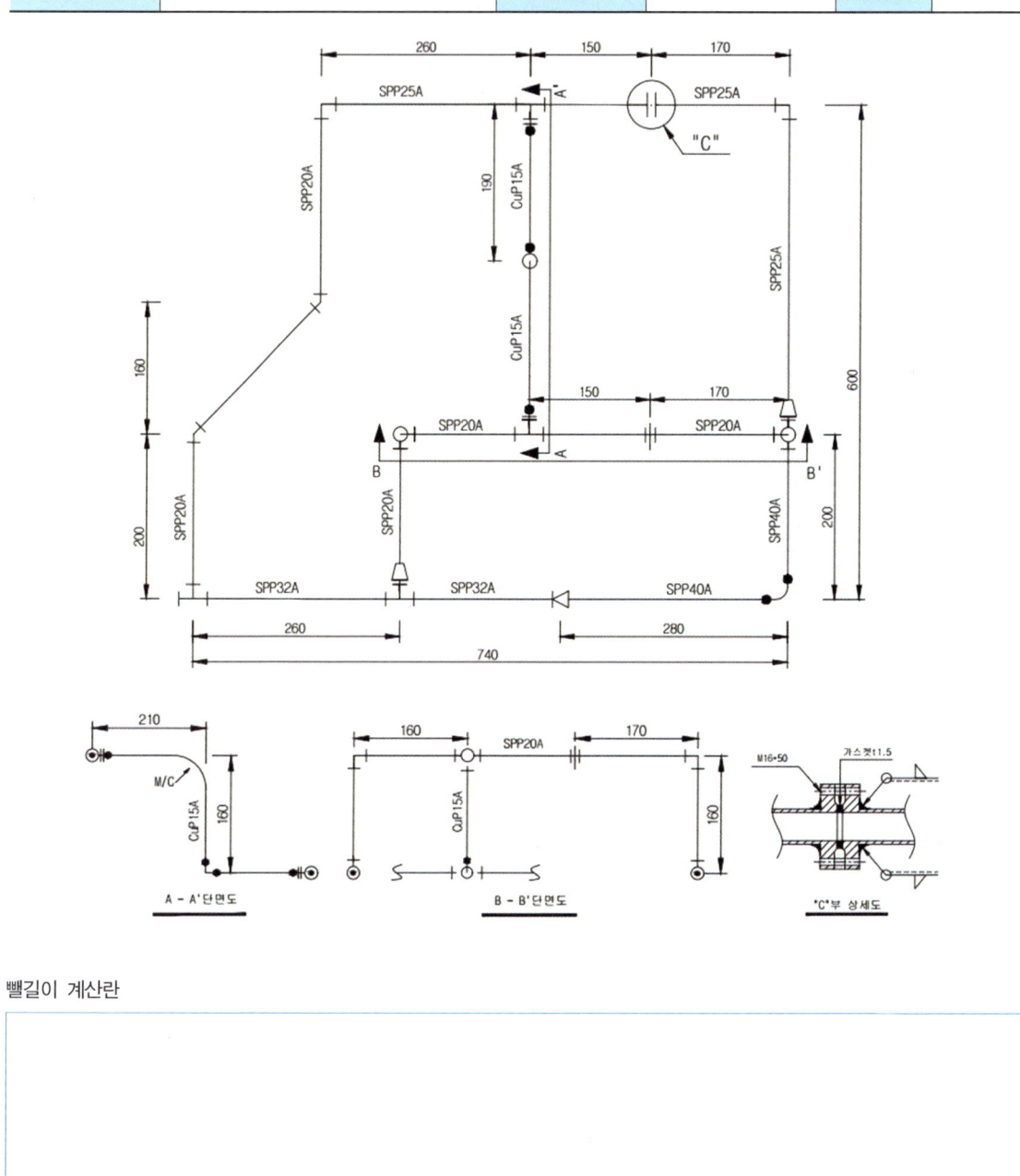

빽길이 계산란

④

| 자격종목 | 에너지관리기능장 | 과제명 | 강관 및 동관 조립 | 척도 | N.S |

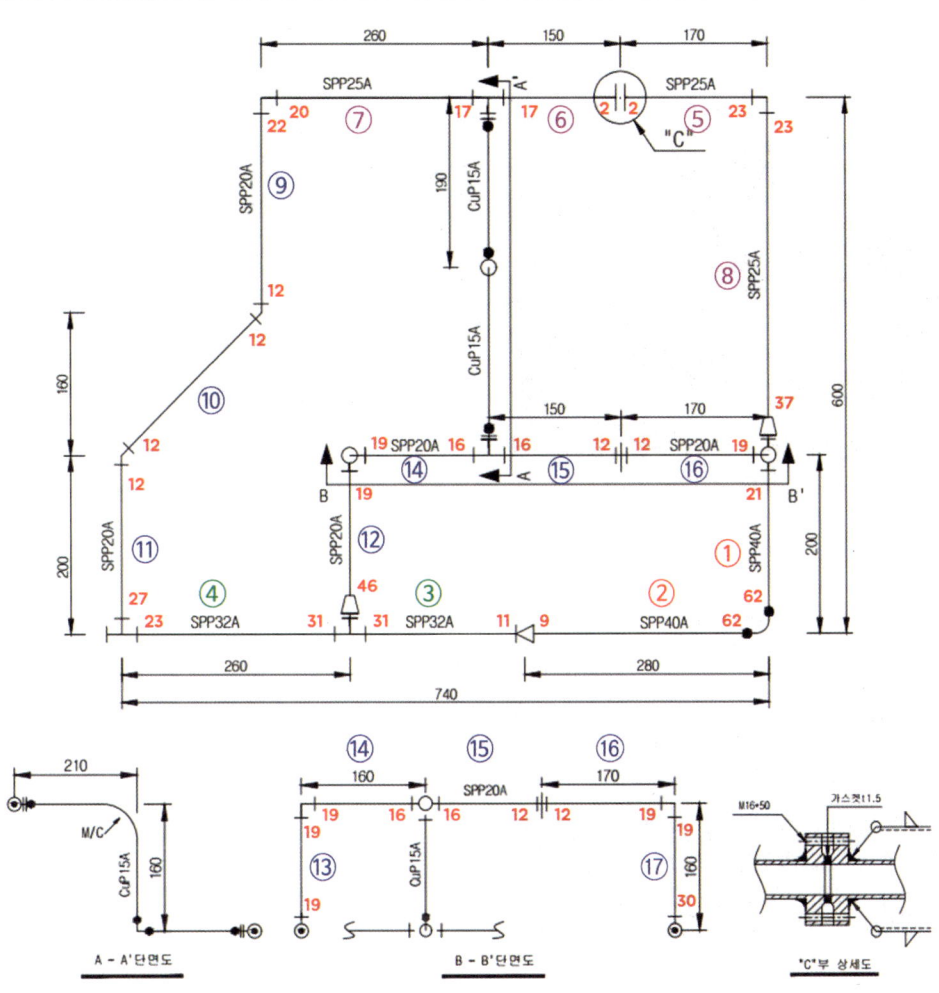

빼길이 계산란

40A
① 200 - (21 + 62) = 117
② 280 - (62 + 9) = 209

32A
③ 200 - (11 + 31) = 158
④ 260 - (31 + 23) = 206

25A
⑤ 170 - (23 + 2) = 145
⑥ 150 - (2 + 17) = 131
⑦ 260 - (17 + 20) = 223
⑧ 400 - (23 + 37) = 340

20A
⑨ 240 - (22 + 12) = 206
⑩ 226 - (12 + 12) = 202
⑪ 200 - (12 + 27) = 161
⑫ 200 - (46 + 19) = 135
⑬ 160 - (19 + 19) = 122
⑭ 160 - (19 + 16) = 125
⑮ 150 - (16 + 12) = 122
⑯ 170 - (12 + 19) = 139
⑰ 160 - (19 + 30) = 111

08
공개도면 4번 작업형 동영상

[멤버십]공개도면4번 강관작업

[멤버십]공개도면4번 동관작업 및 마무리(수압시험 포함)

| 자격종목 | 에너지관리기능장 | 과제명 | 강관 및 동관 조립 | 척도 | N.S |

⑤

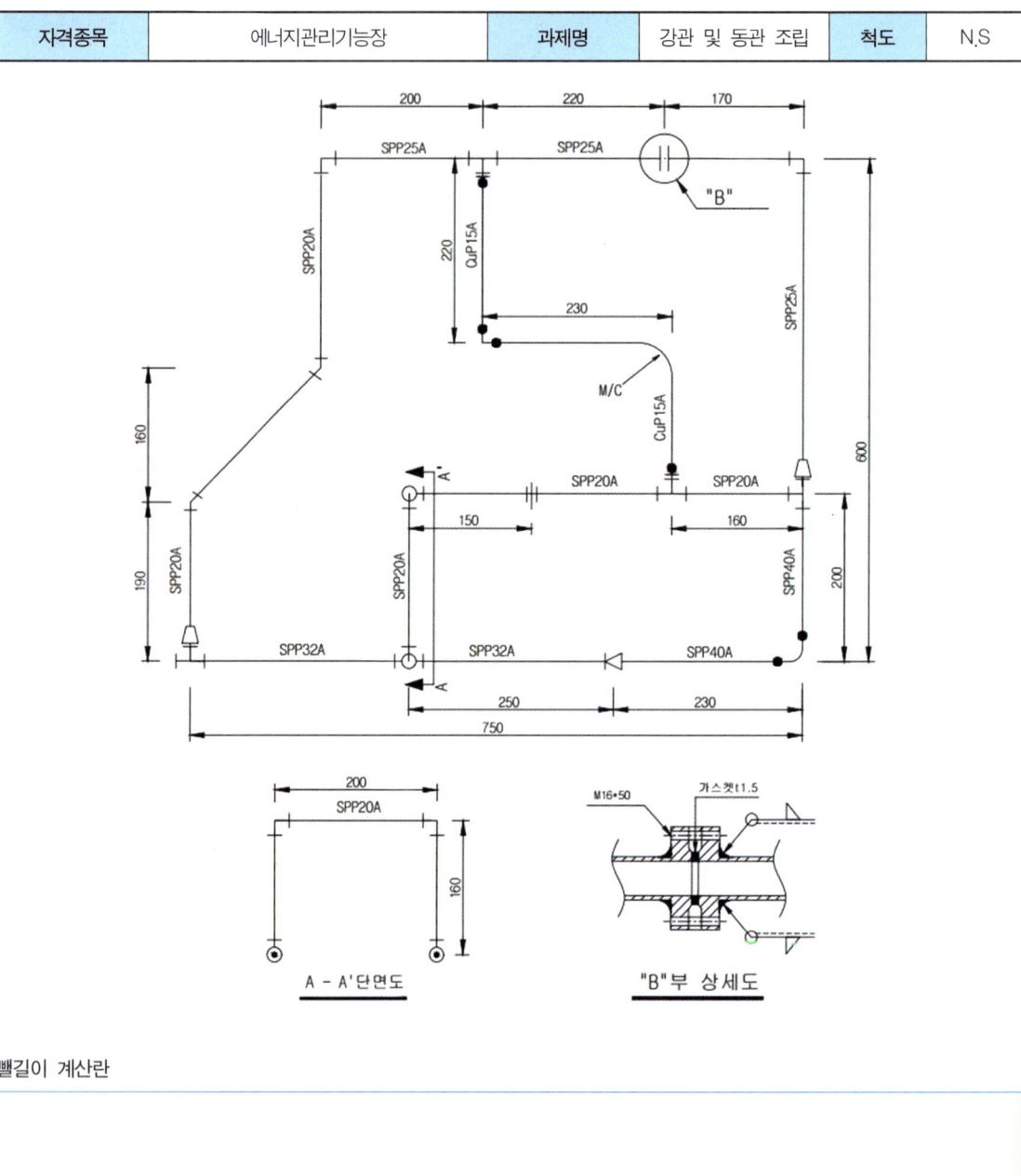

빼길이 계산란

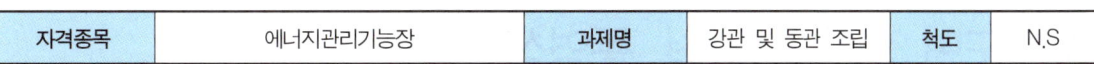

| 자격종목 | 에너지관리기능장 | 과제명 | 강관 및 동관 조립 | 척도 | N.S |

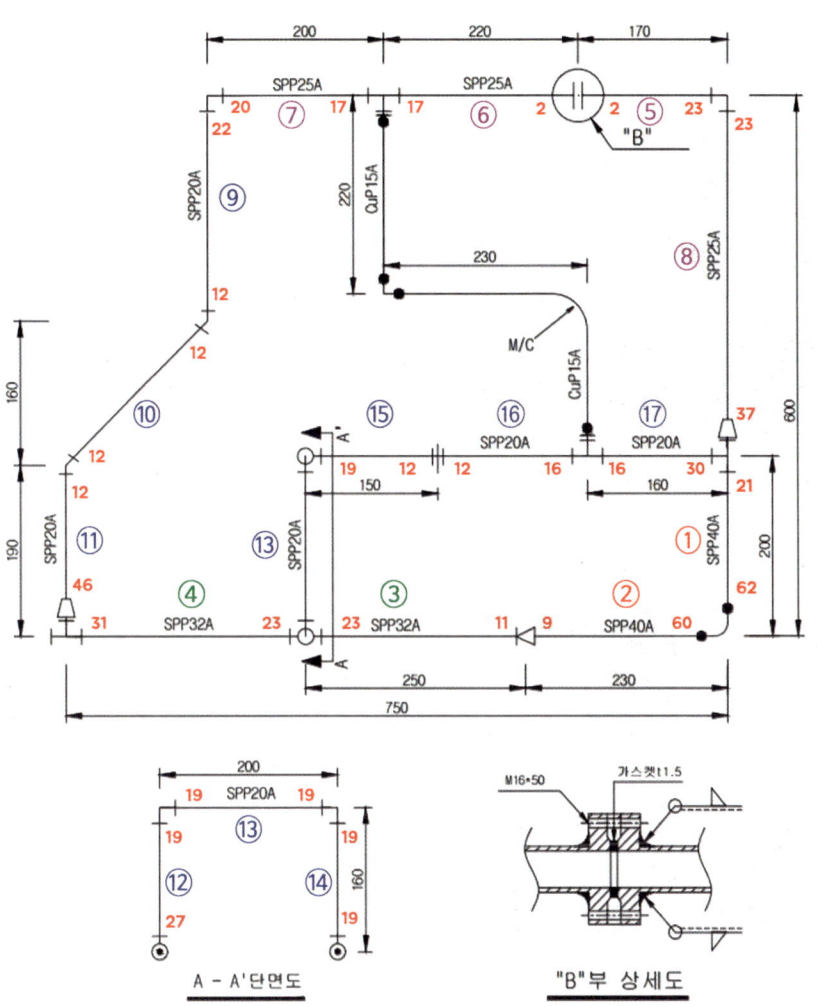

뺄길이 계산란

40A	25A	⑪ 190 - (12 + 46) = 132
① 200 - (21 + 62) = 117	⑤ 170 - (23 + 2) = 145	⑫ 160 - (27 + 19) = 114
② 230 - (62 + 9) = 159	⑥ 220 - (2 + 17) = 201	⑬ 200 - (19 + 19) = 162
32A	⑦ 200 - (17 + 20) = 163	⑭ 160 - (19 + 19) = 122
③ 250 - (11 + 23) = 216	⑧ 400 - (23 + 37) = 340	⑮ 150 - (19 + 12) = 119
④ 270 - (23 + 31) = 216	20A	⑯ 170 - (12 + 16) = 142
	⑨ 250 - (22 + 12) = 216	⑰ 160 - (16 + 30) = 114
	⑩ 226 - (12 + 12) = 202	

09
공개도면 5번 작업형 동영상

[멤버십]공개도면5번 강관작업

[멤버십]공개도면5번 동관작업 및 마무리(수압시험 포함)

| 자격종목 | 에너지관리기능장 | 과제명 | 강관 및 동관 조립 | 척도 | N.S |

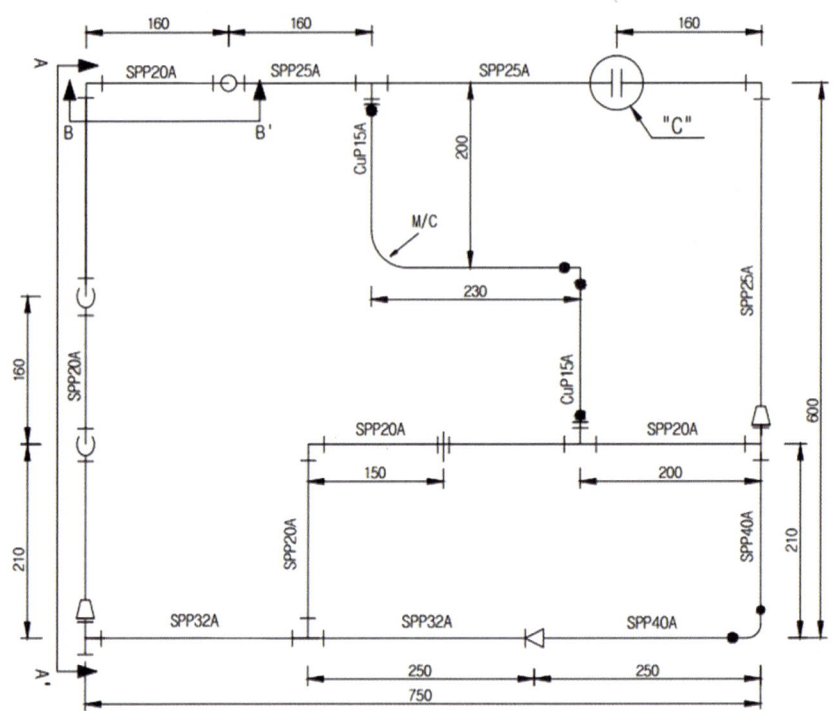

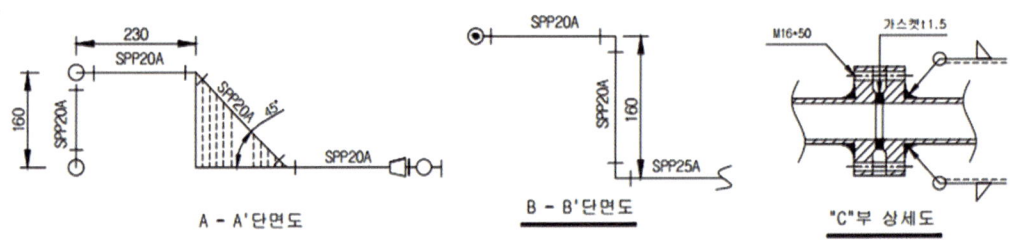

빼길이 계산란

| 자격종목 | 에너지관리기능장 | 과제명 | 강관 및 동관 조립 | 척도 | N.S |

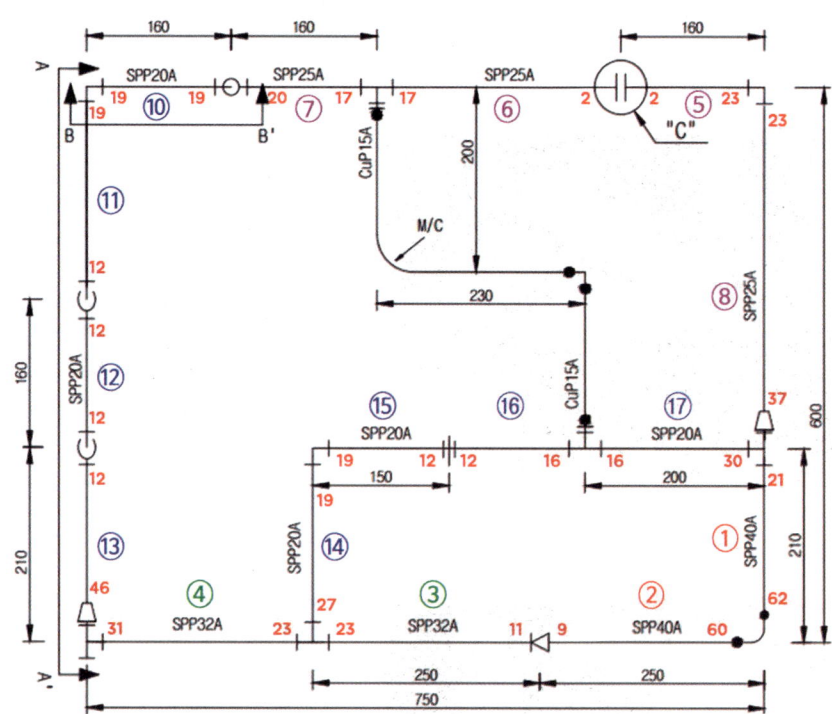

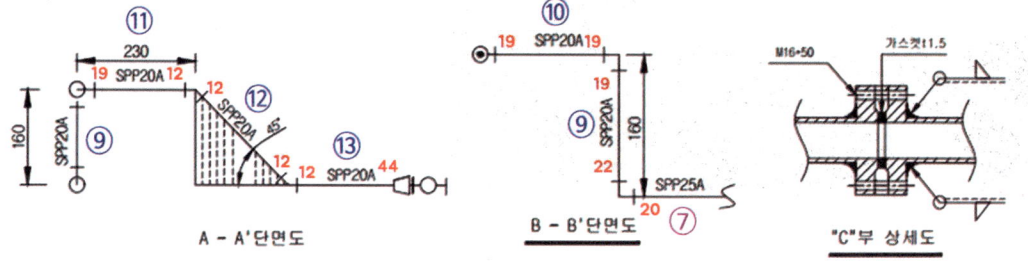

빼길이 계산란

40A
① 210 − (21 + 62) = 127
② 250 − (62 + 9) = 179

32A
③ 250 − (11 + 23) = 216
④ 250 − (23 + 31) = 196

25A
⑤ 160 − (23 + 2) = 135
⑥ 270 − (2 + 17) = 251
⑦ 160 − (17 + 20) = 123
⑧ 390 (23 + 37) = 330

20A
⑨ 160 − (22 + 19) = 119
⑩ 160 − (19 + 19) = 122

⑪ 230 − (19 + 12) = 199
⑫ 226 − (12 + 12) = 202
⑬ 210 − (12 + 46) = 152
⑭ 210 − (27 + 19) = 164
⑮ 150 − (19 + 12) = 119
⑯ 150 − (12 + 16) = 122
⑰ 200 − (16 + 30) = 154

10
공개도면 6번 작업형 동영상

[멤버십]공개도면6번 강관작업

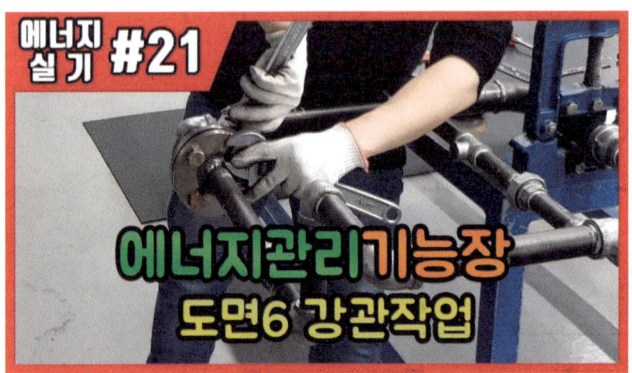

[멤버십]공개도면6번 동관작업 및 마무리(수압시험 포함)

자격종목	에너지관리기능장	과제명	강관 및 동관 조립	척도	N.S

빼길이 계산란

| 자격종목 | 에너지관리기능장 | 과제명 | 강관 및 동관 조립 | 척도 | N.S |

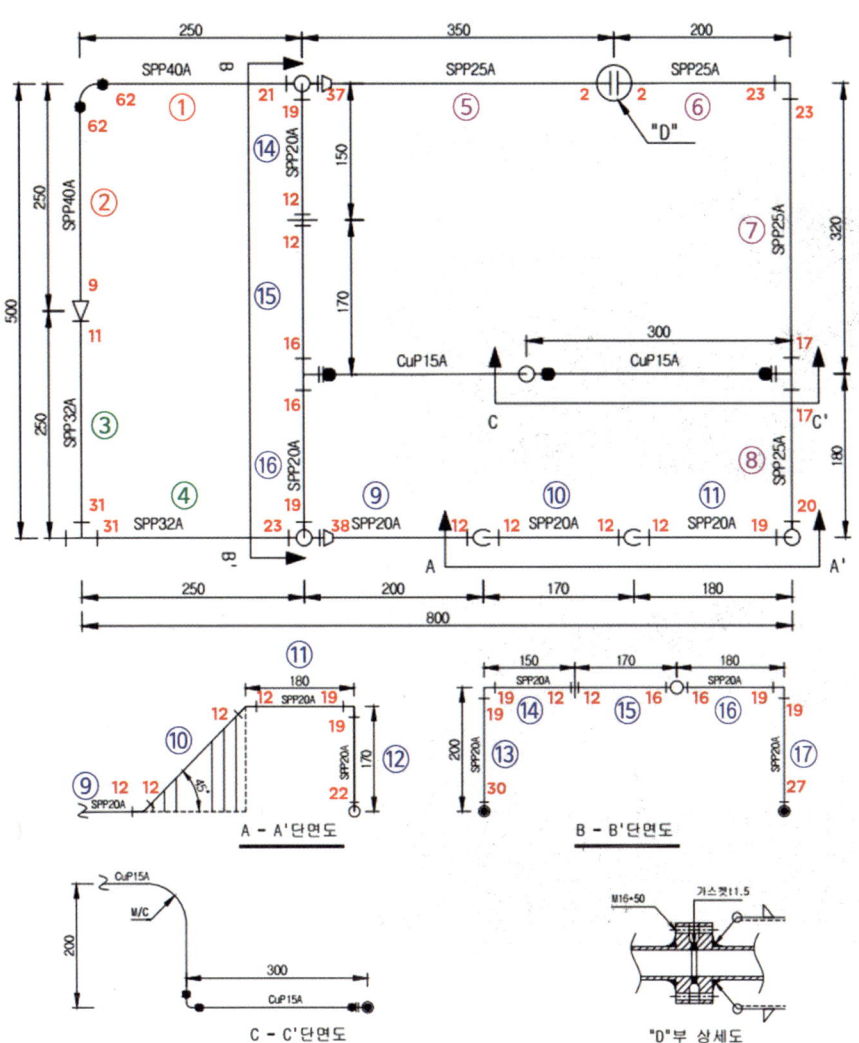

빼길이 계산란

40A
① 250 - (21 + 62) = 167
② 250 - (62 + 9) = 179

32A
③ 250 - (11 + 31) = 208
④ 250 - (31 + 23) = 196

25A
⑤ 350 - (37 + 2) = 311
⑥ 200 - (2 + 23) = 175
⑦ 320 - (23 + 17) = 280
⑧ 180 - (17 + 20) = 143

20A
⑨ 200 - (38 + 12) = 150
⑩ 240 - (12 + 12) = 216

⑪ 180 - (12 + 19) = 140
⑫ 170 - (19 + 22) = 129
⑬ 200 - (30 + 19) = 151
⑭ 150 - (19 + 12) = 119
⑮ 170 - (12 + 16) = 142
⑯ 180 - (16 + 19) = 145
⑰ 200 - (19 + 27) = 154

11 공개도면 7번 작업형 동영상

[멤버십]공개도면7번 강관작업

[멤버십]공개도면7번 동관작업 및 마무리(수압시험 포함)

자격종목	에너지관리기능장	과제명	강관 및 동관 조립	척도	N.S

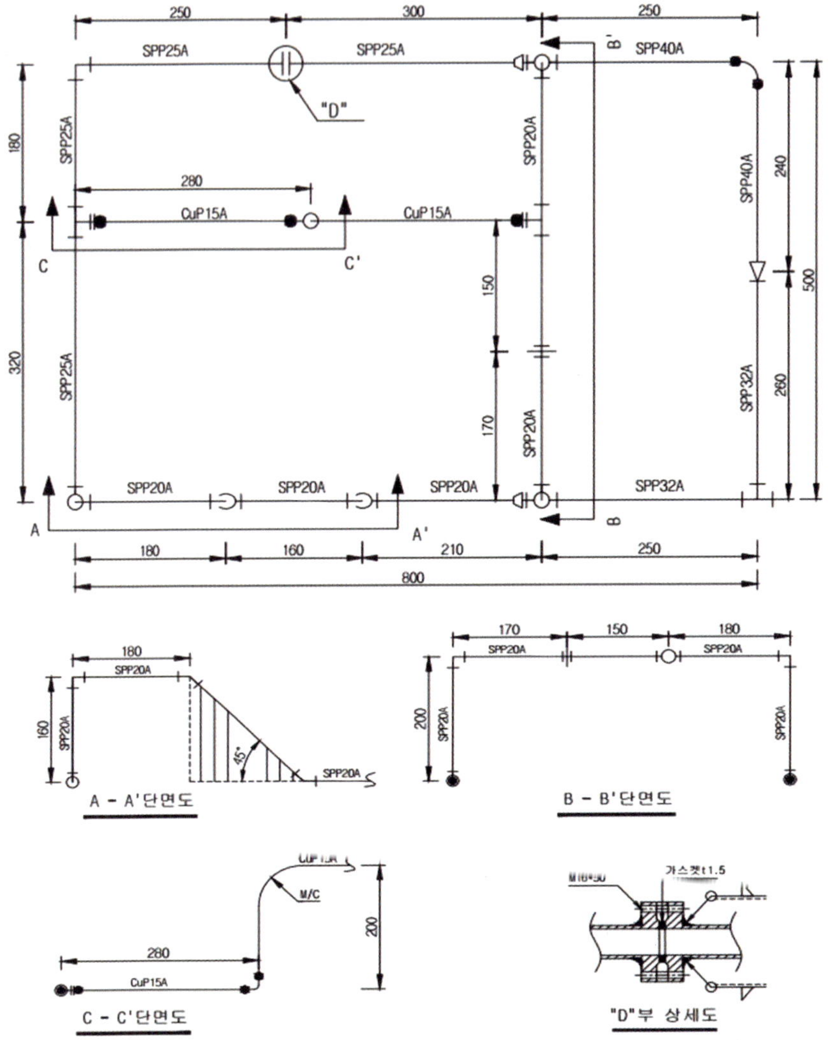

⑧

A - A'단면도

B - B'단면도

C - C'단면도

"D"부 상세도

빼길이 계산란

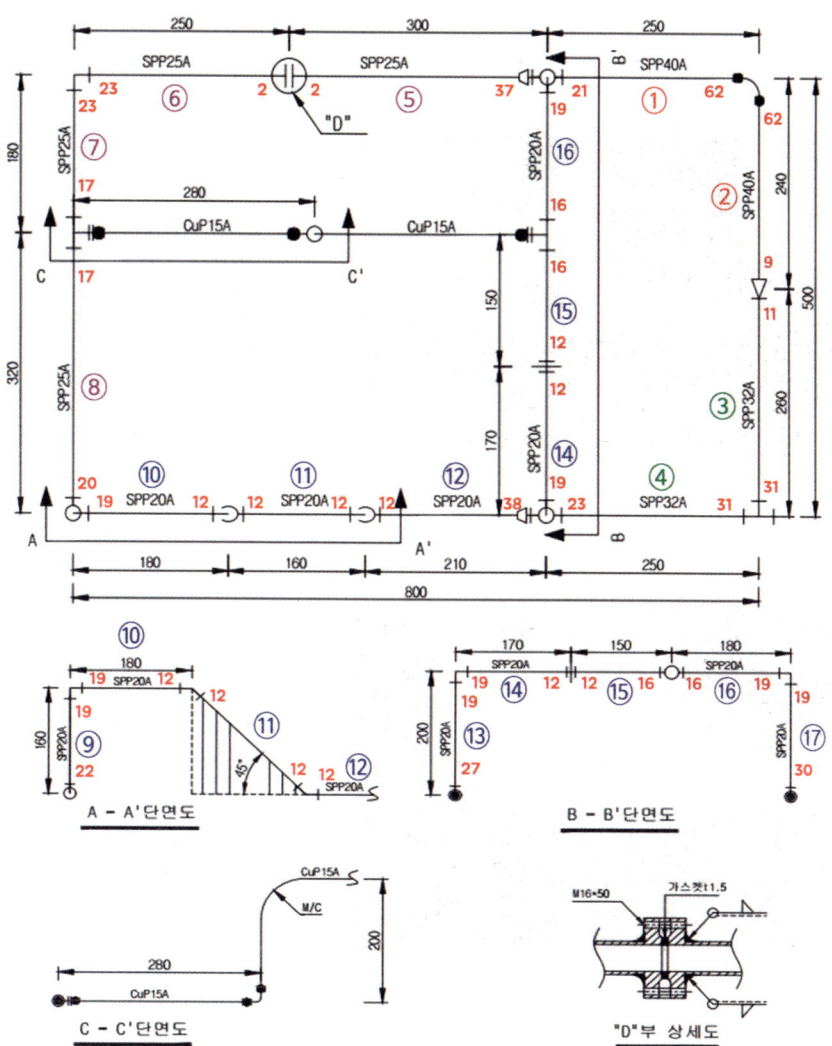

| 자격종목 | 에너지관리기능장 | 과제명 | 강관 및 동관 조립 | 척도 | N.S |

빽길이 계산란

40A
① 250 - (21 + 62) = 167
② 240 - (62 + 9) = 169

32A
③ 260 - (11 + 31) = 218
④ 250 - (31 + 23) = 196

25A
⑤ 300 - (37 + 2) = 261
⑥ 250 - (2 + 23) = 225
⑦ 180 - (23 + 17) = 140
⑧ 320 - (17 + 20) = 283

20A
⑨ 160 - (22 + 19) = 119
⑩ 180 - (19 + 12) = 149

⑪ 226 - (12 + 12) = 202
⑫ 210 - (12 + 38) = 160
⑬ 200 - (27 + 19) = 154
⑭ 170 - (19 + 12) = 139
⑮ 150 - (12 + 16) = 122
⑯ 180 - (16 + 19) = 145
⑰ 200 - (19 + 30) = 151

12 공개도면 8번 작업형 동영상

[멤버십] 공개도면8번 강관작업

[멤버십] 공개도면8번 동관작업 및 마무리(수압시험 포함)

자격종목	에너지관리기능장	과제명	강관 및 동관 조립	척도	N.S

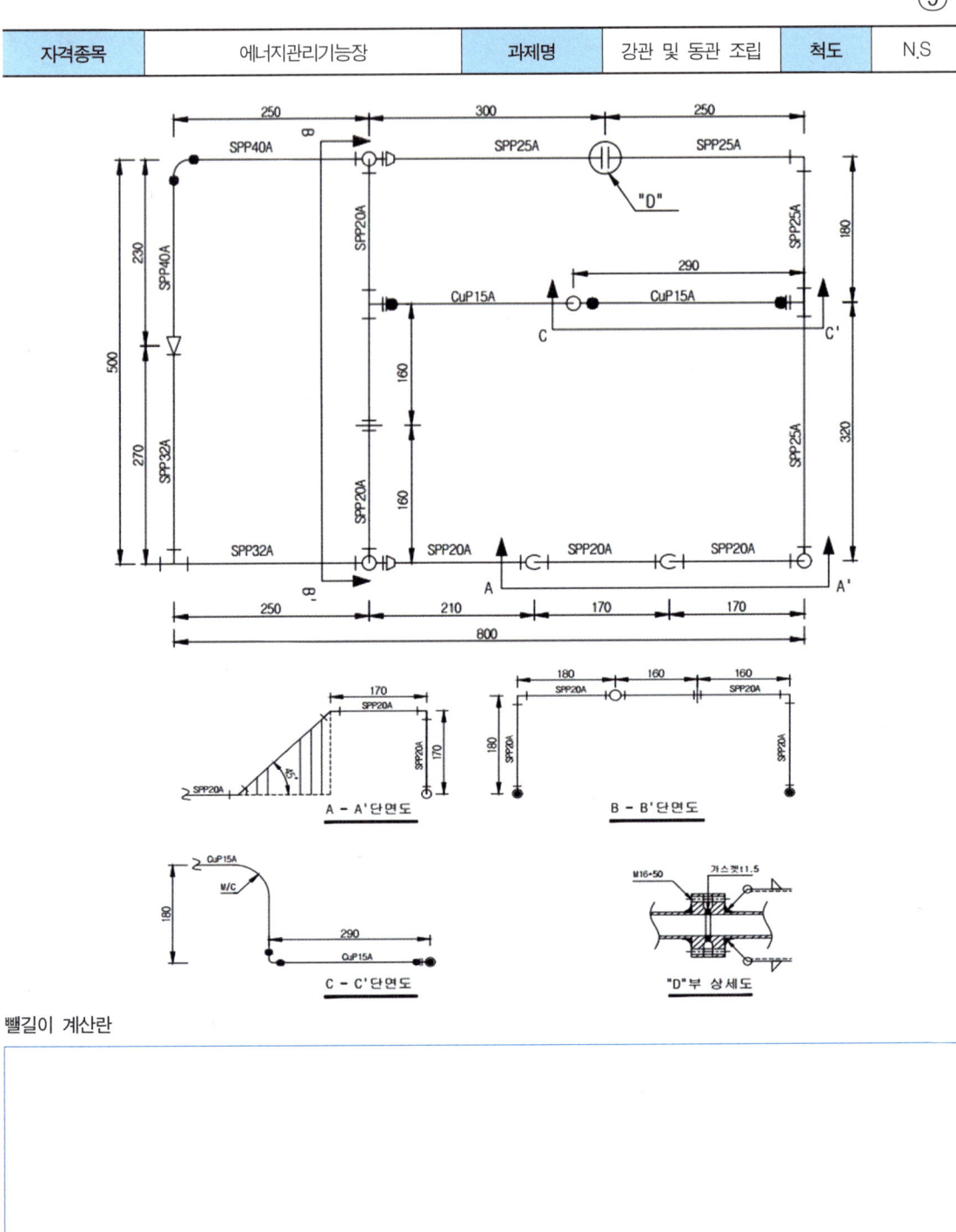

빽길이 계산란

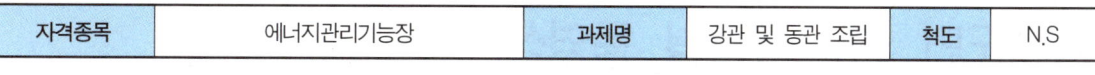

⑨

| 자격종목 | 에너지관리기능장 | 과제명 | 강관 및 동관 조립 | 척도 | N.S |

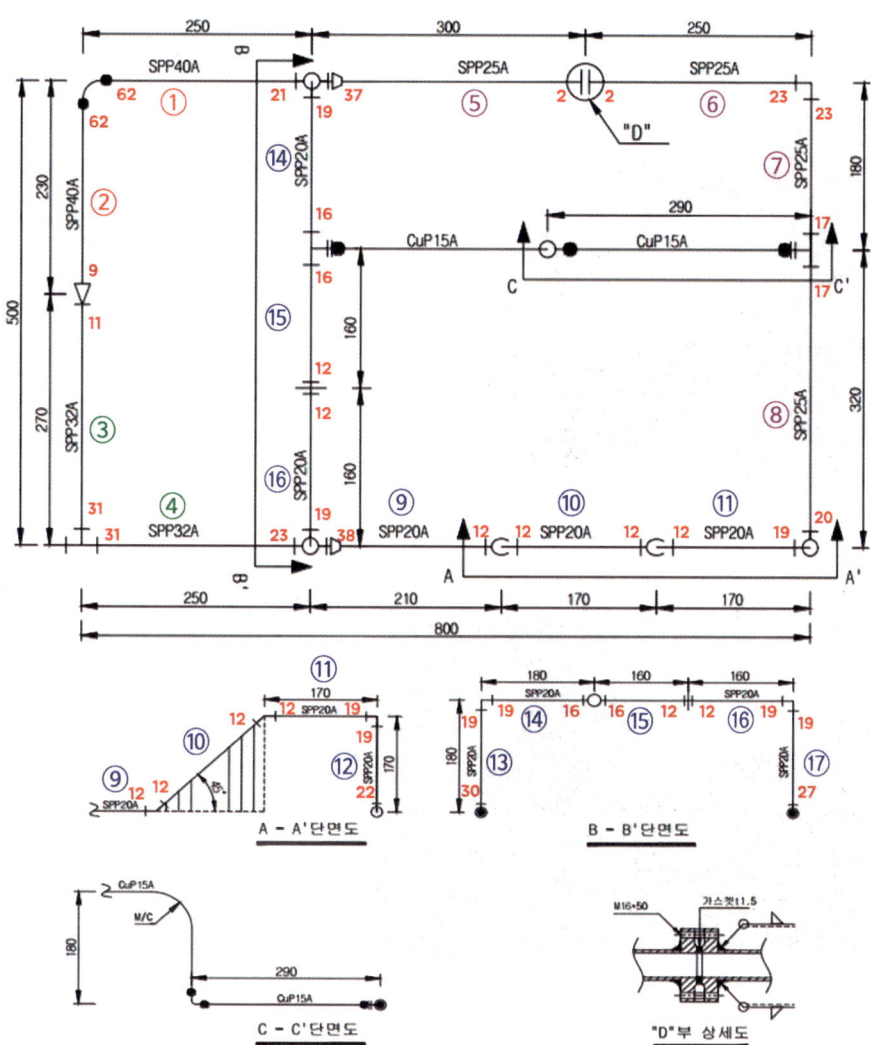

뺄길이 계산란

40A
① 250 - (21 + 62) = 167
② 230 - (62 + 9) = 159

32A
③ 270 - (11 + 31) = 228
④ 250 - (31 + 23) = 196

25A
⑤ 300 - (37 + 2) = 261
⑥ 250 - (2 + 23) = 225
⑦ 180 - (23 + 17) = 140
⑧ 320 - (17 + 20) = 283

20A
⑨ 210 - (38 + 12) = 160
⑩ 240 - (12 + 12) = 216
⑪ 170 - (12 + 19) = 139
⑫ 170 - (19 + 22) = 129
⑬ 180 - (30 + 19) = 131
⑭ 180 - (19 + 16) = 145
⑮ 160 - (16 + 12) = 132
⑯ 160 - (12 + 19) = 129
⑰ 180 - (19 + 27) = 134

13
공개도면 9번 작업형 동영상

[멤버십]공개도면9번 강관작업

[멤버십]공개도면9번 동관작업 및 마무리(수압시험 포함)